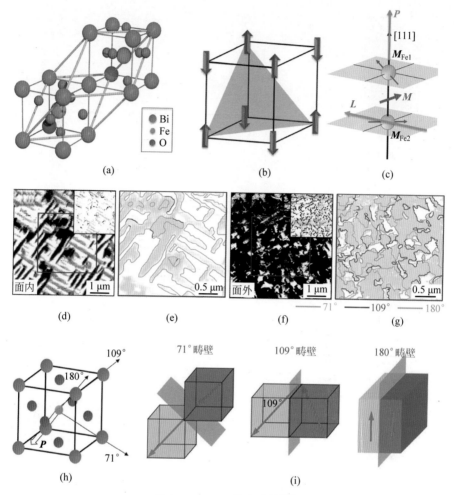

图 1.4 BiFeO₃ 的多铁性[28]

(a) BiFeO₃ 单胞模型(黄色实线框展示了 BiFeO₃ 菱方单胞,蓝色实线表示赝立方单胞)[51];
(b) G-型反铁磁构型(其中箭头表示 Fe^{3+} 离子磁矩方向,红色阴影表示赝立方(111)面)[51];
(c) 三种矢量(沿着赝立方[111]方向的极化 P;反铁磁有序参量 L;倾转诱导的磁矩 M)的关系[51];(d) 室温条形铁电畴的压电力显微镜照片(面内信号,插图为面外信号);(e) 标记的畴壁类型(条形畴的畴壁为71°畴壁,马赛克形畴的畴壁为109°和180°畴壁)[52];(f) 马赛克形畴的压电力显微镜照片(面内信号,插图为面外信号);(g) 标记的畴壁类型(条形畴的畴壁为71°畴壁,马赛克形畴的畴壁为109°和180°畴壁)[52];(h) 铁电极化等价方向[51];(i) 三种铁电畴壁[51];(j) 自旋旋转和摆线向量(k_1)[53];(k) 螺旋型反铁磁构型(调制周期为 62~64 nm)[53]

Reprinted with permission from J. T. Heron et al.[51]. Copyright © (2014) American Institute of Physics; Reprinted with permission from L. W. Martin et al.[52]. Copyright © (2008) American ChemicalSociety; Reprinted with permission from D. Lebeugle et al.[53]. Copyright © (2008) American Physical Society

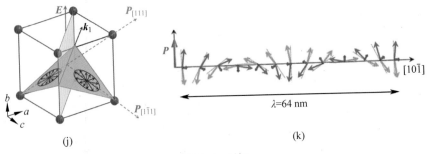

(j)

(k)

图 1.4 （续）

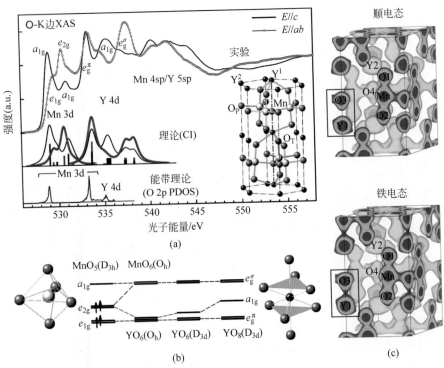

(a)

(b)

(c)

图 1.5 *h*-YMnO₃ 中 Y 4d-O 2p 间的杂化

（a）O-K 边的极化依赖的 X 射线吸收谱[77]（实验数据采集模式为 FY 模式；理论计算采用 CI 模型及 O 2p PDOS 能带理论模型[35]；实线条代表 δ 函数的强度）；（b）MnO₅（D₃ₕ）和 YO₈（D₃d）晶体场分裂示意图；（c）基于最大熵拟合分析得到的 YMnO₃ 顺电态（1000 K）和铁电态（910 K）的三维电子密度分布[78]（密度等值面为 0.6 $e/\text{Å}^3$）

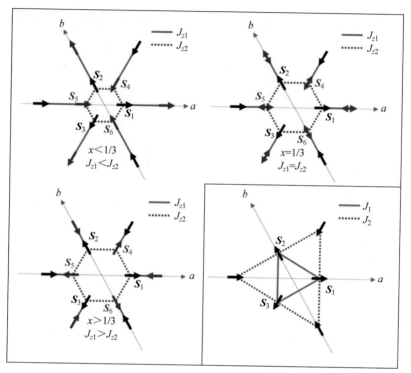

图 1.6　不同面内位置 x 对应的 Mn-O 平面层间交互作用

路径 J_{z1} 和 J_{z2} 示意图[77]

黑色和红色箭头分别表示位于 $z=0$ 平面和 $z=1/2$ 平面的 Mn 离子的自旋。双箭头表示两种自旋方向均可稳定存在。插图是两种层内交互作用路径 J_1 和 J_2 的示意图

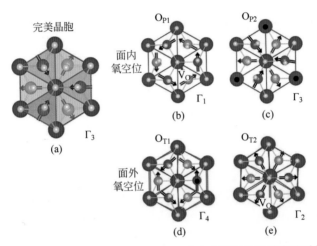

图 1.7 第一性原理计算的 h-YMnO$_3$ 中含有不同位置氧空位时的
磁构型[82]

(a) 完美单胞中的磁构型为 Γ_3（从[001]带轴观察，黑色箭头表征 Mn 离子的自旋方向）
(b)～(e) 不同氧空位类型对应的稳定磁构型（氧空位在图(c)和图(d)中用黑色原点表征，在图(b)和图(e)中用黑色箭头指示）

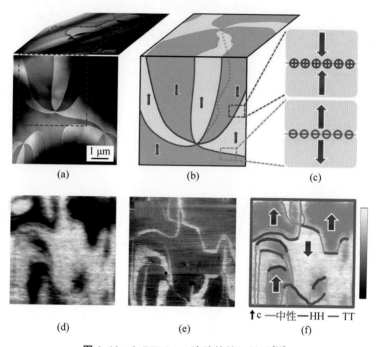

(a) (b) (c)

(d) (e) (f)

↑c —中性—HH — TT

图 1.10 *h*-REMnO₃ 畴壁的输运性质[92]

（a）*h*-HoMnO₃ 中涡旋畴的顶部和侧面透射电子显微镜暗场像；（b）与图（a）红框区域对应的涡旋畴的三维轮廓示意图；（c）头对头和尾对尾畴壁分别带正、负束缚电荷；（d）300 K 下的 PFM 图像（$V_{ex}=22$ V，$f=21$ kHz）；（e）与 PFM 图像对应的 *c*-AFM 图像（$V_{tip}=-10$ V，畴壁表现为具有不同亮度的线条，表明畴壁具有不同的导电性质）；（f）畴壁导电性的示意图（红色、蓝色和灰色曲线分别代表头对头、尾对尾和中性畴壁）

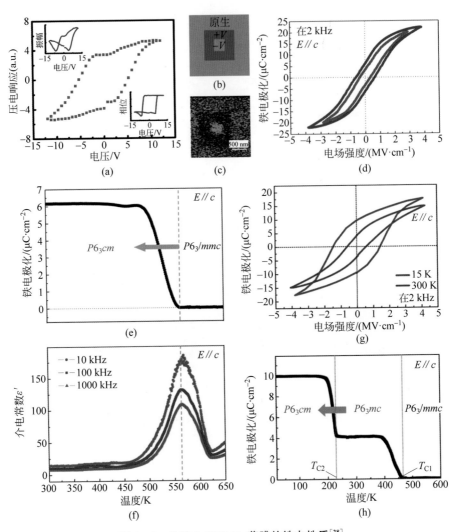

图 1.12　几种 h-REFeO$_3$ 薄膜的铁电性质[28]

(a) 利用压电力显微镜测量得到的 h-LuFeO$_3$ 薄膜的电滞回线(插图为振幅和相位)[38]；(b) 一定电偏压下的 h-LuFeO$_3$ 薄膜的铁电畴花样[38]；(c) 偏压为零时 h-LuFeO$_3$ 薄膜的铁电畴花样[38]；(d) 300 K 下测得的 h-LuFeO$_3$ 薄膜的电滞回线[103]；(e) 热电曲线表明 h-LuFeO$_3$ 薄膜的居里温度为 563 K[103]；(f) h-LuFeO$_3$ 薄膜的介温曲线[103]；(g) h-YbFeO$_3$ 在 15 K 和 300 K 下的电滞回线[104]；(h) h-YbFeO$_3$ 的热电曲线(表明铁电相到顺电相为两步转变)[104]

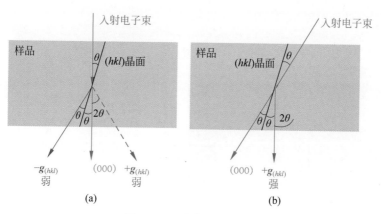

图 2.7　双束条件的获得

(a) 包含透射束和 $+\bm{g}_{(hkl)}$ 衍射束的标准双束条件(先强激发 $-\bm{g}_{(hkl)}$ 衍射束);(b) 将入射束倾转 2θ 以使 $+\bm{g}_{(hkl)}$ 衍射束移至光轴(此时 $+\bm{g}_{(hkl)}$ 衍射束强激发)

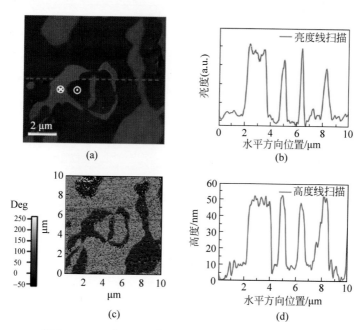

图 3.4　SEM 和 PFM 表征 h-YMnO$_3$ 的铁电涡旋畴[195]

(a) SEM 图像;(b) 图(a)中红色虚线位置的亮度线积分结果;(c) 浓磷酸腐蚀后样品表面的 AFM 图像;(d) 图(c)中红色虚线位置的高度线积分结果

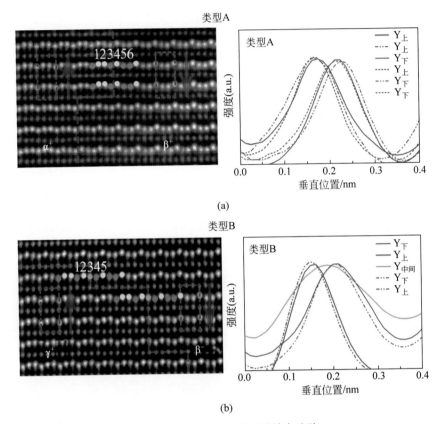

图 3.6 *h*-YMnO₃ 中的四种铁电畴壁

（a）*h*-YMnO₃ 中类型 A 铁电畴壁；（b）*h*-YMnO₃ 中类型 B 铁电畴壁；（c）*h*-YMnO₃ 中类型 C 铁电畴壁；（d）*h*-YMnO₃ 中类型 D 铁电畴壁

每个分图中，左侧为铁电畴壁的 HAADF-STEM 图像。实心圆表征畴壁附近 Y 离子位置：黄色为 Y上；绿色为 Y中间；橙色为 Y下。右侧为表征 Y 离子强度与垂直位置关系的曲线图。类型 A 和类型 B 的铁电畴壁对应的曲线图只有两个峰，代表垂直方向只有两个位置，不存在处于顺电相位置的 Y 离子。类型 C 和类型 D 的铁电畴壁对应的曲线图有三个峰，说明在垂直方向存在三个位置，包含处于顺电相位置的 Y 离子

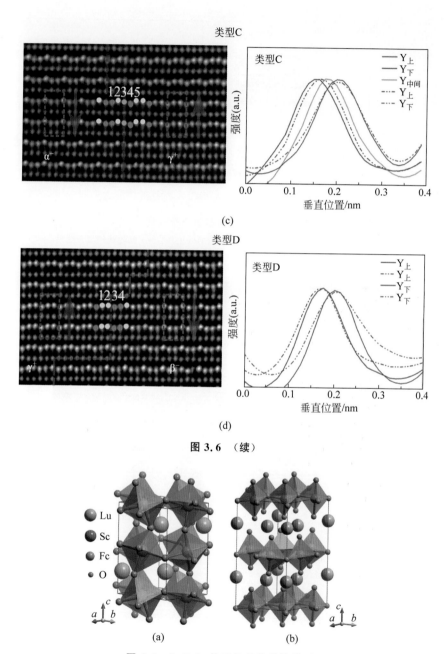

类型C

类型C

Y上
Y下
Y中间
Y上
Y下

强度(a.u.)

0.00   0.1   0.2   0.3   0.4
垂直位置/nm

(c)

类型D

类型D

Y上
Y上
Y下
Y下

强度(a.u.)

0.00   0.1   0.2   0.3   0.4
垂直位置/nm

(d)

图 3.6 （续）

Lu
Sc
Fc
O

(a)   (b)

图 4.1 LuFeO$_3$ 体系的单胞结构模型

（a）无掺杂的 o-LuFeO$_3$ 体系的结构模型（空间群为 $Pnma$）；（b）Sc 掺杂的 LuFeO$_3$ 体系 h-Lu$_{0.5}$Sc$_{0.5}$FeO$_3$ 的结构模型（空间群为 $P6_3cm$，晶格常数参照文献[100]中的结构精修结果）

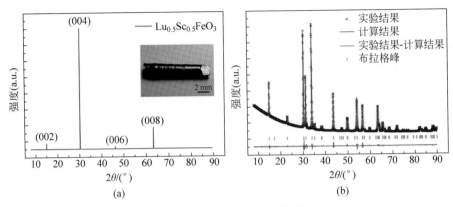

图 4.2　X 射线衍射物相分析

（a）XRD 结果确定样品中无其他杂质衍射峰出现；（b）结构精修拟合结果
利用 $P6_3cm$ 对称性的衍射峰拟合可以得到较好的拟合结果

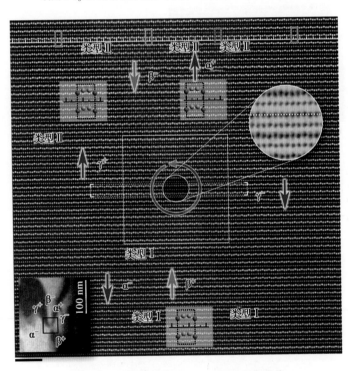

图 4.6　六瓣涡旋畴的 HAADF-STEM 图像

六个铁电畴围绕在一个涡旋畴核心，形成一个反涡旋构型，不同相位的畴区用不同的颜色区分。图像上方的标尺作为表征每个畴区相位的参考。畴核心的局部放大图显示了核心内部 Lu/Sc 原子位于顺电相位置。插图为 TEM 双束暗场像，HAADF-STEM 图像对应于黑色方框标记的区域。标尺为 2 nm

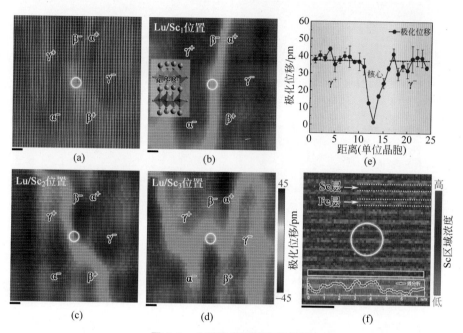

图 4.7　六瓣涡旋畴的定量分析

（a）每列原子柱相对于顺电相平衡位置的偏移量的分布图（红色表示偏移量为最大正值，蓝色表示偏移量为最大负值，白色圆圈表示涡旋畴核心位置）；（b）～（d）分别为 R_1，R_2 和 R_3 位置的 Lu/Sc 原子的偏移量分布图（分别表征了三个畴壁处原子位移的过渡情况）；（e）图 4.6 中虚线框内的极化位移线分布图（极化位移在畴核心处明显降低）；（f）原子层分辨的 Sc-$L_{2,3}$ 边信号分布图（与图 4.6 白色正方形框的位置对应。插图为白色矩形框内 Sc 原子的局域浓度线分析，表明 Sc 原子浓度的波动。标尺为 2 nm）

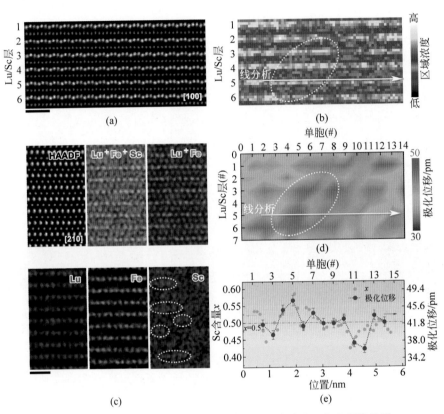

图 4.8　Sc 离子分布和几何铁电极化位移的波动及二者之间的关联

(a) [100]带轴采集原子分辨 EELS 面分布图的区域；(b) 基于 Sc-$L_{2,3}$ 边计算得到的 Sc 元素的区域浓度分布图(表现出明显的区域浓度的波动)；(c) [210]带轴原子分辨的 EDXS 面分布图(Lu-$L\alpha$ 边和 Fe-$K\alpha$ 边的信号显示了原子分辨率，Lu 原子和 Fe 原子沿 c 方向交替排列成层状结构。Sc 元素显示出局域的富集，如白色椭圆标记的区域所示，但未表现出明显的有序性)；(d) 极化位移分布图(同样表现出明显的波动，并与图(c)中的 Sc 元素分布的波动具有一定的一致性)；(e) 箭头处的 Sc 元素含量(灰色)和极化位移(红色)线分析(二者的波动表现出较好的同步性，标尺为 1 nm)

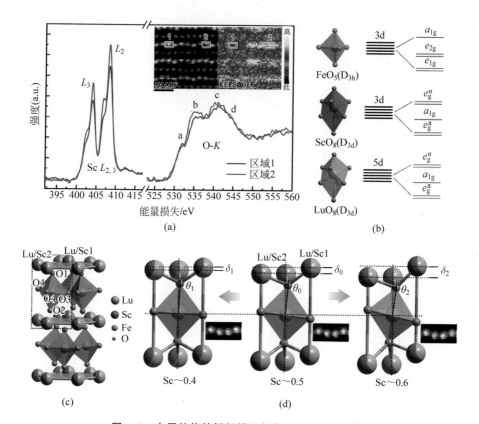

图 4.9　电子结构的解析揭示极化位移波动的起源

（a）从区域 1 和区域 2 提取获得的 Sc-$L_{2,3}$ 和 O-K 边的 EELS 谱（插图为同时采集的原子分辨的 EELS 面分布图和 HAADF-STEM 图像，标尺为 0.5 nm）；（b）$FeO_5(D_{3h})$，$ScO_8(D_{3d})$ 和 $LuO_8(D_{3d})$ 的晶体场分裂示意图；（c）$Lu_{0.5}Sc_{0.5}FeO_3$ 的六方单胞（展示了三个 FeO_5 六面体的三聚行为）；（d）模型示意图表示不同 Sc 离子掺杂浓度下，FeO_5 六面体倾转角度的差异（$\theta_2 > \theta_0 > \theta_1$），从而导致 c 方向极化位移的差异（$\delta_2 > \delta_0 > \delta_1$）

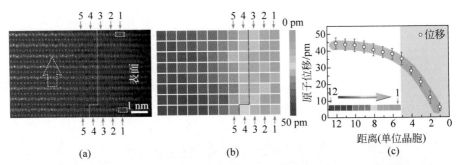

(a)   (b)   (c)

图 5.2 h-YMnO$_3$ 电中性表面的铁电极化异常现象的表征与定量测量

（a）HAADF-STEM 图像表征 h-YMnO$_3$ 电中性的表面结构（在表面层（用白色虚线与块体部分隔开），Y 离子的极化位移出现异常的降低）；（b）表征极化位移分布的马赛克图像（每个像素点对应图（a）区域中一个单胞（白色虚线框表示））；（c）每层平均的铁电极化位移与距表面的距离之间的关系曲线图（表面四层单胞的极化位移明显减小）

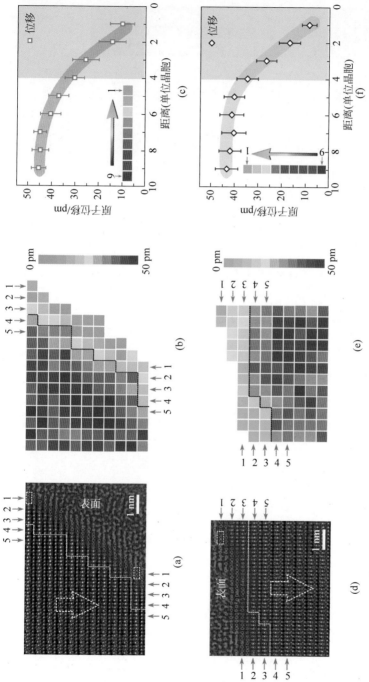

图 5.3 h-YMnO$_3$ 带正电表面和带负电表面的铁电极化异常现象的表征与定量测量

(a) h-YMnO$_3$ 带正电表面结构的 HRTEM 图像；(b) 对应图(a)区域的极化位移分布的马赛克图像；(c)与图(b)中结果对应的每层平均的铁电极化位移与距离之间的关系曲线图；(d) h-YMnO$_3$ 带负电表面结构的 HRTEM 图像（在表面层（用白色虚线与块体部分隔开），Y 离子的"下—上"构型逐渐消失，极化位移均出现异常的降低）；(e) 对应图(d)区域的极化位移分布的马赛克图像；(f)与图(e)中结果对应的每层平均的铁电极化位移与距离之间的关系曲线图（表面四层单胞的极化位移有明显降低）

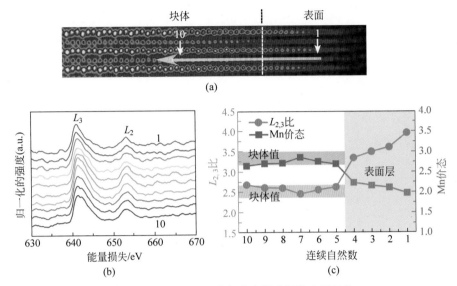

(a)

(b)

(c)

图 5.4　STEM-EELS 表征电中性表面的电子结构

(a) HAADF-STEM 图像表征 h-YMnO$_3$ 电中性表面的晶体结构及 STEM-EELS 线扫描的位置
(白色箭头位置,表面层与块体部分用白色虚线分隔开);(b) 从表面(编号为 1)到块体内部(编
号为 10)的十个 Mn-$L_{2,3}$ 边 EELS 谱(每个 EELS 谱由相邻的五个 EELS 谱对齐、叠加得到);
(c) 定量计算得到的图(b)中每个 $L_{2,3}$ 边的 $L_{2,3}$ 比及其对应的 Mn 离子价态(表面四个单胞的
$L_{2,3}$ 比和 Mn 离子价态相对于块体值均有明显的变化)

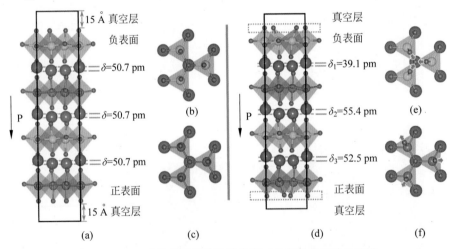

(a)　　　　(b)　　　　(c)　　　　(d)　　　　(e)　　　　(f)

图 5.6　DFT 计算检验表面束缚电荷对几何铁电极化的影响

(a) 初始单胞的结构模型(单胞 c 方向为两个单胞厚度,上、下表面的真空层设定为 15 Å,三层 Y
离子层的极化位移(用 δ 表示)相同,均为 50.7pm);(b) 初始单胞带负电表面沿 c 方向的投影图;
(c) 初始单胞带正电表面沿 c 方向的投影图;(d) 弛豫后的单胞结构模型(三层 Y 离子层的极化
位移发生了不同程度的改变);(e) 弛豫后单胞带负电表面沿 c 方向的投影图;(f) 弛豫后单胞带
正电表面沿 c 方向的投影图(可以观察到 O$_T$ 原子明显的位移,用绿色箭头表示)

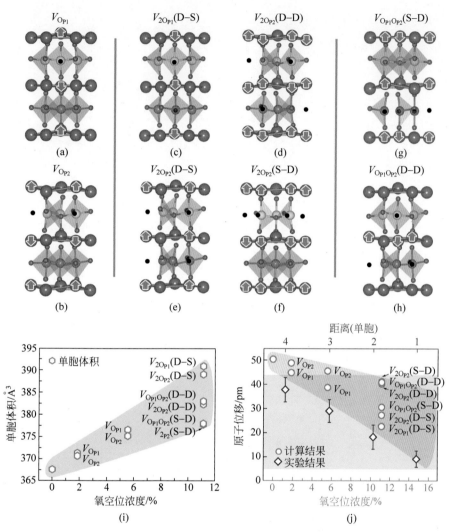

图 5.7 八种具有 V_{OP} 的缺陷单胞弛豫后的结构模型及极化位移情况

(a)和(b)一个单胞中包含一个 V_{OP} 的情况;(c)～(f)一个单胞中包含两个相同类型的 V_{OP} (同为 V_{OP1} 或 V_{OP2});(g)和(h)一个单胞中包含两个不同类型的 V_{OP} (一个 V_{OP1} 和一个 V_{OP2});(i)单胞体积随 V_{OP} 浓度的变化情况;(j)极化位移随 V_{OP} 浓度变化的计算结果(橙色空心圆表示)和实验结果(数据来源于图 5.3(f),用蓝色空心菱形表示。随着 V_{OP} 浓度的升高,铁电极化位移单调递减)

图(a)～(h)中的 V_{OP} 用黑色(前面)和灰色(后面)圆点表示。Y 离子相对于初始单胞的运动方向用绿色箭头表示

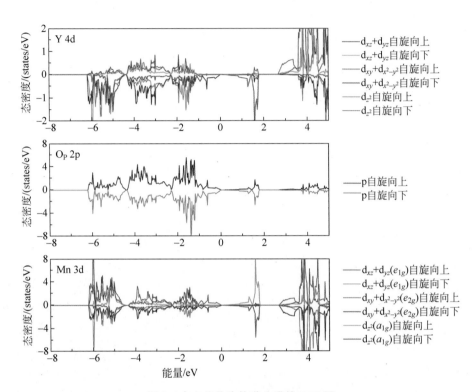

图 5.8　完美单胞轨道分辨的 DOS 图

从上到下依次为 Y 4d 轨道、O_P 2p 轨道和 Mn 3d 轨道。对比 Y 4d 轨道和 O_P 2p 轨道可知，Y-O_P 之间存在明显的杂化。不同的轨道和自旋方向用不同的颜色区分，标注在图像的右侧

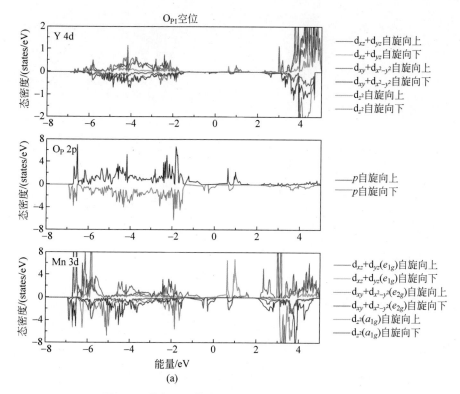

图 5.9 具有 V_{OP} 的缺陷单胞的轨道分辨的 DOS 图

(a) 氧空位类型为 V_{OP1} 构型时的 DOS 图(从上到下依次为 Y 4d 轨道、O_P 2p 轨道和 Mn 3d 轨道);(b) 氧空位类型为 V_{OP2} 构型时的 DOS 图(从上到下依次为 Y 4d 轨道、O_P 2p 轨道和 Mn 3d 轨道)与完美单胞的 DOS 图(图 5.8)对比可以发现,Y 4d 轨道的电子态密度明显降低,表明 Y 4d 轨道和 O_P 2p 轨道之间的杂化强度明显减弱。不同的轨道和自旋方向用不同的颜色区分,标注在图像的右侧

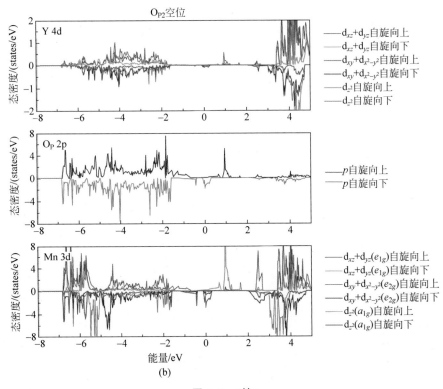

图 5.9 （续）

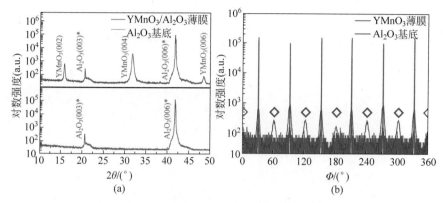

图 6.4 XRD 分析 h-YMnO$_3$ 薄膜取向

(a) 2θ-ω 扫描表明 h-YMnO$_3$ 薄膜为纯六方相，c-Al$_2$O$_3$ 基底和 h-YMnO$_3$ 薄膜均为面外 c 取向；(b) h-YMnO$_3$ 的(112)峰和 c-Al$_2$O$_3$ 的(113)峰的 Φ-扫描结果

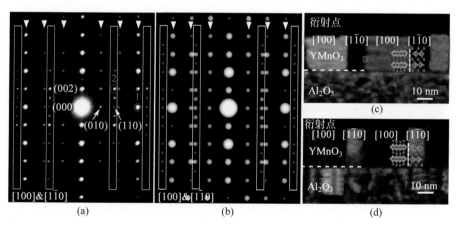

图 6.5 选区电子衍射花样和衍射衬度像确定 h-YMnO$_3$ 薄膜的面内

周期性结构

(a) h-YMnO$_3$ 薄膜 EDP 的实验图；(b) h-YMnO$_3$ 薄膜 EDP 的模拟图；(c) 利用衍射点 1 得到的衍射衬度像(红色方框区域的 HAADF-STEM 图像见图 6.6(a))；(d) 利用衍射点 2 得到的衍射衬度像

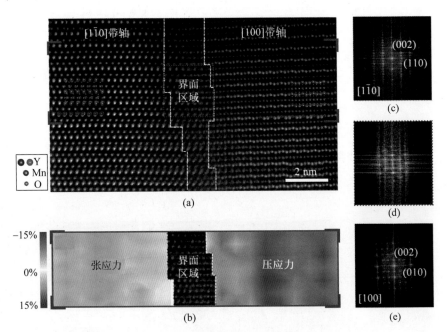

图 6.6 HAADF-STEM 图像表征薄膜显微结构和应力状态

(a) [100] 带轴畴和[1$\bar{1}$0] 带轴畴及二者界面区域的 HAADF-STEM 图像;(b) 图(a) 定界符所围区域的应力状态分析;(c) [1$\bar{1}$0] 带轴区域的 FFT 结果;(d) 界面区域的 FFT 结果;(e) [100] 带轴区域的 FFT 结果

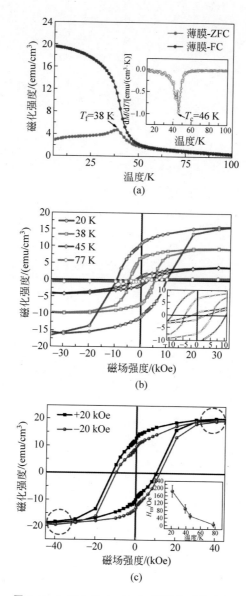

图 6.7　h-YMnO$_3$/c-Al$_2$O$_3$ 薄膜的磁性表征

（a）FC 曲线（红色）和 ZFC（绿色）曲线（插图为 FC 曲线的一阶导数）；（b）不同温度下测量得到的 M-H 曲线（温度低于 46 K 时表现出明显滞回性。插图为 M-H 曲线零场附近的局部放大图）；（c）交换偏置现象的表征

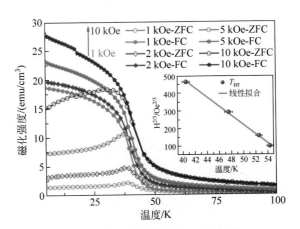

图 6.8 变测量磁场下的 *M-T* 曲线

实心符号对应 FC 曲线,空心符号对应 ZFC 曲线。插图表明 T_{irr} 与 $H^{2/3}$ 之间符合 A-T 线性关系。误差棒是数据的标准差

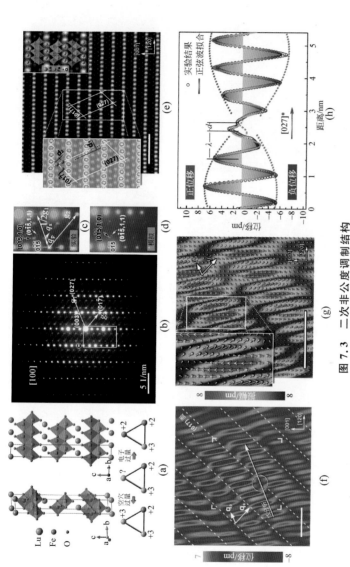

图 7.3 二次非公度调制结构

(a) 上图为菱方晶系 LuFe₂O₄ 的结构模型(空间群，$R\bar{3}m$)及沿 a 轴的投影模型，下图表征体系中存在的电荷阻挫结构；(b) [100] 带轴的 EDP(包含一系列多余的衍射卫星峰)；(c) 图 (b) 中白色实线框部分的局部放大图，沿 $g_1 = [02\bar{7}]$ 方向、q_s 沿 $g_2 = [01\bar{7}]$ 方向；(d) 基于公式 (7-16) 的模型模拟的 EDP 与实验结果具有很好的一致性。第四个波(SOM)的波矢 q_p 沿 $g_1 = [02\bar{7}]$ 方向，q_s 和 q_s 分别对应 q_p 和 q_s；(e) [100] 带轴的 HAADF-STEM 图像(左侧)的局部放大图显示了 (027) 和 (01$\bar{7}$) 面与面间距，分别用第五个指数(m_1)和 d_2 表示。菱形格子的间距对应图 (c) 中 q_p 和 q_s 正空间的距离；(f) 沿着 [001] 方向的 Lu 原子周期性位移(相位在 (017) 面用白色虚线表示)出现周期性的移动；(g) 从图 (f) 中定界符划定的区域内提取的 Lu 原子位移的矢量图(简头表征矢量位移的方向，简头的大小及背景颜色表征位移的振幅)；(h) 在图 (f) 中简头所指位置、沿着 q_p 方向进行的原子位移线分析表明相位的移动($\Delta\phi = 2\pi d/\lambda$)和振幅的波动，其中振幅的波动可以用虚线色络线表示。所有的标尺均为 2 nm

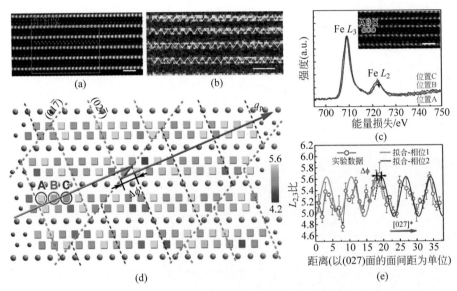

图 7.7　原子分辨的 EELS 表征电荷的调制结构

(a) [100]带轴的 HAADF-STEM 图像;(b) 原子分辨的 Fe-$L_{2,3}$ 边(从图(a)绿色方框内采集得到);(c) 从位置 A~C 提取的 EELS 谱(谱峰形状和位置的不同表明不同位置的原子价态的不同。逐像素点采集的 HAADF-STEM 图像(右上角插图)显示出原子分辨率);(d) 从图(b)中每个 Fe 原子柱采集、计算的 Fe-$L_{2,3}$ 比(用颜色梯度表示。从图中可以观察到明显的价态波动。虚线网格间距对应 $\boldsymbol{q}_p$ 和 $\boldsymbol{q}_s$ 正空间的长度);(e) 沿着 $\boldsymbol{q}_p$ 方向,对每个(027)面的 $L_{2,3}$ 比的积分平均(对应于图(d)的箭头位置,实验结果可以被两个周期相同、相位不同的正弦曲线拟合,表明相位的不连续($\Delta\phi$)。标尺为 1 nm)

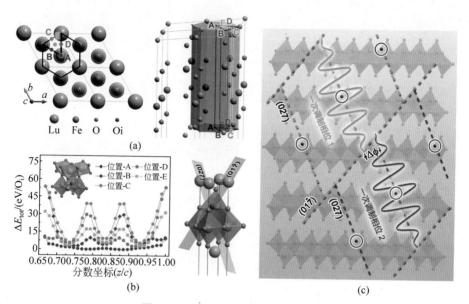

(a)

(b)

(c)

图 7.8　利用 DFT 计算 SOM 的来源

（a）计算中考虑的五个独立的间隙位置（分别标记为位置 A～E。每个位置包含一系列 z 方向的位置，即其 z 坐标可在右图对应的垂直线上连续变动）；（b）对于五个独立的位置，以分数坐标（z/c）为自变量的体系的相对总能量（eV/O_i）（插图的多面体展示了具有最低能量的位置 A_0。右图展示了位置 A_0 在单胞中的相对位置：位于（027）面和（01$\bar{7}$）面的交界处）；（c）表征晶格-电荷二次调制结构机制的模型（O_i（红色球体）位于最低能量的位置 A_0。为了清晰起见，略去了 Lu 原子。PLDs 的振幅以 O_i 为中心呈现出衰减曲线的行为，用黄色和蓝色曲线表示。位移振幅衰减曲线的不连续是相位移动（用 $\Delta\phi$ 表示）和振幅波动的原因

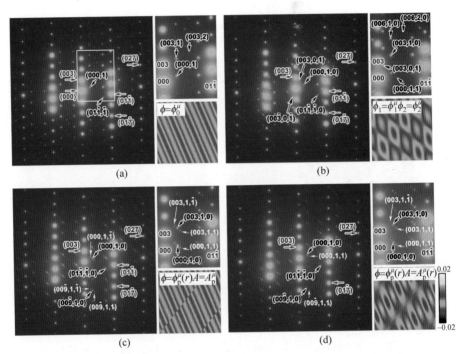

图 7.9 不同类型调制结构的布洛赫波动力学衍射模拟及原子位移模拟

(a) 传统一维调制结构,波矢 $q=q_p$(基本结构的衍射点和调制结构衍射点分别用蓝色和黑色箭头表示);(b) 基于公式(7-14)模拟计算的传统二维调制结构(设定 $q_1=q_p$,$q_2=q_s$。第四个(m_1)和第五个(m_2)指数分别对应调制结构波矢 q_1 和 q_2。注意到只有一次调制衍射点(满足 $|m_1|+|m_2|=1$)具有一定强度,分布在主衍射点周围,而二次调制衍射点(满足 $|m_1|+|m_2|=2$)基本不可见);(c) 只具有相位调制的二次调制结构(两个二次调制衍射点($m_1,m_2=\pm1$)对称地出现在主要调制衍射点($m_1=\pm1,m_2=0$)周围,如图中白色箭头所示。而一次调制衍射点($m_1=0$,$m_2=\pm1$)变得基本不可见);(d) 基于公式(7-16)模拟计算的二次调制结构(对比图(c),增加了振幅的调制,这使得两个二次调制衍射点的强度出现强烈的不对称)

在每个小图中,右上角是图(a)中白色实线框部分的局部放大图,右下角是模拟的 PLDs 图

清华大学优秀博士学位论文丛书

六方锰氧化物和铁氧化物单相多铁性材料的电子显微学研究

邓世清 (Deng Shiqing) 著

Research on Hexagonal Manganites
and Ferrites Single Phase Multiferroics
by Electron Microscopy

清华大学出版社
北 京

内 容 简 介

围绕单相多铁性材料的显微结构、电子结构与物性调控三个关键科学问题,以先进电子显微学方法为主,辅以宏观物性表征及理论计算和模拟等,本书系统探讨了典型的单相多铁性六方锰氧化物和铁氧化物的单晶和薄膜材料中晶格、电荷和自旋的耦合和调控,在一定程度上给出了铁电性(如畴结构和几何铁电性调控)、(反)铁磁性和耦合机制等方面的信息。

本书可供从事多铁性材料和电子显微学研究的高校师生和科研院所研究人员及相关技术人员阅读参考。

图书在版编目(CIP)数据

六方锰氧化物和铁氧化物单相多铁性材料的电子显微学研究/邓世清著. —北京:清华大学出版社,2022.1
(清华大学优秀博士学位论文丛书)
ISBN 978-7-302-58910-5

Ⅰ.①六… Ⅱ.①邓… Ⅲ.①铁电材料-电子结构-研究 Ⅳ.①TM22

中国版本图书馆 CIP 数据核字(2021)第 171798 号

责任编辑:王 倩
封面设计:傅瑞学
责任校对:赵丽敏
责任印制:沈 露

出版发行:清华大学出版社
  网 址:http://www.tup.com.cn,http://www.wqbook.com
  地 址:北京清华大学学研大厦 A 座   **邮 编**:100084
  社 总 机:010-83470000   **邮 购**:010-62786544
  投稿与读者服务:010-62776969,c-service@tup.tsinghua.edu.cn
  质量反馈:010-62772015,zhiliang@tup.tsinghua.edu.cn
印 刷 者:三河市铭诚印务有限公司
装 订 者:三河市启晨纸制品加工有限公司
经 销:全国新华书店
开 本:155mm×235mm **印 张**:13.25 **插 页**:14 **字 数**:250 千字
版 次:2022 年 3 月第 1 版   **印 次**:2022 年 3 月第 1 次印刷
定 价:99.00 元

产品编号:089286-01

一流博士生教育
体现一流大学人才培养的高度（代丛书序）

人才培养是大学的根本任务。只有培养出一流人才的高校，才能够成为世界一流大学。本科教育是培养一流人才最重要的基础，是一流大学的底色，体现了学校的传统和特色。博士生教育是学历教育的最高层次，体现出一所大学人才培养的高度，代表着一个国家的人才培养水平。清华大学正在全面推进综合改革，深化教育教学改革，探索建立完善的博士生选拔培养机制，不断提升博士生培养质量。

学术精神的培养是博士生教育的根本

学术精神是大学精神的重要组成部分，是学者与学术群体在学术活动中坚守的价值准则。大学对学术精神的追求，反映了一所大学对学术的重视、对真理的热爱和对功利性目标的摒弃。博士生教育要培养有志于追求学术的人，其根本在于学术精神的培养。

无论古今中外，博士这一称号都和学问、学术紧密联系在一起，和知识探索密切相关。我国的博士一词起源于 2000 多年前的战国时期，是一种学官名。博士任职者负责保管文献档案、编撰著述，须知识渊博并负有传授学问的职责。东汉学者应劭在《汉官仪》中写道："博者，通博古今；士者，辩于然否。"后来，人们逐渐把精通某种职业的专门人才称为博士。博士作为一种学位，最早产生于 12 世纪，最初它是加入教师行会的一种资格证书。19 世纪初，德国柏林大学成立，其哲学院取代了以往神学院在大学中的地位，在大学发展的历史上首次产生了由哲学院授予的哲学博士学位，并赋予了哲学博士深层次的教育内涵，即推崇学术自由、创造新知识。哲学博士的设立标志着现代博士生教育的开端，博士则被定义为独立从事学术研究、具备创造新知识能力的人，是学术精神的传承者和光大者。

本文首次发表于《光明日报》，2017 年 12 月 5 日。

博士生学习期间是培养学术精神最重要的阶段。博士生需要接受严谨的学术训练，开展深入的学术研究，并通过发表学术论文、参与学术活动及博士论文答辩等环节，证明自身的学术能力。更重要的是，博士生要培养学术志趣，把对学术的热爱融入生命之中，把捍卫真理作为毕生的追求。博士生更要学会如何面对干扰和诱惑，远离功利，保持安静、从容的心态。学术精神，特别是其中所蕴含的科学理性精神、学术奉献精神，不仅对博士生未来的学术事业至关重要，对博士生一生的发展都大有裨益。

独创性和批判性思维是博士生最重要的素质

博士生需要具备很多素质，包括逻辑推理、言语表达、沟通协作等，但是最重要的素质是独创性和批判性思维。

学术重视传承，但更看重突破和创新。博士生作为学术事业的后备力量，要立志于追求独创性。独创意味着独立和创造，没有独立精神，往往很难产生创造性的成果。1929 年 6 月 3 日，在清华大学国学院导师王国维逝世二周年之际，国学院师生为纪念这位杰出的学者，募款修造"海宁王静安先生纪念碑"，同为国学院导师的陈寅恪先生撰写了碑铭，其中写道："先生之著述，或有时而不章；先生之学说，或有时而可商；惟此独立之精神，自由之思想，历千万祀，与天壤而同久，共三光而永光。"这是对于一位学者的极高评价。中国著名的史学家、文学家司马迁所讲的"究天人之际，通古今之变，成一家之言"也是强调要在古今贯通中形成自己独立的见解，并努力达到新的高度。博士生应该以"独立之精神、自由之思想"来要求自己，不断创造新的学术成果。

诺贝尔物理学奖获得者杨振宁先生曾在 20 世纪 80 年代初对到访纽约州立大学石溪分校的 90 多名中国学生、学者提出："独创性是科学工作者最重要的素质。"杨先生主张做研究的人一定要有独创的精神、独到的见解和独立研究的能力。在科技如此发达的今天，学术上的独创性变得越来越难，也愈加珍贵和重要。博士生要树立敢为天下先的志向，在独创性上下功夫，勇于挑战最前沿的科学问题。

批判性思维是一种遵循逻辑规则、不断质疑和反省的思维方式，具有批判性思维的人勇于挑战自己，敢于挑战权威。批判性思维的缺乏往往被认为是中国学生特有的弱项，也是我们在博士生培养方面存在的一个普遍问题。2001 年，美国卡内基基金会开展了一项"卡内基博士生教育创新计划"，针对博士生教育进行调研，并发布了研究报告。该报告指出：在美国和欧洲，培养学生保持批判而质疑的眼光看待自己、同行和导师的观点同样非常不容易，批判性思维的培养必须成为博士生培养项目的组成部分。

对于博士生而言，批判性思维的养成要从如何面对权威开始。为了鼓励学生质疑学术权威、挑战现有学术范式，培养学生的挑战精神和创新能力，清华大学在 2013 年发起"巅峰对话"，由学生自主邀请各学科领域具有国际影响力的学术大师与清华学生同台对话。该活动迄今已经举办了 21 期，先后邀请 17 位诺贝尔奖、3 位图灵奖、1 位菲尔兹奖获得者参与对话。诺贝尔化学奖得主巴里·夏普莱斯（Barry Sharpless）在 2013 年 11 月来清华参加"巅峰对话"时，对于清华学生的质疑精神印象深刻。他在接受媒体采访时谈道："清华的学生无所畏惧，请原谅我的措辞，但他们真的很有胆量。"这是我听到的对清华学生的最高评价，博士生就应该具备这样的勇气和能力。培养批判性思维更难的一层是要有勇气不断否定自己，有一种不断超越自己的精神。爱因斯坦说："在真理的认识方面，任何以权威自居的人，必将在上帝的嬉笑中垮台。"这句名言应该成为每一位从事学术研究的博士生的箴言。

提高博士生培养质量有赖于构建全方位的博士生教育体系

一流的博士生教育要有一流的教育理念，需要构建全方位的教育体系，把教育理念落实到博士生培养的各个环节中。

在博士生选拔方面，不能简单按考分录取，而是要侧重评价学术志趣和创新潜力。知识结构固然重要，但学术志趣和创新潜力更关键，考分不能完全反映学生的学术潜质。清华大学在经过多年试点探索的基础上，于 2016 年开始全面实行博士生招生"申请-审核"制，从原来的按照考试分数招收博士生，转变为按科研创新能力、专业学术潜质招收，并给予院系、学科、导师更大的自主权。《清华大学"申请-审核"制实施办法》明晰了导师和院系在考核、遴选和推荐上的权力和职责，同时确定了规范的流程及监管要求。

在博士生指导教师资格确认方面，不能论资排辈，要更看重教师的学术活力及研究工作的前沿性。博士生教育质量的提升关键在于教师，要让更多、更优秀的教师参与到博士生教育中来。清华大学从 2009 年开始探索将博士生导师评定权下放到各学位评定分委员会，允许评聘一部分优秀副教授担任博士生导师。近年来，学校在推进教师人事制度改革过程中，明确教研系列助理教授可以独立指导博士生，让富有创造活力的青年教师指导优秀的青年学生，师生相互促进、共同成长。

在促进博士生交流方面，要努力突破学科领域的界限，注重搭建跨学科的平台。跨学科交流是激发博士生学术创造力的重要途径，博士生要努力提升在交叉学科领域开展科研工作的能力。清华大学于 2014 年创办了"微沙龙"平台，同学们可以通过微信平台随时发布学术话题，寻觅学术伙伴。3年来，博士生参与和发起"微沙龙"12 000 多场，参与博士生达 38 000 多人次。"微沙龙"促进了不同学科学生之间的思想碰撞，激发了同学们的学术志趣。清华于 2002 年创办了博士生论坛，论坛由同学自己组织，师生共同参与。博士生论坛持续举办了 500 期，开展了 18 000 多场学术报告，切实起到了师生互动、教学相长、学科交融、促进交流的作用。学校积极资助博士生到世界一流大学开展交流与合作研究，超过 60% 的博士生有海外访学经历。清华于 2011 年设立了发展中国家博士生项目，鼓励学生到发展中国家亲身体验和调研，在全球化背景下研究发展中国家的各类问题。

在博士学位评定方面，权力要进一步下放，学术判断应该由各领域的学者来负责。院系二级学术单位应该在评定博士论文水平上拥有更多的权力，也应担负更多的责任。清华大学从 2015 年开始把学位论文的评审职责授权给各学位评定分委员会，学位论文质量和学位评审过程主要由各学位分委员会进行把关，校学位委员会负责学位管理整体工作，负责制度建设和争议事项处理。

全面提高人才培养能力是建设世界一流大学的核心。博士生培养质量的提升是大学办学质量提升的重要标志。我们要高度重视、充分发挥博士生教育的战略性、引领性作用，面向世界、勇于进取，树立自信、保持特色，不断推动一流大学的人才培养迈向新的高度。

清华大学校长

2017 年 12 月 5 日

丛书序二

以学术型人才培养为主的博士生教育,肩负着培养具有国际竞争力的高层次学术创新人才的重任,是国家发展战略的重要组成部分,是清华大学人才培养的重中之重。

作为首批设立研究生院的高校,清华大学自 20 世纪 80 年代初开始,立足国家和社会需要,结合校内实际情况,不断推动博士生教育改革。为了提供适宜博士生成长的学术环境,我校一方面不断地营造浓厚的学术氛围,一方面大力推动培养模式创新探索。我校从多年前就已开始运行一系列博士生培养专项基金和特色项目,激励博士生潜心学术、锐意创新,拓宽博士生的国际视野,倡导跨学科研究与交流,不断提升博士生培养质量。

博士生是最具创造力的学术研究新生力量,思维活跃,求真求实。他们在导师的指导下进入本领域研究前沿,吸取本领域最新的研究成果,拓宽人类的认知边界,不断取得创新性成果。这套优秀博士学位论文丛书,不仅是我校博士生研究工作前沿成果的体现,也是我校博士生学术精神传承和光大的体现。

这套丛书的每一篇论文均来自学校新近每年评选的校级优秀博士学位论文。为了鼓励创新,激励优秀的博士生脱颖而出,同时激励导师悉心指导,我校评选校级优秀博士学位论文已有 20 多年。评选出的优秀博士学位论文代表了我校各学科最优秀的博士学位论文的水平。为了传播优秀的博士学位论文成果,更好地推动学术交流与学科建设,促进博士生未来发展和成长,清华大学研究生院与清华大学出版社合作出版这些优秀的博士学位论文。

感谢清华大学出版社,悉心地为每位作者提供专业、细致的写作和出版指导,使这些博士论文以专著方式呈现在读者面前,促进了这些最新的优秀研究成果的快速广泛传播。相信本套丛书的出版可以为国内外各相关领域或交叉领域的在读研究生和科研人员提供有益的参考,为相关学科领域的发展和优秀科研成果的转化起到积极的推动作用。

感谢丛书作者的导师们。这些优秀的博士学位论文，从选题、研究到成文，离不开导师的精心指导。我校优秀的师生导学传统，成就了一项项优秀的研究成果，成就了一大批青年学者，也成就了清华的学术研究。感谢导师们为每篇论文精心撰写序言，帮助读者更好地理解论文。

感谢丛书的作者们。他们优秀的学术成果，连同鲜活的思想、创新的精神、严谨的学风，都为致力于学术研究的后来者树立了榜样。他们本着精益求精的精神，对论文进行了细致的修改完善，使之在具备科学性、前沿性的同时，更具系统性和可读性。

这套丛书涵盖清华众多学科，从论文的选题能够感受到作者们积极参与国家重大战略、社会发展问题、新兴产业创新等的研究热情，能够感受到作者们的国际视野和人文情怀。相信这些年轻作者们勇于承担学术创新重任的社会责任感能够感染和带动越来越多的博士生，将论文书写在祖国的大地上。

祝愿丛书的作者们、读者们和所有从事学术研究的同行们在未来的道路上坚持梦想，百折不挠！在服务国家、奉献社会和造福人类的事业中不断创新，做新时代的引领者。

相信每一位读者在阅读这一本本学术著作的时候，在吸取学术创新成果、享受学术之美的同时，能够将其中所蕴含的科学理性精神和学术奉献精神传播和发扬出去。

清华大学研究生院院长

2018 年 1 月 5 日

导师序言

2009年，我开始关注多铁性材料，这是一类具有多种序参量且多种序参量之间存在强烈关联的功能材料，并开始琢磨如何用电子显微学方法对其中点阵、电荷、自旋、轨道、拓扑等序参量进行原子尺度的测量，研究序参量之间交互作用及其对性能的影响。近年来，电子显微镜装备、电子显微学技术和方法快速发展，为多种序参量的测量和研究提供了强有力的武器，本书的研究工作就是在这样的背景下探索着进行的。

多铁性材料之所以吸引了物理和材料科学家们的广泛关注，是因为其具有优异的磁、电物理性质和丰富的耦合特性，并在高密度信息存储、微机电系统、传感、能量转换与存储以及高效能自旋电子学等领域展示了良好的应用前景。在这诸多应用中，拨开表象，最为核心的环节莫过于多铁性材料中电信号与磁信号之间的相互转化，即正/逆磁电耦合效应。如何提升多铁性材料的磁电耦合效应，同时调控电、磁性质以满足实际应用需求一直以来是科学家们为之奋斗的命题。这是一个综合性命题，需要深入到原子尺度探讨其中的晶格-电荷-轨道-自旋相互作用以获得机理性的认识，从而指导材料设计；也需要材料生长技术的不断革新，实现在原子尺度对生长过程的精准控制。二者相辅相成、互为依赖。近些年，这两方面均有长足的进步。

从某种意义上说，电子显微学/镜彻底改变了我们对材料的理解方式，也极大地影响了我们研究材料的方法学。尤其是球差校正电子显微学出现以后，这种影响体现得愈加明显：材料原子级别信息的获得似乎打开了一扇通往新世界的大门，许多以往受限于研究技术的科学问题迎刃而解（当然也伴随产生了许多新的命题）。这个时期涌现出了一大批优秀的研究成果。近年来，电子显微学/镜的发展呈现了很好的势头。超高空间分辨率和能量分辨率、时间分辨、超低温和超高温、气氛或液体环境等均已能够在现代电子显微镜中实现，原创性的研究思想也就更显得弥足珍贵。一直以来，我和包括本书作者在内的一代代课题组成员、年青学子，都希望能立足国家需要,瞄准科学前沿,充分发挥电子显微学/镜方法在原子尺度研究上的独特作用,在材料科学与工程研究中多做些事情。

邓世清的博士学位论文《六方锰氧化物和铁氧化物单相多铁性材料的电子显微学研究》就是应用电子显微学方法解决多铁性材料科学问题的较好例子。这本书是在其博士学位论文基础上修改完成的。作者聚焦非常有趣且具有代表性的单相多铁性材料体系——稀土锰酸盐和铁酸盐多铁性材料,围绕显微结构、性能调控和耦合机制三个方面的关键性科学问题,以先进电子显微学方法为主,辅以物性研究与理论计算模拟,从介观尺度到原子尺度进行了系统和细致的研究,探讨了单晶和薄膜体系中晶格、电荷和自旋的相互作用方式和调控方法,在一定程度上给出了铁电性(如畴结构和几何铁电性)、(反)铁磁性和耦合机制等方面的信息。本书中的研究结果,尤其是一些研究方法和思路,不仅对于其他多铁性材料体系,而且对于类似的强关联体系功能材料的研究均具有一定的参考价值。

本书中的创新性结果如下:①对六方单相多铁性材料(如 h-$YMnO_3$、h-$Lu_{0.5}Sc_{0.5}FeO_3$ 等)特有的拓扑保护铁电涡旋畴在静态和动态、介观和原子尺度的特征进行了研究,揭示了电子束引入的局域电场对涡旋畴的可逆调控行为及相关机制;给出了稀土铁酸盐(h-$Lu_{0.5}Sc_{0.5}FeO_3$)铁电涡旋畴的原子级别特征并明确了 Sc 元素的调控作用。②对于多铁性材料的性能调控,较为系统地探究了氧空位对 h-$YMnO_3$ 的几何铁电性和反铁磁性的调控作用,不仅实现了在不改变铁电性前提下对其磁性质的调控,更重要的是,构建起了应力状态-缺陷状态-磁性状态之间的内在关联。这对其他材料体系的性能调控具有借鉴意义。③第 7 章中,通过在电荷有序多铁性材料 $LuFe_2O_{4+\delta}$ 中引入空穴,调控了晶格-电荷有序性及其相互作用的自由度。综合运用系统的显微学方法,发现并揭示了一种新型的二次调制结构,给出了清晰的数学表达,定义了一种更加完善和普适的调制结构序参量(尤其是在缺陷态存在时)。邓世清所做的工作在一定程度上加深了对多铁性材料中晶格-电荷-自旋之间以及多种序参量之间耦合方式的理解和认识。该工作是一个细致、深入的电子显微学研究工作,表明作者对于电子显微学方法在材料研究中的应用掌握到了很好的程度。如同作者在结语中写到的,多铁性材料中还有丰富的科学问题等着我们去探索,希望本书的研究结果能够为读者提供一些有用的信息,如果是一点启发那就更好了。

邓世清在清华园攻读博士学位期间,我们结下了深厚的师生情谊。他在校期间的表现也让我印象深刻。他本科阶段并没有接触过电子显微学方面的课程,但却能在短时间内掌握相关的理论知识和技能。我想这与他很强的自学能力、脚踏实地的工作态度及持之以恒的品质是分不开的。他能够以严谨求实的态度对待科学研究,思想活跃并认真勤奋地动手实践,总是有新的内容跟我讨论。我很愿意与这样的学生讨论科研问题,与这样一群年青学子在一起,我觉得是一件非常快乐的事情,在共同做科研相互讨论的过程中,我向他们也学到了很多,感觉自己也变得年轻了。邓世清的办事能力也很强,他和同学们相处很好,是一位全面发展的人才,这在他担任我的助理期间的工作表现中有所体现。我相信经过五年清华园的培养,他在多铁性材料和电子显微学研究领域已有了一定的积累,已具备相当强的独立开展科学研究的能力。我很高兴他最终选择教书育人、科学研究作为他一生的事业。目前他已回到大学时的母校,衷心希望他事业有成,为国家勇挑大梁、多作贡献。

    在我看来,研究生完成博士学位论文的过程就是一个学者学术生涯的开始,它就像一棵大树的根,根扎得深,枝叶才能繁茂。希望邓世清不忘初心,一直保持在清华园学习和工作时的状态,愿清华园里特有的学术氛围和"自强不息,厚德载物"的精神能够持续带给他灵感和力量,激励他不断取得新的进步。

2020 年 5 月于清华园

摘 要

作为一种强电荷-晶格-自旋耦合的材料,多铁性材料蕴含丰富的物理现象,拥有广阔的应用前景。单相多铁性材料由于在单一体系中同时具备多种铁性有序,因此为多铁耦合机制的探究提供了良好的平台,是多铁性材料中的一个重要分支。六方锰氧化物和铁氧化物作为单相多铁性材料的典型代表,因其特有的铁电性、铁磁性和耦合性质而具有独特魅力,但同时也蕴含着丰富的亟待解决的科学问题。电子显微学方法是一套基于透射电子显微镜发展而来的系统的研究方法,能够同时在正空间(亚埃尺度)、倒空间和能量空间(小于 1 eV)提供材料显微结构、电子结构等方面的关键信息,因此在如今的材料科学研究中处于不可替代的地位。

本书选取六方锰氧化物(h-$YMnO_3$)、六方铁氧化物(h-$Lu_{0.5}Sc_{0.5}FeO_3$)和电荷有序材料($LuFe_2O_{4+\delta}$)作为研究对象,充分发挥电子显微学方法独到的优势,同时结合全面的电学、磁学表征手段及理论计算和模拟等方式,对其中的铁电性、(反)铁磁性、电荷有序性等核心问题进行了研究。研究从介观尺度到原子尺度,从结构解析到性能调控,具有一定的系统性和全面性。对于 h-$YMnO_3$ 体系,在铁电畴结构方面,介观尺度的研究揭示了 h-$YMnO_3$ 涡旋畴结构在电子束调控下的可逆演化行为,为材料的器件化应用创造了机会;在性能调控方面,实验和理论研究展示了不同位点氧空位对 h-$YMnO_3$ 几何铁电性和反铁磁性的调控和作用机制:面内氧空位能够改变 Y 4d-O 2p 杂化,进而调控几何铁电性;顶点氧空位能够诱导反铁磁构型的转变,可以成为改善材料磁性质的有效方式。在此基础上,提出了将氧空位作为原子级多铁性调控元素的观点。对于 h-$Lu_{0.5}Sc_{0.5}FeO_3$ 体系,充分发挥高分辨电子显微学的优势,在原子级别系统解析了体系的涡旋畴结构及 Sc 离子的贡献。对于 $LuFe_2O_{4+\delta}$ 体系,系统的电子显微学研究、理论计算和模拟工作展示了通过在体系中引入空穴能够调控晶格-电荷有序性及其相互作用的自由度,进而引发主要调制结构和二次调制结构的相互纠缠并改变调制结构序参量。以此为基础,发展了一种新型的晶格-电荷二次调制结构模型。新型的调制结构模型完善了对调制结构相位和振幅空间的表达,本质上是一种更为普适的调制结构序参量,有助于对有序结构的精确描述和对序参量之间耦合作用的理解。全书紧紧围绕晶格、电荷、轨道和自旋在多铁性材料中扮演的角色,得出的研究结果对于多铁性材料多铁性机制的理解和性能的改善具有一定的推动作用。

关键词:多铁性;电子显微学;六方锰氧化物;六方铁氧化物;调制结构

Abstract

Multiferroic materials have become an attractive class of strongly correlated systems with rich emergent physical properties and appealing potential for future applications. As an important branch of multiferroic materials, single-phase multiferroic materials have multiple ferroic orders in a single system, which makes it a great platform for exploring the multiferroic coupling mechanism. Among the known single-phase multiferroic systems, hexagonal manganites and ferrites are two representative ones that have been the focus of research efforts due to their various exotic properties. Plenty of interesting scientific problems are embedded, which deserves continual in-depth investigations both experimentally and theoretically. Transmission electron microscopy is a systematic methodology that can provide key information on both microstructure and electronic structure of materials in real-(sub-angstrom scale), reciprocal- and energy (less than 1 eV) spaces, making it an irreplaceable research method in material science.

In the research of this book, giving full play to state-of-the-art electron microscopy and combining it with physical property characterizations, theoretical calculations, and simulations, hexagonal yttrium manganite (h-$YMnO_3$), hexagonal lutetium ferrite (h-$Lu_{0.5}Sc_{0.5}FeO_3$) and a charge-ordered system ($LuFe_2O_{4+\delta}$) are systematically studied for exploring the interplay between different degrees of freedom. Our study has certain systematicness and comprehensiveness covering from the mesoscopic scale to the atomic scale, from structural analysis to property improvement. For the h-$YMnO_3$ system, dynamic mesoscale studies reveal the reversible evolution of vortex domains and charged domain walls under the control of electron beam illumination, providing a perspective on potential applications in ferroelectric storage; in terms of performance improvement, experimental and theoretical studies have demonstrated the key roles of the oxygen vacancies at different sites in tuning the geometric ferroelectricity and antiferromagnetic properties: the in-plane oxygen vacancies can alter Y 4d-O 2p hybridization and thus regulate geometric ferroelectric properties, while the out-of-plane oxygen vacancies can influence the antiferromagnetic configurations, which makes it possible to tailor the magnetic properties and create rich strain-accommodated magnetic states in h-YMnO$_3$ film via strain engineering. On this basis, the oxygen vacancy is proposed to be treated as an atomic multiferroic element. For the h-Lu$_{0.5}$Sc$_{0.5}$FeO$_3$ system, by taking full advantages of the high-resolution electron microscopy, the vortex domain structure is systematically analyzed at the atomic level, and the atomic roles of Sc dopants in modulating the improper ferroelectricity are unraveled. For the study of the hole-doped LuFe$_2$O$_{4+\delta}$ system, we demonstrate atomic-scale observation and analysis of a new modulation wave that requires significant modifications to the conventional modeling of ordered structures. On the basis of the systematic investigations using advanced electron microscopy, density-functional-theory calculations, and simulations, the interesting physics discovered here is that through introducing oxygen-hole into the system we are able to manipulate the degree of freedom of the charge-lattice order and interplay, which alters the primary and secondary wave vectors of the modulation and modify the order parameter. Furthermore, a new lattice-charge second-order modulation structure formulism is developed, which adds additional degrees of freedom in both modulation phase and amplitude parameter spaces and can be widely applicable to numerous ordered systems. This study illustrates a new approach to manipulate singularity in modulation waves via targeted hole doping, insights from which may shed light on deciphering how the doped holes entangle with charge and lattice that determines many emergent quantum states in materials.

This book focuses on the close couplings between lattice, charge, orbital and spin in single-phase multiferroic materials. The research results to some extent provide the impetus for understanding the interplay between multiferroic orders and improving the performance of multiferroic materials.

Key words: multiferroic; electron microscopy; hexagonal manganites; hexagonal ferrites; modulation structure

主要符号对照表

ABF   环形明场像(annular bright field image)
BF   明场像(bright field image)
c-AFM   导电原子力显微镜(conductive atomic force microscope)
C_c 色差系数(coefficient of chromatic aberration)
C_s 球差系数(coefficient of spherical aberration)
CCD   电荷耦合器件(charge coupled device)
CDF   中心暗场像(centered dark field image)
CDW   电荷密度波(charge density wave)
CM   公度调制结构(commensurate modulation)
CO   电荷有序(charge order)
CTF   衬度传递函数(contrast transfer function)
DF   暗场像(dark field image)
DFT   密度泛函理论(density functional theory)
DOS   态密度(density of states)
EDXS   X射线能量色散谱(energy dispersive X-ray spectrometry)
EELS   电子能量损失谱(electron energy loss spectrum)
ELNES   能量损失近边结构(energy loss near edge structure)
FEG   场发射电子枪(field emission gun)
FFT   快速傅里叶变换(fast Fourier transform)
FIB   聚焦离子束(focused ion beam)
HAADF   高角环形暗场像(high angle annular dark field image)
HRTEM   高分辨电子显微镜(high-resolution TEM)
ICM   非公度调制结构(incommensurate modulation)
MBE   分子束外延(molecular beam epitaxy)
NCSI   负球差成像(negative spherical aberration imaging)
PFM   压电力显微镜(piezoresponse force microscope)

PLD   脉冲激光沉积（pulsed laser deposition）

PPA   峰对算法（peak-pair algorithm）

RHEED   反射高能电子衍射（reflection high energy electron diffraction）

SAED   选区电子衍射（selected area electron diffraction）

SEM   扫描电子显微镜（scanning electron microscope）

SOM   二次调制结构（second order modulation）

SQUID   超导量子干涉仪（superconducting quantum interference device）

STEM   扫描透射电子显微镜（scanning transmission electron microscope）

TEM   透射电子显微镜（transmission electron microscope）

（W）POA   （弱）相位体近似（（weak）phase object approximation）

XAS   X 射线吸收谱（X-ray absorption spectroscopy）

XRD   X 射线衍射（X-ray diffraction）

目　录

第1章 绪 论

1.1 多铁性材料研究背景

1.1.1 发展历史与研究现状

多铁性材料在过去十多年一直是凝聚态物理、材料科学、化学等领域的热门研究方向。多铁性材料最初的定义来源于 Schmid 在 1994 年的陈述：多铁性材料是指在一个化合物中同时具有至少两种铁性有序(ferro-ordering)，包含铁电性、铁磁性和铁弹性[1]。新的定义加入了铁涡旋性[2]。因此，空间反演对称性和时间反演对称性的破缺决定了多铁性材料的本质特征。不同有序性之间的交互耦合作用产生了诸多额外的新奇特性，如磁电耦合性能、磁弹耦合性能、铁弹耦合性能等。这使得多铁性材料成为实现机械能-电能-磁能之间相互转化的重要功能材料，从而广泛应用于传感器、换能器、信息存储器、微波器件等诸多现代微电子器件，成为通信、航天、信息存储和处理等领域不可或缺的关键材料之一。

对电有序和磁有序在绝缘体中耦合的探讨，最早可以追溯到 Pierre Curie。但这个领域的真正开端来源于 1959 年 Landau 和 Lifshitz 在名为 *Electrodynamics of Continuous Media* 的论文中的阐述[2]。由于缺乏在材料体系中的直接实验证据，他们只对可能的耦合现象进行了预测。之后不久，Dzyaloshinskii[3] 对线性磁电耦合效应的预测及 Astrov[4] 的直接实验观测引发了人们对可能产生磁电耦合效应的空间对称群进行探索和归类。最初的磁电耦合效应局限于在一种固体材料中存在磁性质与电性质之间的交叉耦合，例如，电场 E 作用下出现磁化 M 或者磁场 H 作用下出现极化 P，但材料中并不存在自发的有序性。1994 年，Schmid 首次发现方硼石(boracite)中存在自发的铁电极化和磁有序性，于是将同时拥有自发电偶极矩和自发磁有序的材料统称为多铁性材料，随后引起了人们对多铁性材料的研究热潮[1-2]。但之后人们发现，自发铁电有序和铁磁有序共存的体系相当稀少，这使得该领域的研究进程一度放缓，同时也促使人们在理论研究中寻找答案。

2003 年应当是多铁性材料研究领域具有里程碑意义的年份。一系列重要的发现均产生于 2003 年前后,这其中最具影响力的当属 R. Ramesh 研究组成功生长出的著名的单相多铁性材料——$BiFeO_3$ 薄膜。他们发现,虽然块体 $BiFeO_3$ 中铁电性和铁磁性都较弱,但二者在薄膜体系中同时得到了很大的增强[5]。这个发现掀起了人们对 $BiFeO_3$ 薄膜体系研究的热潮。直到今天,$BiFeO_3$ 的研究热度仍然在持续。2003 年另外几个重大的发现包括:Kimura 等人发现在 $TbMnO_3$ 中[6],以及 Cheong 等人发现在 $TbMn_2O_5$ 中[7]不仅同时存在铁电序与铁磁序,更重要的是,其中的铁电性由铁磁性诱导产生(在 1.2.2 节中详细介绍)。该特性决定了这类材料体系在存储器、四态逻辑器件和磁电感应器件等方面的潜在应用前景,因此同样引起了人们极大的研究兴趣。伴随着这些重大发现,从 2004 年开始,多铁性材料研究领域出现了研究成果的爆发式增长。利用 Web of Science 数据库统计了 2000—2018 年间,每年以"multiferroic"为关键词发表的文章数目,如图 1.1 所示。可以看出,年发表文章数目从 2004 年开始迅速增加,在 2008—2010 年上升最快。近几年,虽然年发表文章的绝对数量仍在增加,但增加速度明显放缓。在 2018 年,年发表文章数量甚至稍有降低。这表明,

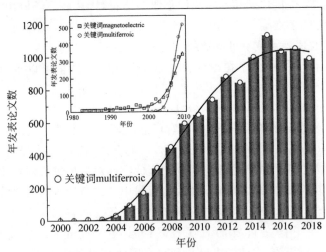

图 1.1　以"Multiferroic"为关键词的论文的年发表数量变化趋势

数据来源于 Web of Science。插图为 Thomas 等人统计的 2010 年之前以"multiferroic"和"magnetoelectric"为关键词发表的文章数[8]

Reprinted with permission from R. Thomas et al.[8]. Copyright © (2010) IOP Publishing Ltd

多铁性材料虽然仍属于材料科学的重点研究方向,但其研究热度稳中有降。研究者们将目光更多地转移到多铁性材料的内在物理机制和相关理论的发展,新材料体系的发现速度降低。因此,目前多铁性材料研究领域正处于一个再积累的阶段。对多铁性机制的进一步深入探索必将促使未来更多新奇的、可实际应用的多铁性材料的发现和发展,从而带来新的研究热潮。

近十几年来多铁性材料的研究已经取得了一系列进展,包括在 $BiFeO_3$-$Co_{0.9}Fe_{0.1}$ 异质结中实现了可重复的电场控制磁性质的反转[9];在多种磁电器件中实现了广泛应用的 $Ni/BaTiO_3$ 多层陶瓷电容器(MLCCs)[10];将多铁性薄膜与自旋轨道耦合材料相结合,形成了一种新型的超低功耗、非易失性逻辑器件——磁电、自旋轨道耦合式逻辑器件(MESO)[11]等。这些进展促使多铁性材料向着器件化方向发展,但一些至关重要的方面,如动力学因素、可靠性和疲劳性等,仍需要得到进一步优化以发展更具竞争力的器件。因此,目前该领域的一些研究目标本质上仍然与 20 世纪 60 年代的目标相同,而且可能仍将是研究者们未来一定时间内关注的重点。这些目标包括但不限于[12]:①首要目标仍是在多铁性器件中实现室温下低电压控制磁矩的超快反转;②寻找室温下具有强磁电耦合的多铁性新材料[13];③在充分运用已有多铁性机制的同时,发现驱动多铁性的新机制,例如,可以用多种方式实现非传统铁电体中的磁有序状态[14-15];④非氧化物体系[16]和有机材料体系[17]的多铁性的发展。

多铁性材料非平衡态的动力学行为逐渐成为该领域研究的热门话题。这是由于多铁性材料研究的核心关注点是电场对磁有序性的调控,而对非平衡态的研究是理解磁电耦合的动态过程和时间尺度的关键。这其中一个重要的方面是各个序参量的改变速度,如果以将多铁性材料应用于存储器件中为目标,那么序参量的改变应当在皮秒量级的时间尺度内完成。因此,利用光学手段实现多铁性材料序参量的调控应当是格外有前景的一个研究方向[18]。

多铁性异质结薄膜仍然是器件化应用方面极具优势和极具前景的材料形式[19]。一方面是由于异质结体系允许将新型的、性能优异的磁性材料和极化长程有序的铁电材料结合在一起。这使得多铁性和磁电耦合性能可以来源于一种材料内部的应力、限域效应、梯度效应或者不同材料的界面。典型地,Mundy 等人[20]在 $(LuFeO_3)_m/(LuFe_2O_4)_1$ 多层异质结薄膜体系中实现了室温下的多铁性。第二方面,多铁性薄膜符合现代器件微型化发展的要求,而且与目前使用的互补金属氧化物半导体(complementary metal oxide semiconductor,CMOS)器件生产工艺兼容。第三方面,多层异质结整体的对称性可能异于任意一个组元,从而诱发新的性质。例如,在 $PbZr_{0.2}Ti_{0.8}O_3$-$La_{0.7}Sr_{0.3}MnO_3$-$PbZr_{0.2}Ti_{0.8}O_3$ 异质结体系中,最外层相对极化方向的改变可以调控整体的空间反演对称性[21]。这种对称性可调的多层薄膜体系为新型、可控的磁电耦合提供了可能。目前已发展的多铁性异质结薄膜体系与室温优异多铁性、强磁电耦合、低漏导、高剩余磁化等现代器件所必需的性能要求之间仍存在一定差距。利用界面工程等调控方式实现多铁性异质结薄膜多铁性能和磁电耦合性能的综合提升仍是研究的重点方向。

另外一个研究热点当属斯格明子(Skyrmions)及其他类似的拓扑结构。Skyrmions 在半金属体系中被首次发现[22],之后在多铁绝缘体中也被观测到[23]。在多铁绝缘体中,虽然 Skyrmions 是局域化的,不能被外加电流驱动,但拓扑结构与同时存在的铁性序参量之间的交互作用及其对多铁性能的可能调控,使得该方向成为一个值得深入探索的方向。另外,近些年发现的其他铁电极化的拓扑结构也蕴含了丰富而新奇的物理现象和可能的应用前景。这其中的一个典型例子是在 $(SrTiO_3)_n/(PbTiO_3)_n (n=2\sim27)$ 多层异质结薄膜体系中观测到的极化涡旋[24]以及其中稳定存在的负电容态(在此之前仅被理论预测)[25]。随后进行的原子尺度的原位研究工作表明,该种极化涡旋-反涡旋对可以在电场、应力场等驱动下实现拓扑结构的演化[26-27]。这为其作为可能的信息存储单元奠定了重要的基础。

虽然多铁性材料领域发展至今,已经涌现出了诸多标志性的研究成果,但最令人兴奋的研究结果和科学发现可能还没有到来。多铁性材料领域仍是一个充满科学问题、挑战和新发现的领域,这激励着研究者们对新系统和新现象的不断深入探索。

1.1.2　多铁性材料的分类及多铁性机制

从铁电性与铁磁性耦合方式的角度,可以将多铁性材料分为第一类多铁性材料(Type I)和第二类多铁性材料(Type II)[2]。对于第一类多铁性材料,其铁电性和铁磁性具有不同的来源,因此,铁电性或铁磁性可以分别具有较高的量级。但也正是由于此,第一类多铁性材料中铁电性与铁磁性之间的耦合作用较弱。第一类多铁性材料的典型代表是 $BiFeO_3$($T_{FE} \approx$ 1103 K,$T_N \approx 643$ K,$P \approx 100 \ \mu C \cdot cm^{-2}$)和 h-$YMnO_3$($T_{FE} \approx 914$ K,$T_N =$ 76 K,$P \approx 6 \ \mu C \cdot cm^{-2}$)[2,28]。第二类多铁性材料是指其中的铁电性由铁磁性诱导产生的多铁性材料。这从本质上决定了第二类多铁性材料中极化与自旋之间具有较强的耦合作用。但第二类多铁性材料往往面临铁电极化强度($\approx 10^{-2}\mu C \cdot cm^{-2}$)和铁磁性较弱或转变温度远低于室温等问题。

在每类多铁性材料中,铁电性与铁磁性的产生机制也存在差别。对于第一类多铁性材料,其铁磁性一般由过渡金属元素半满的 d 轨道贡献。铁电性有以下四种产生原因(如图 1.2 所示)[2,12]:①钙钛矿型。由具有空轨道的过渡金属阳离子(Ti^{4+},Ta^{5+},W^{6+} 等)偏离对称位置的位移与负电荷中心的氧离子构成偶极子,贡献铁电极化。在该种材料中,由于铁电极化的产生要求 3d 轨道为空轨道,而过渡金属离子磁性的出现要求 3d 轨道为部分填充,因此出现所谓的"d^0 对 d^n 矛盾"。值得一提的是,"d^0 对 d^n 矛盾"只是经验法则,存在被打破的可能性。近期理论研究发现,$AMnO_3$($A=$ Ca,Sr,Ba)体系可能具有大自发极化的铁电基态,其中部分填充的 Mn^{4+}(d^3)与强的 Mn-O 共价键同时存在[29]。②孤电子对机制(lone-pair mechanism)。

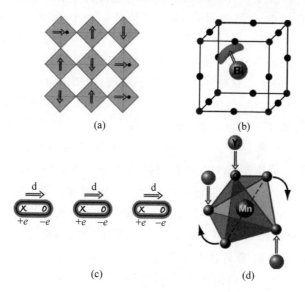

(a)

(b)

(c)

(d)

图 1.2 第一类多铁性材料的微观机制[2]

(a) 钙钛矿结构中由具有 d^0 轨道的离子贡献铁电极化,由具有 d^n 轨道的离子贡献磁矩;(b) 在一些类似于 $BiFeO_3$ 和 $PbVO_3$ 的材料体系中,由未成对电子贡献铁电极化;(c) 电荷有序机制;(d) 几何铁电体

该机制是指未成对的价电子或悬挂键在主要离子(如 Bi 离子)周围的各向异性分布导致空间的非对称性,一般存在于含 Bi 或 Pb 的铁电体中。如在 $BiFeO_3$ 中,未成对的 $6s^2$ 电子对不参与 sp 杂化,从而形成局域的电偶极矩[5]。值得注意的是,$BiFeO_3$ 在尼尔温度($T_N \approx 643$ K)以下同时出现长程有序的螺旋型反铁磁结构[30]。在所有的孤电子对机制的多铁性材料中,$BiFeO_3$ 是唯一一个室温下的单相多铁性材料体系。③电荷有序(charge ordering,CO)诱导铁电性机制。在该机制中,价电子能够以非均匀分布的形式分布在宿主离子周围,从而形成周期性的超结构。例如,$LuFe_2O_4$ 中 Fe^{2+} 和 Fe^{3+} 的周期性交替排列形成超晶格,从而可能贡献极化有序[31-32]。虽然 $LuFe_2O_4$ 是该机制的主要候选者,但经过近十年的研究,其宏观的铁电性存在与否至今仍然存在不小的争议[31,33],这将在第 7 章中进行详细讨论。另外,一些混合价态的锰氧化物,如 $Pr_{1-x}Ca_xMnO_3$、$TbMn_2O_5$ 及镍酸盐 $RENiO_3$(RE 为稀土元素)等,也是可能的电荷有序型多铁性材料体系[34]。电荷有序型铁电体仍然是极具研究价值的材料体系。④几何铁电体(geometric ferroelectricity)。如果是原子的空间填充效果和几何约束排列而非化学成键贡献原子位移,这种铁电体可以称为几何铁电体。几何铁电体以本书研究的重点材料体系六方锰氧化物(h-$REMnO_3$)为典型代表。在 h-$REMnO_3$(RE=Sc,Y,In 或 Dy-Lu)中,MnO_5 六面体的三聚行为贡献了 $T_{FE} \approx 914$ K 以下的铁电极化($P_s = 5.6$ $\mu C \cdot cm^{-2}$)[35-37]。类似的行为也发生在 h-$LuFeO_3$ 薄膜中,而且 h-$LuFeO_3$ 薄膜具有相对较强的宏观静磁矩[38]。另外一种具有该种机制的材料体系是 $BaNiF_4$,其中 Ba^{2+} 离子和 F^- 离子的非对称性排列贡献了自发铁电极化[39]。虽然该体系的铁电极化值很小(约 0.01 $\mu C \cdot cm^{-2}$),但值得注意的是,其中的铁电极化与弱的铁磁性之间存在耦合作用[40]。此外,$Ca_3Mn_2O_7$ 中两种非极化晶格之间的协同作用也能够贡献铁电极化,而且铁电极化与倾转的磁矩之间存在相互作用[41]。

自旋与电荷之间的相互作用可能使磁结构的非中心对称性影响铁电晶格,进而驱动极化态的产生。具有这种铁电极化形成机制的材料即为第二类多铁性材料。根据自旋诱导铁电极化方式的不同,第二类多铁性材料大致可以分为以下几种,如图 1.3 所示:①反 DM(Dzyaloshinskii-Moriya)相互作用机制[42]。自旋-轨道耦合是该种机制的必备条件。在该种机制下,非中心对称的电荷分布由非中心对称的自旋构型驱动产生。Katsura 等人[43]利用微观研究方法及 Mostovoy 等人[44]利用现象学方法均发现了极

化 P 与自旋摆线螺旋(cycloidal spiral)之间的关系：$P\propto r_{ij}\times[S_i\times S_j]\propto [Q\times e]$，其中 r_{ij} 为连接相邻两自旋 S_i 和 S_j 的矢量，Q 为描述螺旋的波矢，$e\propto[S_i\times S_j]$ 为自旋旋转轴。因此，在所谓的摆线螺旋系统中，当自旋旋转的平面与波矢所在平面共面时，铁电极化不为零。该机制的代表性材料体系有 o-$TbMnO_3$，$MnWO_4$ 和 $CaMn_7O_{12}$ 等[6]。②类海森堡(Hesisenberg-like)交换伸缩机制[45]。自旋-轨道耦合不是该种机制的必要条件。铁电极化由共线磁结构(colinear magnetic structure)诱导：在共线磁结构中，磁矩沿着某一特定方向排列，由于在 ↑↓ 和 ↑↑ 两种构型下，磁矩之间的交换收缩作用(exchange striction)不同，因而诱发了空间反演对称性的破缺，形成类似于电荷有序的电偶极子，从而产生铁电极化。铁电极化满足 $P\propto R_{ij}(S_i\cdot S_j)$，其中 R_{ij} 表征磁致伸缩发生的方向，$S_{i,j}$ 为相邻两个位置 i 和 j 的自旋。这种机制可以很好地解释 Néel 畴壁中局域铁电极化的产生原因。③自旋驱动的化学键调制。该种机制下，铁电极化由 3d-2p 轨道杂化在自旋-轨道耦合作用下的变化驱动。这种机制常出现在一些铜氧化物中，如 $CuMO_2$(M=Fe,Cr)。铁电极化满足 $P\propto(S_i\cdot e_{ij})^2e_{ij}$。

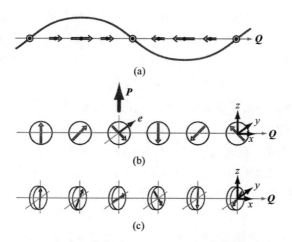

图 1.3　第二类多铁性材料中自旋诱导铁电极化的机制[2]

(a) 正弦自旋密度波中，自旋指向同一方向，但大小发生变化(该结构下保持中心对称，不产生铁电极化)；(b) 在摆线螺旋系统中，波矢 Q 沿 x 方向，自旋在(x,z)平面内旋转，从而产生 z 方向的非零极化；(c) 在所谓的螺杆组合系统中，自旋旋转的平面与波矢方向垂直，不能产生非零极化

另外一类重要的铁电材料是新兴的有机铁电材料。代表性地,熊仁根团队在 2018 年《科学》杂志上发表了无金属的三维 ABX_3 钙钛矿体系铁电材料——MDABCO-NH$_4$I$_3$[46]。该材料具有高的自发极化值($P_s = 22~\mu C \cdot cm^{-2}$),与无机铁电体 BaTiO$_3$ 接近($P_s = 26~\mu C \cdot cm^{-2}$),而且克服了有机铁电体温度适用范围较窄的问题,实现了优于 BaTiO$_3$(约 390 K)的铁电转变温度 T_{FE}(约 448 K)。这类有机铁电体不仅具有与无机铁电体(PbTiO$_3$,BaTiO$_3$ 和 BiFeO$_3$ 等)类似的铁电极化性能,同时拥有无机铁电体没有的其他方面的优势:如将有机铁电体与分子材料结合,能够在下一代的微机电系统、柔性器件和仿生学器件中获得良好的应用前景。有机铁电材料或有机多铁性材料的研究具有广阔的发展空间。

1.2　单相多铁性材料研究进展

单相多铁性材料是指在单一体系中同时存在两种或两种以上铁性有序的材料。单相多铁性材料的多铁性机制包含在 1.1.2 节中。简单分析几种典型的单相多铁性材料的铁电极化值[12]:BiFeO$_3$ 具有最大的自发铁电极化值(应力弛豫状态:$P_s \approx 100~\mu C \cdot cm^{-2}$;受应力状态:$P_s \leqslant 150~\mu C \cdot cm^{-2}$)[5];电荷有序材料 LuFe$_2O_4$ 的铁电极化值能达到 25 $\mu C \cdot cm^{-2}$[31],但仍存在争议;六方锰氧化物 h-REMnO$_3$ 的铁电极化值约为 5.6 $\mu C \cdot cm^{-2}$;对于 o-TbMnO$_3$,螺旋型磁有序诱导产生的铁电极化值($P_s \leqslant 0.1~\mu C \cdot cm^{-2}$)小于共线的反铁磁有序诱导的铁电极化值($P_s \approx 1~\mu C \cdot cm^{-2}$)[47];螺旋型磁有序驱动的铁电极化的最大值出现在 CaMn$_7$O$_{12}$ 体系中,$P_s \approx 0.3~\mu C \cdot cm^{-2}$[48]。可以发现:①孤电子对机制是贡献单相多铁性最成功的机制。但遗憾的是,目前已发现的适用于该机制的室温单相多铁性材料只有 BiFeO$_3$。②六方单相多铁性材料,如 h-YMnO$_3$,具有相对较高的铁电极化值,但磁性转变温度相对较低。因此,该体系研究的关键是提升磁相互作用和磁性转变温度,以实现室温下较强的铁电性与铁磁性的共存和耦合(这也是本书的研究内容之一)。③越来越多的自旋驱动机制的单相多铁性材料体系被发现。通过化学掺杂、应力工程等方式可以提升其有序温度、铁电极化值和净磁矩大小[14-15,48]等,因此该类体系有望展现出室温下的多铁性。

本节中,将以几种最为典型同时也是最受关注的单相多铁性材料为例,详细介绍其研究进展,作为本书中研究工作的背景知识:第一种为采用孤

电子对机制的 $BiFeO_3$；第二种为自旋驱动铁电极化机制的代表体系 $TbMnO_3$；第三种为本书的重点研究材料,六方锰氧化物和铁氧化物单相多铁性材料。

1.2.1　$BiFeO_3$ 单相多铁性材料研究进展

室温下,块体 $BiFeO_3$ 的晶体结构是菱方结构,空间群为 $R3c$,其中氧八面体沿着赝立方的一个 $[111]$ 轴旋转(用 Glazer 表征方法为 $a^-a^-a^-$[49]),如图 1.4(a)所示。虽然很早就发现块体 $BiFeO_3$(陶瓷或者单晶体)是一种具有较高有序性温度的磁电材料(铁电极化转变温度为 $T_{FE} \approx 1103$ K,反铁磁尼尔温度为 $T_N \approx 643$ K,均远高于室温),但由于其铁电极化的量级相对较小(单晶体的铁电极化值只有约 $6~\mu C \cdot cm^{-2}$,后来的研究工作证明,这很有可能与非化学计量比或高密度缺陷有关),同时磁性也相对较弱,因此 $BiFeO_3$ 一直没有引起研究者们的广泛关注[50]。这种状态直到 2003 年才被 R. Ramesh 课题组打破[5]。R. Ramesh 课题组在 $SrTiO_3$ 基底上生长了高质量的[001]方向外延的 $BiFeO_3$ 薄膜,观察到 $BiFeO_3$ 剩余极化高达 $P_r \approx 55~\mu C \cdot cm^{-2}$；同时,薄膜自发磁化强度达到 0.5～1.0 $\mu B/Fe$[5]。同时存在的大自发极化强度、大磁化强度及高转变温度几乎满足多铁性材料实际应用的所有必需条件,这促使研究者们在此以后许多年,一直到今天,对 $BiFeO_3$ 块体及异质结薄膜体系的各方面性能展开了全面探究。

对于 $BiFeO_3$ 单晶,为了摆脱极易存在的非化学计量比和高密度缺陷导致的较大漏导,大量努力投入到生长化学计量比的、无缺陷的 $BiFeO_3$ 单晶样品的研究工作中[54]。2004 年,Choi 等人[55]报道利用 $Bi_2O_3/Fe_2O_3/B_2O_3$ 熔剂生长得到了高质量的 $BiFeO_3$ 片状单晶,并测得沿[001]方向的自发极化值约为 $60~\mu C \cdot cm^{-2}$,沿[111]轴或与其等价方向的自发极化值为 $90～100~\mu C \cdot cm^{-2}$。这进一步促使 $BiFeO_3$ 成为一种极具竞争力和应用前景的单相多铁性材料。

之后的研究工作确认了 $BiFeO_3$ 中大的铁电极化值来源于本征特性:由 A 位的 Bi^{3+} 贡献[56]。等价的铁电极化方向有八个(沿[111]及等价方向),铁弹变量方向有四个,因此具有 $71°$,$109°$ 和 $180°$ 这三种铁电畴壁,如图 1.4(h)和(i)所示[51]。但另一方面,$BiFeO_3$ 中与 Fe^{3+} 自旋相关的自旋有序性的来源至今仍然存在一定的争议[5,57]。目前已经清楚的是,Fe^{3+} 处于高自旋态,局域 Fe^{3+} 的磁矩约为 $5~\mu B/Fe$。Fe^{3+} 的自旋在 $T_N \approx 643$ K 以下

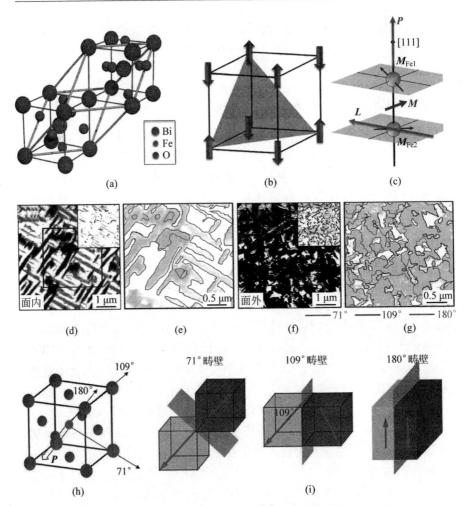

图 1.4　BiFeO$_3$ 的多铁性[28]（见文前彩图）

(a) BiFeO$_3$ 单胞模型（黄色实线框展示了 BiFeO$_3$ 菱方单胞，蓝色实线表示赝立方单胞）[51]；
(b) G-型反铁磁构型（其中箭头表示 Fe^{3+} 离子磁矩方向，红色阴影表示赝立方(111)面）[51]；
(c) 三种矢量（沿着赝立方[111]方向的极化 **P**；反铁磁有序参量 **L**；倾转诱导的磁矩 **M**）的关系[51]；(d) 室温条形铁电畴的压电力显微镜照片（面内信号，插图为面外信号）；(e) 标记的畴壁类型（条形畴的畴壁为 71°畴壁，马赛克形畴的畴壁为 109°和 180°畴壁）[52]；(f) 马赛克形畴的压电力显微镜照片（面内信号，插图为面外信号）；(g) 标记的畴壁类型（条形畴的畴壁为 71°畴壁，马赛克形畴的畴壁为 109°和 180°畴壁）[52]；(h) 铁电极化等价方向[51]；(i) 三种铁电畴壁[51]；(j) 自旋旋转和摆线向量（**k**$_1$）[53]；(k) 螺旋型反铁磁构型（调制周期为 62～64 nm）[53]

Reprinted with permission from J. T. Heron et al.[51]. Copyright © (2014) American Institute of Physics; Reprinted with permission from L. W. Martin et al.[52]. Copyright © (2008) American ChemicalSociety; Reprinted with permission from D. Lebeugle et al.[53]. Copyright © (2008) American Physical Society

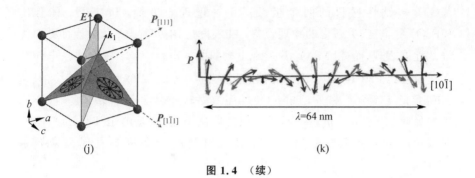

(j) (k)

图 1.4 （续）

形成 G-型反铁磁有序,如图 1.4(b)所示,即所有近邻的磁矩均相互反平行排列。因此,理想的 G-型反铁磁有序在宏观不表现出净磁矩。而有趣的是在 $BiFeO_3$ 中,在理想的 G-型反铁磁有序的基础上叠加了一个螺旋形的调制结构,如图 1.4(k)所示。调制结构的周期为 $62\sim64\ nm$[53,58-59],主要来源于 Fe^{3+} 自旋倾转的积累[60]。在薄膜或者纳米结构中,这种螺旋型调制能够被空间限域效应抑制,从而由 DM 相互作用主导,贡献弱的净磁矩[61]。这种机制暗示了 $BiFeO_3$ 中不会存在大的净磁矩(虽然有较大数量的实验工作报道了 $BiFeO_3$ 中的大净磁矩)。即便如此,G-型反铁磁有序和螺旋型调制结构的特性使得 $BiFeO_3$ 能够在多铁性异质结的界面磁性耦合中发挥重要作用,例如,充当铁电层衬底、交换偏置中的反铁磁钉扎层、界面量子调制供体等。这也是 $BiFeO_3$ 被认为是迄今为止最好的多铁性材料之一的一个重要原因。

事实上,在 2003 年之后很长一段时间内,$BiFeO_3$ 也是唯一一种在室温以上同时展现出铁电性和磁性有序的材料。这使得 $BiFeO_3$ 成为多铁性材料研究领域的重点关注对象。近些年,研究者们在关注 $BiFeO_3$ 多铁性能的改善和应用的同时,如铁电畴结构,畴壁结构[62],畴的拓扑结构及其静、动态行为探究等,也在其他相关的性能研究方面有所突破,如光伏效应[55]、光催化性能[61]等。本质上,这些性能均与其突出的铁电极化性能有直接或者间接的关系。

1.2.2 自旋驱动单相多铁性材料研究进展

同样是发现于 2003 年,$TbMnO_3$ 是具有正交晶系对称性的另一个重要的钙钛矿型单相多铁性材料,同时也是自旋驱动单相多铁性材料的典型代表[6]。如果将其与 $BiFeO_3$ 作对比,可以发现,$TbMnO_3$ 和 $BiFeO_3$ 恰好是完美多铁性材料的两个极端。在物理现象方面，$TbMnO_3$ 具有比 $BiFeO_3$ 更丰富、更新奇的物理现象；在实际应用方面，$BiFeO_3$ 具有更加优异的性能表现，而 $TbMnO_3$ 只表现出较弱的铁电性[6]：①较低的铁电转变居里温度（约 28 K）；②较小的铁电极化值（$0.06 \sim 0.08\ \mu C \cdot cm^{-2}$），只是 $BiFeO_3$ 的 1/1000。另外，$TbMnO_3$ 的磁有序转变温度也较低（$T_N \approx 40$ K）。即便如此，$TbMnO_3$ 仍然引起了人们的广泛关注，这是由于 $TbMnO_3$ 具有难以超越的物理意义：第二类多铁性材料的众多重要发现都来源于 $TbMnO_3$。

Kimura 等人[6]报道的实验结果显示，$TbMnO_3$ 在 $T_N \approx 40$ K 以下具有反铁磁有序性。这种反铁磁结构较为复杂：Mn^{3+} 的磁矩具有沿着 b 轴方向的、正弦函数类型的调制结构，调制结构的周期与晶格是非公度的，而且随着温度的降低而减小[63]。中子衍射的研究结果表明[64]，在温度 $T_{lock\text{-}in} = 28$ K 时，这种非公度的调制结构被锁定，正弦模式的调制结构转变为 b-c 面的摆线螺旋。进一步降低温度，当温度低于 $T_{Tb} = 7 \sim 8$ K 时，体系中的 Tb^{3+} 的自旋产生独立的有序性。最有趣的是，$TbMnO_3$ 铁电极化恰好出现在温度低于 $T_{lock\text{-}in}$ 时，即与面内的摆线螺旋型磁有序同时出现。这暗示了螺旋型反铁磁性与铁电性之间存在某种内在的纠缠。同时，施加外界磁场至几个特斯拉时，可以将螺旋平面由 b-c 平面调整至 a-b 平面，与此同时，铁电自发极化也从 c 轴方向转向 a 轴方向。这进一步证明了铁电性和铁磁性之间存在强烈的耦合，而这种现象在 $BiFeO_3$ 中是不存在的。类似的现象在同构型的 $DyMnO_3$ 和 $Eu_{1\text{-}x}Y_x MnO_3$ 中也被观察到[65-66]，而且二者具有相较于 $TbMnO_3$ 更大的铁电极化值（约 $0.2\ \mu C \cdot cm^{-2}$），虽然仍远低于 $BiFeO_3$。对于 $DyMnO_3$，其 $T_{lock\text{-}in}$ 约为 18 K，比 $TbMnO_3$ 更低。对于 $Eu_{0.75}Y_{0.25}MnO_3$，其包含具有弱净磁矩（由磁矩倾转贡献）的 A-型反铁磁相与螺旋型自旋有序相之间的转变，这为利用电场调控磁化或磁场调控铁电极化提供了可能[67]，也为大的磁电耦合材料的研究和发现提供了机会[68]。

1.2.3　六方锰氧化物单相多铁性材料研究进展

$REMnO_3$ 是一类重要的单相多铁性材料，其中 RE 代表稀土元素。当 RE 离子半径较小时（RE=Sc，Y，In 或 Dy-Lu），体系为六方晶系，空间群为 $P6_3 cm$。而当 RE 离子半径较大时（RE=La-Dy），其为正交晶系，具有钙钛矿结构(DyMnO$_3$ 处于正交晶系和六方晶系的交界上,两种相都可以在一定条件下稳定存在)[69-70]。最早引起人们关注的单相多铁体系为正交晶系的 TbMnO$_3$,以及与其同构型的 DyMnO$_3$ 和 Eu$_{0.75}$Y$_{0.25}$MnO$_3$[6,65-66]。这部分内容在 1.2.2 节中已做详细介绍。六方晶系的 REMnO$_3$ 是一种几何铁电体,在尼尔温度以下(如对于 h-HoMnO$_3$,约为 75 K)为反铁磁有序,磁结构为非共线的三角形自旋阻挫构型[71]。另外,一些 RE^{3+} 的 4f 轨道可贡献额外的磁性[28,71],如在 h-HoMnO$_3$ 中,Ho^{3+} 在极低温度下(约 4.6 K)表现出独立的磁有序性。而另外一些 RE^{3+} 不具有 f 电子磁矩的体系(如 h-YMnO$_3$)为研究 Mn^{3+} 的磁有序特性提供了更加纯粹的平台。

六方锰氧化物单相多铁性材料是本书研究的重点材料。本节将以其中的典型代表体系 h-YMnO$_3$ 为例,介绍该类材料在铁电性、(反)铁磁性、畴结构及耦合现象等几个重要方面的研究进展。

1.2.3.1　铁电性

由于 A 位离子 Y^{3+} 的半径较小,h-YMnO$_3$ 稳定在六方晶系。h-YMnO$_3$ 在 c 方向为层状结构,Y 离子层与 MnO$_5$ 六面体层在 c 方向交替排列。Mn 离子在面内构成三角形晶格,MnO$_5$ 六面体通过顶角的面内氧原子相互连接[35,69]。h-YMnO$_3$ 具有室温的铁电性($T_{FE} \approx 914$ K),其铁电极化的产生与上述晶体结构密切相关。h-YMnO$_3$ 被称作非传统铁电体(improper ferroelectric)或几何铁电体(geometric ferroelectric),这是由于空间填充效应和几何约束贡献该种材料的结构非稳定性,进而引发了离子位移和相应的自发极化。在 $T_s \approx 1270$ K 以下,h-YMnO$_3$ 发生结构相变,MnO$_5$ 六面体发生三聚,伴随着波矢为 $\boldsymbol{q} = (1/3,1/3,0)$ 的 K_3 声子模的凝结,体系对称性由 $P6_3/mmc$ (D_{6h},$Z=2$,No. 194)降低为 $P6_3cm$ (C_{6v},$Z=6$,No. 185),并形成 $\sqrt{3} \times \sqrt{3}$ 的超结构[35,72-73]。这种三聚行为可以用振幅 Q 和方位角 Φ 进行描述(详细讨论见 3.2 节)[36,74]。虽然该模式将对称性降为极性空间群,但由于其波矢位于布里渊区(Brillouin zone)边界,晶体中局域的极性在宏观上相互抵消,体系对外不表现出静极化。本质上,自发极化 $\boldsymbol{P}$ 的大小与 Γ_2^- 声子模的振幅成正比(该模式凝结能够引起 Y 原子与面内 O 原子之间键长的改变,进而导致净极化的出现)[74]。Γ_2^- 声子模在 $P6_3/mmc$ 对称性下是稳定的,但与不稳定的 K_3 声子模非线性地耦合在一起。因此,K_3 声子模的凝结能够通过非线性耦合使得 Γ_2^- 声子模凝结。

这个过程使得 h-$YMnO_3$ 自发铁电极化与三聚行为相互耦合,从而决定了体系的几何特性[36]。

　　h-$YMnO_3$ 铁电极化的产生机制最早在 2004 年由 Van Aken 等人[35]提出。他们认为 h-$YMnO_3$ 自发极化的产生主要由两种原子位移贡献:①MnO_5 六面体的三聚使得 c 轴变短的同时,顶点氧原子(O_T)向两个较长 Y-O_P 键(O_P 为面内氧原子)的方向位移;②Y 离子向远离高温顺电相中镜面位置的方向位移,同时保持与 O_T 之间的距离不变。在以上过程中,MnO_5 六面体内的键长及 Y-O_T 键长均保持不变。位移的结果是键长约为 2.8 Å 的 Y-O_P 键一半缩短为约 2.3 Å,另外一半伸长为约 3.4 Å,从而产生 c 方向的静铁电极化。中子衍射的实验结果[75-76]验证了 Y^{3+} 离子周围的非对称性环境,这与以上描述的过程相吻合;但同时报道的 Mn-O 键的键长表明 Mn 离子存在偏离中心的位移,这与以上过程有所矛盾。进一步地,Van Aken 等人基于第一性原理计算得到的轨道分辨的电子态密度图,推断出 Y^{3+} 离子和 O 原子之间主要是离子键,不存在明显的杂化,进而认为 h-$YMnO_3$ 的铁电极化仅取决于静电力相互作用和尺寸效应(Y^{3+} 离子与 Mn^{3+} 离子之间的半径差),而与轨道杂化无紧密关联。

　　对于体系的铁电极化是否单纯地由尺寸效应驱动及 Y-O 之间是否存在杂化这一问题,研究者们并未达成统一的共识。典型地,Cho 等人[77]利用极化依赖的 X 射线吸收谱(X-ray absorption spectroscopy,XAS)对 h-$YMnO_3$ 的电子结构及其中的 Mn-O 和 Y-O 键进行了研究。测量得到的 O-K 边的 X 射线吸收谱(图 1.5(a))表明,在极化态的 h-$YMnO_3$ 中,不仅在 Mn 3d 区域表现出强烈的非对称杂化,在 Y 4d 区域同样具有较强的各向异性的 Y 4d-O 2p 杂化,尤其是沿 c 轴方向。因此,Cho 等人认为,h-$YMnO_3$ 从顺电相向铁电相的转变伴随着 Y 与 O 之间轨道的再杂化,提出了所谓的"Y d^0-轨道再杂化"驱动机制。这种机制包含了 Y 4d-O 2p 轨道杂对在几何铁电极化的贡献,这与 Van Aken 等人的观点存在一定的矛盾(后者认为 Y-O 键基本为离子键)。此外,Kim 等人利用基于最大熵模式(maximum entropy method,MEM)拟合的方法计算发现,在铁电态的 h-$YMnO_3$ 中,Y1-O3 之间的电子密度明显增加,表明 z 方向 Y 4d-O 2p 间存在明显杂化。而顺电态中二者之间的电子密度较低,如图 1.5(c)红色矩形框标记的位置。第 5 章的内容也对这一问题进行了探究,实验结果和理论计算结果都更加倾向于支持 Y-O_P 之间存在杂化的观点。

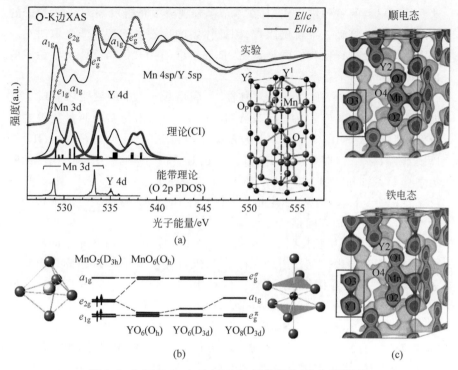

图 1.5　h-YMnO$_3$ 中 Y 4d-O 2p 间的杂化（见文前彩图）

（a）O-K 边的极化依赖的 X 射线吸收谱[77]（实验数据采集模式为 FY 模式；理论计算采用 CI 模型及 O 2p PDOS 能带理论模型[35]；实线条代表 δ 函数的强度）；（b）MnO$_5$（D$_{3h}$）和 YO$_8$（D$_{3d}$）晶体场分裂示意图；（c）基于最大熵拟合分析得到的 YMnO$_3$ 顺电态（1000 K）和铁电态（910 K）的三维电子密度分布[78]（密度等值面为 0.6 e/Å^3）

1.2.3.2　反铁磁性

h-YMnO$_3$ 的反铁磁有序由 Mn 离子贡献，反铁磁构型是非线性的三角形：Mn 离子的磁矩排列在面内，互相之间成 120°夹角，构成二维（2D）的自旋阻挫体系[79]。Fabrèges 等人[79]指出，在 h-REMnO$_3$ 体系中，Mn 离子在面内的位置（x）是影响层间有效交互作用 $J_{z1}-J_{z2}$ 符号的主要参数，进而影响材料的磁构型：当 Mn 偏离面内的高对称性位置，即面内 1/3 位置（Wyckoff 位置）时，Mn 离子磁矩的层间交互作用的相对强弱发生改变。

这得益于材料的磁弹耦合作用(在本节耦合现象中介绍)。由于这种原子的面内位移能够打破二维自旋阻挫,因此体系的稳态磁构型本质上取决于 x 的大小。这个过程使我们联想到在 2D 或三维(3D)几何阻挫体系中稳定的自旋派尔斯(Peierls)态[80-81]。

根据群论分析,在 $P6_3cm$ 对称性下,满足 Mn 离子的磁矩之间成 $120°$ 夹角的可能构型共有六种[75]。$h\text{-}YMnO_3$ 中,中子衍射实验测量获得的可能磁构型有四种,用不可约的表达方式(irreducible representations,IR)可以表示为 $\Gamma_{i,i=1\sim4}$,即 Γ_1、Γ_2、Γ_3 和 Γ_4。在 Γ_1 和 Γ_4 磁构型中,Mn 离子的磁矩垂直于 a 轴和 b 轴。在 $z=0$ 和 $z=1/2$ 平面上,对于 Γ_1 磁构型,磁矩为反平行;对于 Γ_4 磁构型,磁矩相互平行。在 Γ_2 和 Γ_3 磁构型中,Mn 离子磁矩沿着 a 轴和 b 轴方向排列。

具体地,对于层状排列的 Mn-O 层,当 $x\neq1/3$ 时,Mn 离子之间的交互作用包含两种层内交互作用(J_1 和 J_2),以及经由 MnO_5 六面体顶点氧原子(O_T)的层间交互作用,分别为 J_{z1}(S_3 和 S_4 之间)和 J_{z2}(S_1 和 S_4 之间以及 S_2 和 S_4 之间),如图 1.6 所示。其中,S_1、S_2 和 S_3 分别位于$(x,0,0)$、$(0,x,0)$和$(-x,-x,0)$,S_4、S_5 和 S_6 分别位于$(x,x,1/2)$、$(1-x,0,1/2)$和$(0,1-x,1/2)$。当 $x=1/3$ 时,以上所有的交互作用路径均为等效的。当 $x\leqslant1/3$ 时,交互作用路径 J_{z1} 比 J_{z2} 长,因此 $J_{z1}-J_{z2}\leqslant0$,反之亦反。由此可知,x 决定了有效的层间交互作用 $J_{z1}-J_{z2}$ 的大小。由于 $J_{z1}-J_{z2}$ 的符号影响磁能 ε(每个单胞)的大小,因此 x 本质上决定了不同磁状态的稳定性。磁能的表达式可以通过推导单胞的海森堡(Heisenberg)哈密顿量(Hamiltonian)得到:

$$\begin{cases} H=H_p+H_z \\ H_p=\sum JS_iS_j \\ H_z=\sum J_zS_iS_j \end{cases} \tag{1-1}$$

其中,p 和 z 分别表征层内和层间交互作用,求和作用于最近邻的原子。由于 Mn 离子的三角形排列方式,于是有 $\sum\limits_{i=1,2,3}S_i=\sum\limits_{i=4,5,6}S_i=0$,从而可以求得磁能 ε 的表达式为

$$\varepsilon=-\frac{3}{2}JS^2+(J_{z1}-J_{z2})(S_3\cdot S_4) \tag{1-2}$$

由此容易分析得到:当 $J_{z1}-J_{z2}$ 的符号改变时,S_3 和 S_4 的平行关系将发生相应的变化以使磁能最小。例如,对于 $J_{z1}-J_{z2}\geqslant0$,S_3 和 S_4 为反平行,

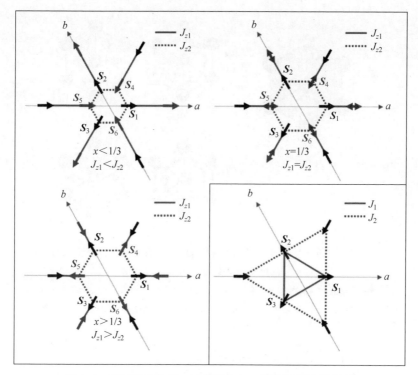

图 1.6　不同面内位置 x 对应的 Mn-O 平面层间交互作用

路径 J_{z1} 和 J_{z2} 示意图[77]（见文前彩图）

黑色和红色箭头分别表示位于 $z=0$ 平面和 $z=1/2$ 平面的 Mn 离子的自旋。双箭头表示两种自旋方向均可稳定存在。插图是两种层内交互作用路径 J_1 和 J_2 的示意图

Reprinted with permission from X. Fabrèges et al.[79]. Copyright © （2009） American Physical Society

即磁构型为 Γ_1 或 Γ_2；对于 $J_{z1}-J_{z2}\leqslant 0$，S_3 和 S_4 相互平行，即磁构型为 Γ_3 或 Γ_4。这样的结果也可以通过高分辨的中子衍射实验进行验证。

　　Mn 离子面内位置 x 与磁构型之间的这种紧密联系成为了磁性质调控的依据和出发点。我们研究组之前的理论计算和实验结果表明[82-83]，MnO_5 六面体中氧原子的缺失能够引起 Mn 离子的位移。根据以上讨论容易推断得出，这种 Mn 离子的位移能够改变材料的磁构型。如图 1.7 所示，第一性原理计算的结果表明，当面内氧空位存在时，$h\text{-}YMnO_3$ 的磁构型为 $\Gamma_1(V_{OP1})$ 或 $\Gamma_3(V_{OP2})$；当顶点氧空位存在时，磁构型为 $\Gamma_4(V_{OT1})$ 或 $\Gamma_2(V_{OT2})$[82]。

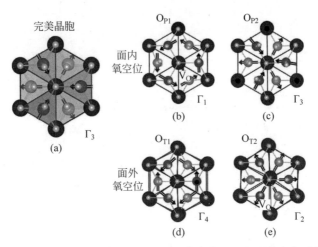

图 1.7　第一性原理计算的 h-YMnO$_3$ 中含有不同位置氧空位时的

磁构型[82]（见文前彩图）

(a) 完美单胞中的磁构型为 Γ_3（从[001]带轴观察，黑色箭头表征 Mn 离子的自旋方向）

(b)～(e) 不同氧空位类型对应的稳定磁构型（氧空位在图(c)和图(d)中用黑色原点表征，在图(b)和图(e)中用黑色箭头指示）

1.2.3.3　畴结构

　　Choi 等人[69]报道了 h-YMnO$_3$ 中反相畴壁与铁电畴壁的互锁，即 MnO$_5$ 六面体的三聚行为破坏了原有的 60°旋转对称性，诱导出现三种反相畴 α、β 和 γ。铁电极化进一步打破了反演对称性，最终形成了拓扑保护的三叶草构型的涡旋畴结构（cloverleaf-like vortex pattern）。在这种构型下，围绕中心点（涡旋畴核心）的六种铁电畴按照涡旋（vortex）α$^+$-β$^-$-γ$^+$-α$^-$-β$^+$-γ$^-$ 或反涡旋（anti-vortex）α$^+$-γ$^-$-β$^+$-α$^-$-γ$^+$-β$^-$ 的构型排列。这种构型的出现可以用朗道理论（Landau theory）结合密度泛函理论（density functional theory，DFT）计算解释[74,84]：铁电极化畴与结构畴的相互钳制来源于结构上的三聚（Q）与 c 方向极化（P）之间的非线性耦合（详细讨论见 3.2 节）。图 1.8(e)和(f)给出了三种结构畴与六种铁电畴耦合的示意图。

　　解析这种涡旋畴（拓扑线缺陷）在空间内的分布有利于理解涡旋畴-反涡旋畴间的相互作用。Chae 等人[86]基于数学图论对涡旋畴在二维平面内自发形成的网络进行了系统分析，得出：在 h-REMnO$_3$ 涡旋畴的二维平面

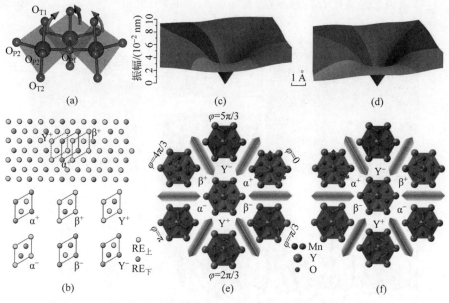

图 1.8　h-REMnO$_3$ 的三聚行为和涡旋畴结构

(a) MnO$_5$ 六面体三聚行为示意图；(b) 三聚行为诱导的三种结构畴和六种铁电畴；(c) 涡旋畴核心附近,结构三聚振幅 Q 的分布情况[85]；(d) 反涡旋畴核心附近,结构三聚振幅 Q 的分布情况[85]；(e) 涡旋畴核心附近的原子结构[85]；(f) 反涡旋畴核心附近的原子结构[85] (α^+ 铁电畴对应于 $\Phi=0$。每两个相邻畴的相位差为 $\Delta\Phi=+\pi/3$,箭头表征顶点氧原子在三聚畸变中的位移方向)

中,涡旋畴中的面(每一个闭合的区域)均被偶数个边(涡旋核心连线)包围,而每个畴核心都恰恰连接三个面。这种从图论角度的分析有助于帮助理解涡旋畴在二维平面内的排列方式,而由于涡旋畴本质上是在三维空间内展开,因此,对三维空间内涡旋畴分布的解析更具价值。利用逐层腐蚀的方法[87]或扫描电子显微镜对 a-c 平面进行观察等方式[88],可以探究 c 方向涡旋畴和畴壁的三维展开方式。Chae 等人基于化学刻蚀法,结合原子力显微镜(atomic force microscope,AFM)和光学显微镜给出了 h-ErMnO$_3$ 中不同深度下(001)表面的畴结构,如图 1.9(a)~(c)所示。Lin 等人[89]利用逐层腐蚀的方法和压电力显微镜(piezoresponse force microscope,PFM),结合基于三维时钟模型的蒙特卡罗(Monte Carlo)模拟,重构出了 h-LuMnO$_3$ 中涡旋畴线缺陷在三维的拓展。实验和理论计算结果表明,每个涡旋畴核心在三维空间总是与一个反涡旋畴核心相互连接成对构成三维线缺陷,或在体系内部形成闭合环形回路,如图 1.9(g)和(h)所示[85,89-90]。

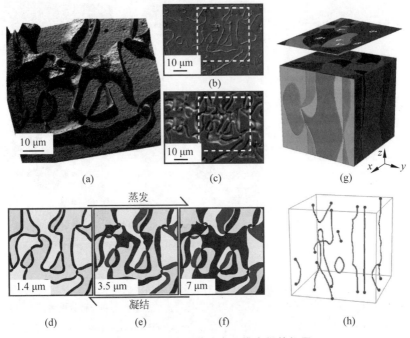

图 1.9   涡旋畴线缺陷在三维空间的拓展

(a) 经过 7 μm 化学刻蚀后的 h-ErMnO$_3$ 样品(001)表面畴结构的 AFM 图像[87];(b) 经过 1.4 μm 化学刻蚀后 h-ErMnO$_3$ 样品(001)表面畴结构的光学显微镜图像[87];(c) 经过 7 μm 化学刻蚀后 h-ErMnO$_3$ 样品(001)表面畴结构的光学显微镜图像[87];(d) 图(b)中白色虚线框区域对应的 $Z_2 \times Z_3$ 着色示意图[87];(e) 中间状态的畴结构示意图[87];(f) 图(c)中白色虚线框区域对应的 $Z_2 \times Z_3$ 着色示意图[87];(g) 涡旋畴三维结构的模拟结果[85];(h) 与图(g)对应的涡旋畴核心连线在三维空间的分布[85]

由于畴壁处是不同铁性序参量耦合的关键位置,因此 h-REMnO$_3$ 的畴壁研究是涡旋畴结构研究的一个重要方面。Kumagai 等人[91]利用第一性原理计算阐述了 h-REMnO$_3$ 中畴壁可能的原子结构、电子结构及铁电畴壁与反相畴壁耦合的原因,并给出具有最低能量的畴壁为{210}畴壁。h-REMnO$_3$ 畴壁的一个极具吸引力的特征是导电畴壁的稳定存在。Wu 等人(2012 年 2 月 14 日)[92]和 Meier 等人(2012 年 2 月 26 日)[93]几乎同时在

线报道了 h-REMnO$_3$ 体系中（前者为 h-HoMnO$_3$ 体系，后者为 h-ErMnO$_3$ 体系）存在的各向异性导电性的畴壁。以 h-HoMnO$_3$ 体系为例（图 1.10），导电原子力显微镜（conductive atomic force microscope，c-AFM）的结果显示，铁电畴内具有均匀的导电性，表现为均一的背景。在此背景上，畴壁表现出与畴内不同的而且与铁电畴壁取向（畴壁与两侧铁电极化方向的相对关系）相关的衬度：铁电极化尾对尾（tail to tail，TT）的畴壁表现为最亮的衬度，即导电性最好；铁电极化头对头（head to head，HH）的畴壁导电性最差，表现出暗衬度，如图 1.10(e)所示。这表明，h-REMnO$_3$ 中铁电畴壁的导电性与畴壁取向 α（α 表示局部畴壁的法线方向与铁电极化方向 $\boldsymbol{P}$ 之间的夹角）密切相关，二者具有非线性的关系[93]：$\alpha = 0°$ 对应 HH 的畴壁，$\alpha =$

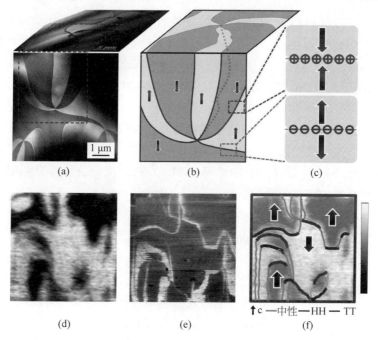

(a)　　　　　　　　　(b)　　　　　　　　　(c)

(d)　　　　　　　　　(e)　　　　　　　　　(f)

↑c —中性—HH — TT

图 1.10　h-REMnO$_3$ 畴壁的输运性质[92]（见文前彩图）

(a) h-HoMnO$_3$ 中涡旋畴的顶部和侧面透射电子显微镜暗场像；(b) 与图(a)红框区域对应的涡旋畴的三维轮廓示意图；(c) 头对头和尾对尾畴壁分别带正、负束缚电荷；(d) 300 K 下的 PFM 图像（$V_{ex} = 22$ V，$f = 21$ kHz）；(e) 与 PFM 图像对应的 c-AFM 图像（$V_{tip} = -10$ V，畴壁表现为具有不同亮度的线条，表明畴壁具有不同的导电性质）；(f) 畴壁导电性的示意图（红色、蓝色和灰色曲线分别代表头对头、尾对尾和中性畴壁）

Reprinted with permission from W. Wu et al.[92]. Copyright © (2012) American Physical Society

180°对应 TT 的畴壁(参照表 3.1)。

最近的研究表明,h-REMnO$_3$ 中畴壁的导电性可以通过外界电场进行调控。Mundy 等人发现[94],电子在 HH 畴壁处的积累能够产生反转层。在低电压的外加电场下,积累的电子处于局域态,不贡献导电性。而当电压大于 V_c(临界电压)时,电子从局域态转变为巡游态,成为导电的唯一载流子,进而主导畴壁的导电性。利用畴壁的这种性质能够构建一种基于畴壁的二进制开关,实现在绝缘态和导电态之间(可认为是 0 和 1 之间)的转变。这为畴壁的器件化应用提供了新的可能。

1.2.3.4　耦合现象

多铁性材料研究的核心问题是铁性序参量之间的耦合问题,对于 h-REMnO$_3$ 也不例外。Lee 等人[95] 在 2008 年发现,h-REMnO$_3$ 中存在巨磁弹耦合效应:即在发生反铁磁有序转变时,原子位置发生明显改变,尤其是 Mn 离子,其在 T_N 以下明显偏离面内的高对称位置。如对于 h-YMnO$_3$,在 300 K 下,Mn 离子处于面内 $x=0.3330(17)$ 的位置;而发生反铁磁转变后,在 10 K 下,Mn 离子偏离高对称性位置,位移到 $x=0.3423(13)$ 的位置。这导致面内 Mn-O3 和 Mn-O4 键长发生改变,诱导了 a-b 面内磁交换积分常数 J_1 和 J_2 的变化。h-YMnO$_3$ 磁弹耦合的特性为利用应力工程调控体系的反铁磁构型提供了可能。由于 h-REMnO$_3$ 为几何铁电体,铁电极化与晶格畸变直接相关,因此,这种巨磁弹耦合效应的存在使得铁电极化和反铁磁性之间能够以晶格为媒介发生交互作用,这也是其磁电耦合性质的来源。

在 h-ErMnO$_3$ 中,由于 Er^{3+} 离子不仅本身具有磁性(4f 轨道部分填充),而且对 Mn^{3+} 离子的磁性具有增强作用,因此该体系具有较强的磁电耦合性能。Geng 等人[96] 利用磁电力显微镜(magnetoelectric force microscopy,MeFM)直接原位观察到了铁电畴在磁场作用下的演变。对于 h-YMnO$_3$,由于其中的 Y^{3+} 离子不贡献磁矩,其磁电耦合性质主要表现在畴壁附近:反相畴壁、铁电畴壁与反铁磁畴壁的互锁。Fiebig 等人[97] 利用非线性光学二次谐波发射(second harmonic generation,SHG)方法直接观察到了 h-YMnO$_3$ 中铁电畴壁与反铁磁畴壁的耦合,同时证明了不存在独立的铁电畴壁,即所有的铁电畴壁均与反铁磁畴壁耦合在一起。值得注意的是,并不是所有的反铁磁畴壁都是铁电畴壁。

1.2.4　六方铁氧化物单相多铁性材料研究进展

近些年,与 h-REMnO$_3$ 同构型的体系 h-REFeO$_3$ 成为研究的热点材料,其驱动力主要来源于研究者们对室温多铁性及强磁电耦合性能的诉求与 h-REMnO$_3$ 中较弱的磁相互作用之间的矛盾。研究者们希望通过利用具有较强原子磁矩的过渡金属离子(如 Fe^{3+} 离子)替换 Mn^{3+} 离子的方式实现体系磁性的增强。由于 Fe^{3+} 离子($S=5/2$)在根源上具有较 Mn^{3+} 离子($S=2$)强的磁矩,因此 h-REFeO$_3$ 体系在磁有序温度和磁化强度方面均有一定的优势[98]。

REFeO$_3$ 体系与 REMnO$_3$ 体系具有类似的物理性质,但与 REMnO$_3$ 体系不同的是,对于 REFeO$_3$ 体系,即使体系采用具有最小离子半径的 RE^{3+} 离子(如 Lu^{3+} 离子),其单晶状态下仍然更倾向于稳定在正交晶系而非六方晶系[28]。h-REFeO$_3$ 体系可以在合适的基底上(如 YSZ (111) 或 α-Al$_2$O$_3$ (001) 基底)生长外延薄膜[38,98],或利用特殊的化学生长方法[99]实现。图 1.11(a)展示了具有 $P6_3cm$ 对称性的 h-LuFeO$_3$ 晶胞模型。此外,通过掺杂的方式也可以使块体 REFeO$_3$ 体系稳定在六方相。例如,Masuno 等人[100]和 Lin 等人[101]在 A 位掺杂了 Sc 元素(Lu$_{1-x}$Sc$_x$FeO$_3$),当 $x \approx 0.5$ 时,Lu$_{0.5}$Sc$_{0.5}$FeO$_3$ 稳定在单一的 $P6_3cm$ 相;Disseler 等人[102]在 B 位掺杂一定量的 Mn 原子,当 $x \geqslant 0.25$ 时,LuFe$_{1-x}$Mn$_x$O$_3$ 体系在室温下也表现为单一的 $P6_3cm$ 相。对于薄膜体系,典型地,Disseler 等人[98]在(111)面的 YSZ 基底上生长得到了 h-LuFeO$_3$ 薄膜,如图 1.11(b)和(c)所示。在 h-REFeO$_3$ 体系中,自发铁电极化出现在室温以上(总结在图 1.12 中)。例如,Jeong 等人[103]通过实验测得 h-LuFeO$_3$/Pt(111)/Al$_2$O$_3$(001)薄膜的铁电极化转变的居里温度约为 560 K,室温下的铁电极化强度约为 6.5 μC·cm^{-2}。值得注意的是,其他一些研究工作报道了更高的铁电极化转变温度,例如,王文彬等人[38]研究发现,h-LuFeO$_3$ 薄膜从非极化态向极化态转变的温度约为 1050 K。另外,对于 h-YbFeO$_3$ 体系,铁电相到顺电相的转变为两步转变,分别发生在 $T_{C1} \approx 470$ K 和 $T_{C2} \approx 225$ K 两个温度下,对应的铁电极化值分别是约 4 μC·cm^{-2} 和约 10 μC·cm^{-2},如图 1.12(g)和(h)所示[104]。

对于 h-LuFeO$_3$ 的磁性质,不同研究组之间仍存在一定争议。王文彬等人报道[38]的中子衍射的实验结果表明 h-LuFeO$_3$ 薄膜具有高于室温的反铁磁有序温度,$T_N \approx 440$ K。而其他一些研究组的实验结果表明,

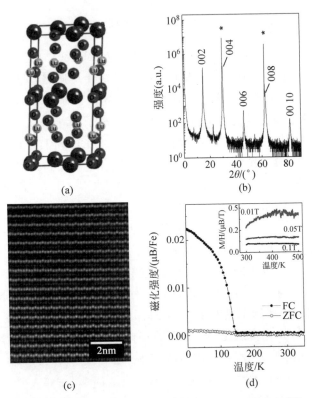

图 1.11 h-LuFeO$_3$/YSZ(111)薄膜的结构和磁性表征[98]

(a) h-LuFeO$_3$ 晶体结构示意图(空间群：$P6_3cm$)；(b) h-LuFeO$_3$/YSZ (111)薄膜的室温 X 射线衍射谱(衍射谱中只有(001)面的衍射峰,基底的衍射峰用 * 表示)；(c) h-LuFeO$_3$/YSZ (111)薄膜[110]带轴的高角环形暗场像(Lu 原子具有"上-下-下"的构型,表明该区域具有向下的铁电极化)；(d) M-T 曲线(插图为高温下不同测量磁场下的场冷曲线)

Reprinted with permission from S. M. Disseler et al.[98]. Copyright © (2015) American Physical Society

h-LuFeO$_3$ 薄膜磁性有序的转变温度在 115 K 到 155 K 之间(与基底的选择有关)[98,105]。虽然尼尔温度的数值仍存在争议,但可以肯定的是,与 h-REMnO$_3$ 体系一致,h-LuFeO$_3$ 体系具有非共线的磁结构：由于面内的反铁磁超交换相互作用,体系具有 120°非共线的自旋构型,并受控于 DM 相互作用。在一些情况下(所有的 h-REFeO$_3$ 体系和部分 h-REMnO$_3$ 体系中),层间的反铁磁超交换相互作用不可忽略,此时,自旋向 c 方向倾转,从而使得体系出现沿着 c 轴方向的宏观净磁矩[84]。例如,在 h-LuFeO$_3$ 中,由

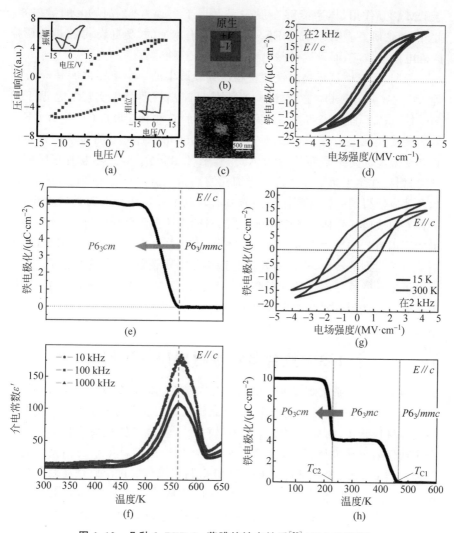

图 1.12 几种 h-REFeO$_3$ 薄膜的铁电性质[28]（见文前彩图）

（a）利用压电力显微镜测量得到的 h-LuFeO$_3$ 薄膜的电滞回线（插图为振幅和相位）[38]；（b）一定电偏压下的 h-LuFeO$_3$ 薄膜的铁电畴花样[38]；（c）偏压为零时 h-LuFeO$_3$ 薄膜的铁电畴花样[38]；（d）300 K 下测得的 h-LuFeO$_3$ 薄膜的电滞回线[103]；（e）热电曲线表明 h-LuFeO$_3$ 薄膜的居里温度为 563 K[103]；（f）h-LuFeO$_3$ 薄膜的介温曲线[103]；（g）h-YbFeO$_3$ 在 15 K 和 300 K 下的电滞回线[104]；（h）h-YbFeO$_3$ 的热电曲线（表明铁电相到顺电相为两步转变）[104]

Reprinted with permission from W. Wang et al.[38]. Copyright © (2013) American Physical Society；Reprinted with permission from Y. K. Jeong et al.[103]. Copyright © (2012) American Chemical Society；Reprinted with permission from Y. K. Jeong et al.[104]. Copyright © (2012) American Chemical Society

于 DM 相互作用,体系能够在尼尔温度以下出现 $0.02~\mu B/Fe$ 的静磁矩。此外,理论研究表明[84], h-REFeO$_3$ 体系具有本征的、受自旋-晶格耦合调控的磁电耦合效应,而且这种磁电耦合效应是一种体效应。

近期,稀土铁氧化物多铁性材料研究领域中的一个重要进展是 Mundy 等人[20]在 $(h$-LuFeO$_3)_9/$(LuFe$_2$O$_4)_1$ 外延超晶格薄膜中实现了室温下的多铁性: M-T 曲线表明体系具有高于室温的磁性有序温度($T_c \approx 281$ K); X 射线线性二向色性谱(X-ray linear dichroism,XLD)表明体系的铁电极化转变温度远高于室温(>700 K)。其中,LuFe$_2$O$_4$ 是一种电荷有序的亚铁磁材料(在本书第 7 章中进行详细介绍)。 h-LuFeO$_3$ 与 LuFe$_2$O$_4$ 的界面耦合效应使得超晶格薄膜体系同时具有较高的铁电极化和磁性转变温度。这种界面效应导致体系磁性增强(超晶格的磁性强于单独的每一个组元)的可能原因有: ① 界面处 h-LuFeO$_3$ 中 MnO$_5$ 六面体畸变诱导 LuFe$_2$O$_4$ 中电荷有序构型的转变,进而引发磁性改变; ② 所谓的"自掺杂"效应。这种室温下多种铁性序参量的共存和耦合是多铁性材料研究领域的重要进展,为室温多铁性耦合器件的发展奠定了重要的基础。

1.3　复合多铁性材料研究进展

由于单一体系很难保证铁电极化和铁磁性同时具有较高的量级和转变温度,而且又具有较强的耦合作用,因此研究者们也致力于发展多相复合的多铁性材料体系,如复合多铁性块体材料[106]、复合多铁性薄膜材料[107]、复合多铁性纳米纤维材料[108]等。目前,复合多铁性材料体系的构型主要有三种[109]: 0-3 型(铁磁材料纳米颗粒-铁电材料母体)、1-3 型(铁磁材料纳米柱体-铁电材料母体)和 2-2 型(铁磁材料薄膜或片层-铁电材料薄膜或片层)[109]。对于 0-3 型和 1-3 型,其中的铁电材料母体可以是陶瓷块体,也可以是生长在基底上的外延薄膜。

对于复合多铁性块体材料,一般是将具有大压电系数的铁电体与强磁致伸缩的铁磁体按照一定的结构复合起来,制备成陶瓷块体,利用应力作为媒介实现电性质与磁性质之间的耦合[109]。在铁磁体组元 1 中,磁致伸缩效应使得体系在磁场作用下引入应变,该应变通过组元 1 和组元 2 之间的应力耦合传递到铁电或压电体组元 2 中,在组元 2 中的逆压电效应作用下,应变转变为电压信号。因此,复合多铁性块体材料的磁电耦合机制相对清晰——磁性材料的磁致伸缩效应与铁电压电材料的压电效应经由弹性相互作用关联而产生磁电耦合现象。这种磁电耦合机制的耦合系数可以达到单相多铁性材料的 10^8 倍[110]。复合多铁性块体材料已具有相对较为成熟的制备方法和器件化应用。例如,Ni/BaTiO$_3$ 多层陶瓷电容器(MLCCs)是复合多铁性块体材料的典型代表[10],其在多种磁电器件中已经实现了广泛的应用。

　　相较于块体材料,复合多铁性薄膜材料由于契合器件微型化、集成化的发展要求且与 CMOS 器件制备技术兼容,因而在目前重点发展的微机电系统、高密度存储和自旋电子学等领域具有优势。复合多铁性薄膜材料的界面处往往伴随着晶格失配、电荷传递等现象及原子近邻环境、交换相互作用等变化,进而诱发晶格、电荷、电子轨道在界面处的重构,如图 1.13 所示[111],这为多铁性能和磁电耦合性能的产生与调控创造了丰富的机会。到目前为止,复合多铁性薄膜中已经发展的可能磁电耦合机理主要有应力调节机理、界面自旋极化电荷转移机理、交换作用机理和界面化学反应机理四种[111-113]。不论对于何种机理,界面均在多铁性和磁电耦合效应的产生与调控中发挥重要作用,这里的界面以异质结界面为典型范例。将性能优

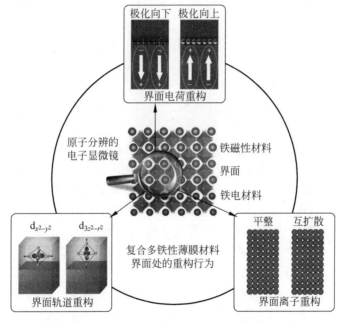

图 1.13　复合多铁性材料界面处的重构行为[111]

异的铁电体和铁磁体生长成层状异质结薄膜,不仅能够实现薄膜中铁电性与铁磁性的共存,而且能在界面处产生较强的磁电耦合效应。典型地,如在 $BaTiO_3/Fe$ 薄膜(Duan 等人理论预测[114],Valencia 等人实验观测[115])及类似体系中,异质结界面处 Ti 离子和 Fe 离子的电子结构杂化诱导产生了磁电耦合效应。1.2.4 节中讨论的 $(h\text{-}LuFeO_3)_m/(LuFe_2O_4)_1$ 外延超晶格薄膜体系就是层状异质结薄膜的典型代表。但在层状异质结薄膜结构中,由于铁电薄膜层-铁磁薄膜层之间的界面平行于基底,因此基底的夹持作用表现得较为显著。这在很大程度上影响了应力的有效传递,从而抑制了以应力为媒介的磁电耦合效应。针对此问题,研究者们构建了多种其他类型的界面结构用于提升复合薄膜的多铁性能,尤其是磁电耦合性能,包括垂直于基底的铁磁纳米柱体-铁电薄膜母体界面(1-3 型)、铁磁纳米颗粒-铁电薄膜母体界面(0-3 型)等[106]。这类界面结构有效减弱了基底的夹持作用,同时使得铁电化合物与铁磁化合物之间具有更大的接触面积,从而能够更好地传递应力、电荷等,因此有利于磁电耦合性能的提升。例如,Zheng 等人最早在 $BaTiO_3$ 铁电薄膜母体中镶嵌了与基底垂直的 $CoFe_2O_4$ 铁磁纳米柱体,形成了自组装的 1-3 型复合薄膜,并获得了相对较强的多铁性能和磁电耦合性能[116]。但在该类体系中,由于低电阻的铁磁化合物贯穿了整个薄膜,因此往往面临着漏导较大等问题,限制了其在器件中的可能应用。近期,Wu 等人合成了 $Na_{0.5}Bi_{0.5}TiO_3$(BNT)铁电薄膜母体-$CoFe_2O_4$ 铁磁纳米柱体复合多铁性薄膜,借助于低漏导铁电相的选择、铁磁纳米柱体与基底间整流效应的构建等方式,有效降低了复合薄膜的漏导,提升了磁电耦合系数[117]。

　　此外,陈骏教授的研究组近期发展了一种新型的"相界面应变"调控方式[118],拓宽了晶格应变调控范围,为复合多铁性薄膜的界面结构优化和性能提升创造了新的机会。该方法将两种不同晶格大小的化合物制备成共晶的外延复合薄膜,进而分别在大晶格和小晶格的化合物中引入压缩应变和拉伸应变,从而有效调控相关物理性能。采用该方法成功实现了经典铁电体 $PbTiO_3$ 薄膜铁电性的显著提升,使得其铁电剩余极化值达到已知最优铁电体(四方相 $BiFeO_3$ 薄膜)的 1.8 倍[118]。随后,Chen 等人在 $PbZrO_3/NiO$ 复合薄膜中运用该调控方式实现了 $PbZrO_3$ 由反铁电相向铁电相的转变,获得了大的四方性和优异的反铁电储能性能[119]。将该方式迁移运用到多铁性材料体系中,有望实现多铁性能和磁电耦合性能的同时提升。

1.4　本书的研究内容及亮点

本书以多铁性材料研究领域的重点关心问题为出发点，充分发挥电子显微学方法在该领域研究中的优势，以极具代表性的多铁性材料体系 h-REMnO$_3$、h-REFeO$_3$ 及电荷有序多铁性材料 LuFe$_2$O$_4$ 为研究对象，从介观尺度到原子尺度，系统探讨了晶格、电荷、轨道和自旋的耦合和调控。研究内容包括拓扑涡旋畴的显微结构和电子束调控下的动态行为、面内氧空位对 h-YMnO$_3$ 单晶几何铁电性的调控、外延应力对 h-YMnO$_3$ 薄膜磁性质的调控及新型晶格-电荷二次调制结构的系统解析。研究结果有助于理解多铁性材料中铁性序参量之间的耦合作用方式及内在的物理机制。

第 2 章系统介绍了研究中使用到的电子显微学研究方法及相关原理，从电子与物质的相互作用出发，重点介绍了电子衍射术、像差校正高分辨透射电子显微术、扫描透射电子显微术、电子能量损失谱及其他极具特色的电子显微术。本章内容是下文研究内容的铺垫。

第 3 章探究了 h-YMnO$_3$ 涡旋畴和带电畴壁的结构和分类及电子束调控下带电畴壁和涡旋畴的演化行为。研究的亮点是利用非接触式手段（电子束）实现了铁电畴的可逆改写，为铁电涡旋畴的功能化提供了机会。

第 4 章探究了钪掺杂的六方铁氧化物体系 h-Lu$_{1-x}$Sc$_x$FeO$_3$ 的显微结构、原子分辨的化学组成、电子结构、涡旋畴结构及铁电性和磁性质，重点阐述了掺杂元素 Sc 对几何铁电性的原子级别调控作用。研究的亮点是首次定量解析了六方铁氧化物多铁性材料 h-Lu$_{1-x}$Sc$_x$FeO$_3$ 铁电涡旋畴的原子级别特征，并明确了 Sc 元素的调控作用。

第 5 章探究了 h-YMnO$_3$ 缺陷态下的几何铁电性。通过对氧空位引发的 h-YMnO$_3$ 几何铁电极化的异常现象的原子级别表征、定量分析及理论计算，得到了面内氧原子在 h-YMnO$_3$ 几何铁电极化起源中起到的关键作用。研究的亮点是给出了氧空位对几何铁电性影响的作用机制，证明了 Y 4d-O 2p 轨道杂化对几何铁电体铁电极化的贡献，提出了将氧空位看作调控多铁性和磁电耦合效应的原子级调控元素的观点。

第 6 章探究了 h-YMnO$_3$ 缺陷态下的磁性质。借助界面应力工程调控方式，在（001）面的 α-Al$_2$O$_3$ 基底上生长了具有周期性应力状态的 h-YMnO$_3$ 薄膜，实现了对 h-YMnO$_3$ 薄膜中氧空位位置的调节，进而调控

了 h-YMnO$_3$ 薄膜的磁性质。研究的亮点是在不改变铁电性前提下实现了对 h-YMnO$_3$ 薄膜磁性质的调控,构建起了应力状态-缺陷状态-磁性状态之间的内在关联。

第 7 章发现并系统探究了一种新型的晶格-电荷调制结构。在空位掺杂的 LuFe$_2$O$_{4+\delta}$ 体系中,系统探究了新型的晶格、电子结构和电荷有序性的调制,首次通过实验发现并定义了一种新型的调制结构——二次调制结构(second order modulation,SOM),给出了二次调制结构的正空间、倒空间和能量空间的特征及数学表达,定义了一种更加完善、更加普适的调制结构序参量。研究的亮点是首次发现并定义了新型的二次调制结构,新型的调制结构序参量完善了对调制结构相位空间、振幅空间的表达,促进了对调制结构的准确描述及对内在耦合相互作用的理解,能够广泛应用于多种有序性结构。

1.5　小　　结

多铁性材料领域的发展是基础理论和器件化应用方面的同时进步。一方面,对多铁性材料的一些基本物理量(包括铁弹性(ε_{ij})、铁电性(P)及铁磁性(M))的逐渐深入认识促使我们对一个空间反演与时间反演均非对称的物理量——环形力矩(toroidal moments)的探索[120];同时,"从头算"(ab initio calculations)的理论计算方法也允许我们设计新的材料体系,探讨可能的新耦合机制[121];材料制备工艺的发展及与 Si 基半导体生产工艺兼容性的提高促使了铁电随机存储器(FeRAM)、磁随机存储器(MRAM)及铁电/多铁隧道结(FTJ/MTJ)的问世;对磁电耦合机制的系统研究也极大地推动了电场(而非电流)调控的非易失性磁存储器件的发展。多铁性材料研究领域在理论研究与器件发展方面已有长足的进步,同时也具有广阔的发展空间。

本章从多铁性材料的研究历史和现状出发,理清了多铁性材料的发展历程及未来研究的重要方向。在系统阐述可能的多铁性机制的基础上,对广泛研究的多铁性材料体系进行了分类,梳理了多铁性材料研究领域的关键材料体系及其中包含的关键科学问题。本章的主体内容是对单相多铁性材料体系的讨论:系统介绍了广泛研究的单相多铁性材料 BiFeO$_3$ 的物理特性和重要研究成果,重点介绍了六方锰氧化物和六方铁氧化物单相多铁性材料的铁电性、(反)铁磁性及耦合性质。在这部分内容中,不仅对前人的研究结果进行了综合梳理,挖掘了研究的关键问题及争议点,同时也联系后续章节的研究内容,对一些问题提出了自身的见解。本章内容一方面可以作为后续章节研究内容的背景知识和铺垫,另一方面,希望通过对本书所涉及研究领域中的一些重要研究成果的总结,凸显其中的关键科学问题和相关研究方向。

第 2 章　实验方法与原理

2.1　引　　言

材料科学的发展伴随着新材料的探索发现、系统研究和实际应用。材料的系统研究是对材料结构、性能和物理机制的全面认识。对材料的观察表征是这一过程中最初步、最根本的环节。随着材料科学的快速发展,这种观察的诉求从宏观尺度发展到介观尺度,直至现如今的原子尺度。材料学家也因此对观察工具(显微镜)的分辨率提出了越来越高的要求。如果把材料的微观世界比作一片浩瀚的星空,那么显微镜就是材料科学家发现这片星空中不计其数的耀眼明星的"天眼"。因而,历史上每次显微镜分辨率的大幅提升都直接带来材料科学研究的显著进步。

对于显微镜的分辨率,尤其是光学显微镜(optical microscope,OM),可以用瑞利(Rayleigh)判据进行衡量:

$$\delta = \frac{0.61\lambda}{\mu \sin\beta} \tag{2-1}$$

其中,λ 是光源波长;μ 是观察介质的折射率;β 是放大镜的收集半角。因此,以可见光作为光源时,受限于可见光的波长范围,分辨率存在上限(以光谱中间的绿光为光源时,分辨率约为 300 nm)。在 20 世纪之交,人们对光学显微镜的这种局限性已经有了很好的理解,这使得该领域的巨头之一恩斯特·阿贝(Ernst Abbe)抱怨道:"期望人类依赖自身的聪明才智找到突破这一局限的方法和途径是一种可怜的自我安慰。"他终究没能看到突破局限的这一天的到来。他离世的时间(1905 年)比德布罗意(Louis de Broglie)创造性地解决这个问题早了大约 20 年。1925 年,Louis de Broglie 提出电子具有波动性特征,并得到了著名的电子波长 λ 与其动量 $p((2m_0eV)^{1/2})$ 之间的关系[122]:

$$\lambda = \frac{h}{(2m_0eV)^{1/2}} \tag{2-2}$$

为了便于估计,对单位做代入计算后可得 λ 与能量 E 之间的简化公式(忽略单位的不一致性,λ 单位为 nm,E 单位为 eV):$\lambda = 1.22/E^{1/2}$。容易估算得出,对于能量为 100 keV 的电子,其波长只有约 4 pm,远小于原子半径。这为以电子替代可见光作为显微镜的光源提供了坚实的理论支持。紧接着在 1927 年,Davisson 和 Germer 研究组[123]及 Thomson 和 Reid 研究组[124]分别独立地进行了经典的电子衍射实验,证明了电子的波动性。这为电子显微镜的出现奠定了必要的实验基础。此后不久,电子显微镜(electron microscope,EM)的想法就被提出,并第一次出现在 Knoll 和 Ruska 的论文中(1932 年)[125]。在论文发表的一年内,光学显微镜的分辨率极限就被电子显微镜超越了。20 世纪 30 年代,Knoll 和 Ruska 在德国柏林研制出了世界上第一台透射电子显微镜(transmission electron microscopy,TEM),如图 2.1(a)所示。商业的电子显微镜在四年后出现。从诞生之日起,电子显微镜就在材料科学研究中扮演着不可或缺的角色。

第一台透射电镜
(Ernst Ruska, 1933年)
(a)

现代透射电镜
(美国FEI公司，2017年)
(b)

图 2.1 具有代表性的透射电子显微镜

(a) Knoll 和 Ruska 研制的世界上第一台透射电子显微镜[126];(b) 现代透射电子显微镜的典型代表(位于清华大学北京电子显微镜中心,型号为 Titan Cubed Themis G2 300 (S)TEM)

从诞生之日起,透射电子显微镜的分辨率不断地迈上一个又一个台阶,如图 2.2 所示。从式(2-1)和式(2-2)可知,电子显微镜的分辨能力(δ^{-1})与电子束波长成反比,因此与电子束的能量成正比。这一关系也促使了 20 世

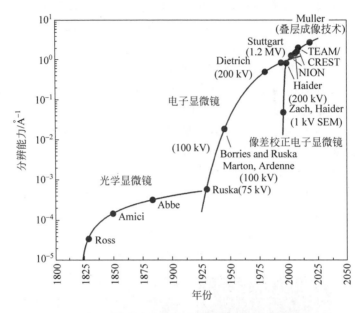

图 2.2　透射电子显微镜分辨率的发展历史[127-128]

纪 60 年代高电压电子显微镜（high-voltage electron microscopes，HVEM）的出现。高电压电子显微镜的加速电压可以达到 1 MV 到 3 MV 不等（现代普通 TEM 的加速电压一般在 30～200 kV）。通过提高加速电压的方式在一定程度上的确能提升电子显微镜的分辨能力（暂且不考虑超高能量电子给样品带来的极强的辐照损伤），但这种提升作用到 20 世纪 90 年代时基本达到极限。电子显微镜分辨率的进一步提高遇到了瓶颈。球差校正技术和球差校正器的出现（2.4.4 节）使电子显微镜的分辨率突破了这一瓶颈，并彻底改变了透射电子显微镜的发展模式。在并不高的加速电压下，球差校正技术使透射电子显微镜的分辨率真正步入了亚埃范围（以本实验室的负球差校正的透射电子显微镜为例，其 TEM 模式下的信息分辨率可达到≤0.8 Å）。图 2.2 显示了透射电子显微镜分辨率的发展历程，其中曲线中的每一个转折点都代表一种重要的新技术的出现[127]。

　　近期，电子叠层成像技术（electron ptychography）理论和实验方法的发展及像素阵列探测器（electron microscope pixel-array detector，EMPAD）的成功研制将透射电子显微镜分辨率推向了深亚埃范围，达到了 0.39 Å[128]。南京大学王鹏教授的研究组进一步提出了孔洞型电子叠层成像技术，该技术允许在获得超高分辨率的 Z 衬度图像信息和相位信息的同时,获得谱学信息[129],如图 2.3 所示。这些新的透射电子显微镜显微技术必将带来材料研究领域新的革命性的进步。

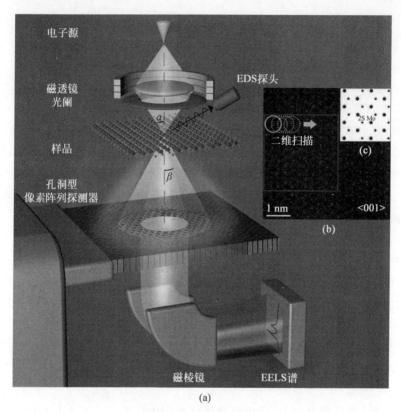

(a)

图 2.3　基于扫描透射电子显微镜和孔洞型快速直接计数探测器的叠层成像技术[129]
(a) 用于叠层数据采集的实验设置及光路图(α 为会聚半角,β 为探测器中空区域的半角);
(b) [001] 带轴的 MoS_2 的高角环形暗场像;(c) 沿 [001] 带轴投影的 MoS_2 的原子结构模型图
Reprinted with permission from B. Song et al.[129]. Copyright © (2018) American Physical Society

透射电子显微镜和与之紧密相关的电子显微术是本书研究锰氧化物和铁氧化物多铁性材料显微结构、电子结构等的主要研究方法。电子显微术是指研究者们基于透射电子显微镜中电子与物质相互作用时产生的信号而发展的一系列研究方法,主要包含电子衍射术、高分辨电子显微术、扫描透射电子显微术等。充分利用电子显微术能够获得材料在实空间、倒空间和能量空间的全面信息,从而为材料的研究提供重要的支持。因此,本章将从电子与物质的相互作用出发,系统介绍透射电子显微镜(TEM)和扫描透射电子显微镜(scanning transmission electron microscopy, STEM)的工作原理、成像机理及与之密切相关的电子显微术等。本章内容是后续章节研究内容的重要铺垫。

2.2 电子与物质的相互作用

电子与物质的相互作用是电子显微镜能够用于材料研究的基础。电子与物质的相互作用是电离辐射的一种,这种辐射能够将电子的一部分能量转移到样品中的单个原子上,因此具有将受原子核束缚的内壳层电子从原子核的引力场中移除的能力。利用电离辐射的一个优势是能够从样品中释放一系列带有样品特性的二次信号。这些二次信号是表征样品结构、化学组成等的重要依据[130]。

具有一定能量的电子(在电子显微镜中该值一般在 $1\sim400$ keV)入射到样品上时,除了少数电子能够穿过样品并不损失能量,大部分电子与物质之间发生弹性或非弹性相互作用,即所谓的弹性散射和非弹性散射,从而产生一系列信号。典型的信号包括二次电子(secondary electron, SE)、背散射电子(back-scattering electron, BSE)、俄歇电子(auger electron, AE)、弹性和非弹性散射电子等[130-132]。图 2.4 汇总了二次信号的种类和对应的能量范围[130]。

基于电子与物质相互作用的类型和产生的信息,透射电子显微镜中的主要分析方法包括衍射、成像和电子能量损失谱等[130,132]。具体地,弹性散射的电子常常用于电子衍射及衍射成像(如衍射衬度像)、高分辨成像(如透射电子显微镜高分辨显微镜(high-resolution TEM, HRTEM)、扫描透射电子显微镜高角环形暗场像(high-angle annular dark field STEM, HAADF-STEM)等)、背散射电子(BSE)成像等。而非弹性散射电子由于与样品中的原子之间发生了能量交换,因此携带了样品的电子结构信息,如能带结构等。常用的显微方法包括二次电子(SE)成像、电子能量损失谱(electron energy loss spectrometry, EELS)、X 射线能量色散谱(energy dispersive X-ray spectrometry, EDXS)等。

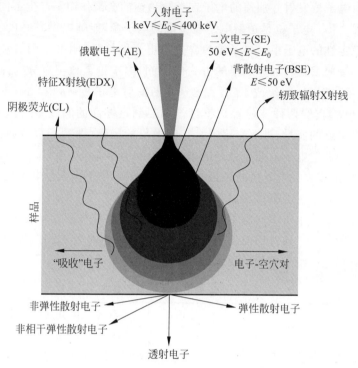

图 2.4　电子与物质相互作用产生的二次信号[126]

2.3　透射电子显微镜的结构

构造透射电子显微镜的出发点是充分利用电子与物质之间相互作用所产生的信号,以实现探索和揭示物质内部结构的目的。电子显微术与电子显微镜的结构密切相关。

透射电子显微镜的构造具有很强的系统性。依照各个系统的功能,一般透射电子显微镜可以分为五个主要系统:照明系统、成像系统、记录系统、真空系统和电器系统[130,132]。前三个系统有时也被合称为电子光学系统,是透射电子显微镜功能化实现的核心系统。真空系统和电器系统是透射电子显微镜能够正常工作的重要保障。

2.3.1　照明系统

透射电子显微镜的照明系统主要包括电子枪和会聚透镜,实现的功能是将由电子枪发射并加速的电子在会聚透镜的会聚作用下产生不同的照明条件[130,132]。电子枪是透射电子显微镜的电子源，能够提供高亮度、小截面和高稳定性的电子束。电子枪包含发射电子的灯丝(阴极)、阳极和栅极三部分。按照发射和加速电子的方式的不同，电子枪大致可以分为热发射电子枪(可采用 W 灯丝或 LaB_6 灯丝)和场发射电子枪(field emission gun，FEG)(W 灯丝)两种。前者是将灯丝加热到足够高的温度，使其表面的电子获得足够的能量，进而克服阻止它们逸出的屏障(即功函数)从灯丝表面发射。场发射电子枪的原理是电场强度在灯丝尖端(小于 0.1 μm)处显著增加，借助极高的电场力将表面电子"拉出"。相比于热发射电子枪，场发射电子枪具有更好的单色性。

　　表 2.1 给出了不同电子源的特征参数。这些特征参数是表征电子源性能的重要指标。通过横向比较可以发现，冷场发射枪具有相对优异的性能，但其对真空系统等方面的要求也相对较高。

表 2.1　主要电子源的特征参数[130]

	钨	LaB_6	肖托基场发射	冷场发射
功函数 Φ/eV	4.5	2.4	3.0	4.5
Richardson 常数/($A \cdot m^{-2} \cdot K^{-2}$)	6×10^9	4×10^9	—	—
工作温度/K	2700	1700	1700	300
电流密度(100 kV)/(A/m^2)	5	10^2	10^5	10^6
交叉截面尺寸/nm	$>10^5$	10^4	15	3
亮度(100 kV)/($A \cdot m^{-2} \cdot sr^{-1}$)	10^{10}	5×10^{11}	5×10^{12}	10^{13}
能量分散度(100 kV)/eV	3	1.5	0.7	0.3
发射电流稳定性/(%/h)	<1	<1	<1	5
真空度/Pa	10^{-2}	10^{-4}	10^{-6}	10^{-9}
寿命/h	100	1000	>5000	>5000

2.3.2　成像系统

　　成像系统主要由几组磁透镜组成，实现改变电子束的运动轨迹的功能。成像系统主要包含物镜、中间镜(一个或两个)和投影镜(一个或两个)[132]。物镜在成像系统中占据头等地位，能够给出样品的第一放大像和衍射谱。为了获取高的分辨能力，物镜一般为短焦距磁透镜。由于经过物镜的电子束会由中间镜和投影镜放大，这意味着物镜的任何缺陷都将被随后的中间镜和投影镜放大。因此，电子显微镜的分辨能力本质上取决于物镜的分辨能力,而后者与物镜极靴的设计和性能密切相关。由于磁透镜本身的固有不足,物镜的理论分辨率主要取决于球差和衍射误差。而实际操作中,色差、像散、合轴、漂移等都会影响物镜的分辨能力。中间镜为长焦距弱磁透镜,主要功能是将第一放大像或衍射谱进一步放大。中间镜的物平面位于物镜的像平面(成像模式)或后焦面(衍射模式),像平面位于投影镜的物平面。不同模式之间的切换可以通过调节中间镜的励磁电流实现。投影镜是成像系统的最后一级,实现中间镜像的进一步放大,并投影到记录系统中。与物镜一样,投影镜也是强励磁透镜,放大倍数一般略大于物镜。投影镜工作在恒定励磁电流下,因此放大倍数固定。由于电子束进入投影镜时孔径角很小,因此投影镜同时具有大的物空间和像空间景深。这保证了在中间镜电流改变以获得不同放大倍数时,即使不改变投影镜的励磁电流,也能使图像保持清晰。

2.3.3　记录系统

记录系统主要包含荧光屏和相机。前者表面涂有可在电子束轰击下高效发射荧光的物质,用于直接观察成像结果[132]。后者主要是将电子的强度信息转变为电压信号,用于数据的记录。常用的相机有基于电荷耦合器件(charge coupled device,CCD)的相机[133]及近些年发展的直接电子探测(direct electron detector)相机等[134-135]。直接电子探测相机具有高灵敏度和高动态范围等特点,对弱的图像信号或谱学具有优势,因此在低电子束剂量要求下(如易辐照损伤的样品)具有很好的应用价值。

2.3.4　真空系统

真空系统主要用于维持电子枪、镜筒等处的真空度,以保证在电子枪发射及电子在镜筒中行进时尽可能地减小能量损失,进而使电子束具有足够的速度和穿透力[132]。高真空度也有助于减小灯丝氧化、避免高速电子与气体分子相互作用产生炫光或气体分子的放电现象导致的图像质量下降等。

现代先进的透射电子显微镜是一个复杂且极精密的科研仪器。毫不夸张地说,透射电子显微镜完全可以作为新时代工业化先进水平的代表。图 2.5 给出了一个典型的现代先进的透射电子显微镜的结构剖面[136],清晰地显示了各个组成部分及元器件的形貌和相对位置。这台透射电子显微镜与本实验室使用的透射电子显微镜(Titan Cubed Themis G2 300 (S) TEM)的配置大体相同。因此,此处给出了剖面结构的详细解析及各部件的详细指标。

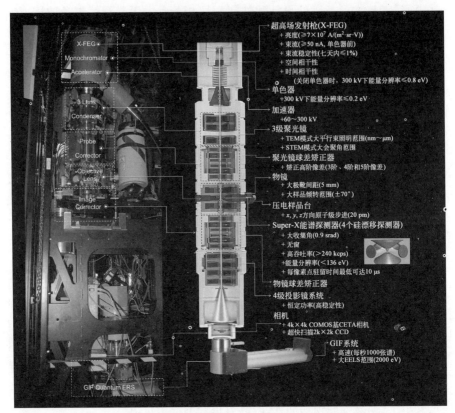

图 2.5　典型的现代先进透射电子显微镜的结构剖面图和相关参数指标[136]

2.4　透射电子显微术

2.4.1　电子衍射

电子的运动方向(同时可能还有能量)在原子库仑场的作用下发生改变的行为称为散射[130,132]。电子只改变运动方向而保持能量基本不变(忽略原子核在与电子相互作用中的微小位移和声子振荡)的散射称为弹性散射,满足卢瑟福(Rutherford)散射模型;而运动方向与能量均发生改变的散射称为非弹性散射。非弹性散射过程中,入射电子激发原子的内壳层电子使原子被电离,同时入射电子的能量衰减,转变为热、光、X射线或二次电子等。弹性散射是电子衍射的基础,非弹性散射能够提供原子的电子能带(级)结构信息。

2.4.1.1　衍射几何

电子衍射本质上是一系列原子对电子散射行为的集中体现[130]。该过程可以类比光学衍射中的惠更斯-菲涅尔（Huygens-Fresnel）原理。入射电子平面波与原子发生相互作用,产生的散射波相互干涉,根据光程差的不同出现干涉相长或干涉相消。马克斯·冯·劳厄（Max von Laue）利用经典的光学衍射的方法,提出了当不同衍射波的光程差满足波长的整数倍时(即 h_λ,h 为整数)为同相位,并据此构建了著名的劳厄方程：

$$\begin{cases} a(\cos\boldsymbol{\theta}_1 - \cos\boldsymbol{\theta}_2) = h\lambda \\ b(\cos\boldsymbol{\theta}_3 - \cos\boldsymbol{\theta}_4) = k\lambda \\ c(\cos\boldsymbol{\theta}_5 - \cos\boldsymbol{\theta}_6) = l\lambda \end{cases} \Longleftrightarrow \begin{cases} \boldsymbol{K} \cdot \boldsymbol{a} = h \\ \boldsymbol{K} \cdot \boldsymbol{b} = k \\ \boldsymbol{K} \cdot \boldsymbol{c} = l \end{cases} \tag{2-3}$$

在此基础上,威廉·劳伦斯·布拉格（William Lawrence Bragg）将其进一步简化,把衍射行为看作是入射平面波在原子面处的反射,从而给出了经典的布拉格定律：

$$n\lambda = 2d\sin\theta_\mathrm{B} \tag{2-4}$$

其中,θ_B 为布拉格角,是描述电子散射的重要参数；d 为原子面的间距。

对于电子衍射,布拉格定律在数学上是近乎完美的表达,布拉格本人也因此获得了 1915 年的诺贝尔物理学奖。但布拉格定律并不是物理上的准确描述。更严格地,可以通过倒空间（reciprocal space）中的矢量推导给出更为准确的电子衍射几何的图像。设 k_I 和 k_D 分别为入射波和衍射波波阵面的法线矢量,$\boldsymbol{K}(=k_\mathrm{D}-k_\mathrm{I})$ 为差分向量,$|\boldsymbol{K}|$ 总是等于 $2\sin\theta/\lambda$。在布拉格衍射条件下,$\boldsymbol{K}=\boldsymbol{g}$。$\boldsymbol{g}$ 的模长（$|\boldsymbol{g}|$）为晶面间距倒数,即 $1/d$。由此可以推导得到经典的布拉格定律,即公式(2-4)。

透射电子显微镜中的衍射过程可以通过构造倒空间中的 Ewald 球来描述。Ewald 球的半径为电子束波长的倒数,即 $1/\lambda$。凡是被 Ewald 球面切割到的倒易格点都满足布拉格条件。理想状态下,只有严格满足公式(2-4)定义的布拉格衍射条件,才会被 Ewald 球面切割到,从而产生布拉格衍射峰。但实际情况中,由于电子束能量较高,导致电子束波长很短(300 keV 能量的电子束波长为 $\lambda=1.97$ pm),因此,Ewald 球半径很大；同时,由于透射电镜样品很薄,因此其在倒空间为拉长的倒易杆。这两个条件决定了即使偏离严格的布拉格衍射条件,也能观测到衍射峰。值得一提的是,高的电子束能量也使得电子衍射中的散射角非常小(mrad 量级),这导致发生衍射的晶面几乎平行于入射电子束,这是入射电子束对应系列衍射晶面的晶带轴的原因。

在 TEM 的几何条件下,进一步推导可以得到[137]:

$$Rd = L\lambda \tag{2-5}$$

其中,R 为底片(或相机平面)透射斑(000)与对应衍射斑(hkl)之间的距离;L 为 Ewald 球中心(即样品平面)到底片中心的距离。公式(2-5)是处理衍射花样的基本关系式。

2.4.1.2　运动学电子衍射

原则上讲,所有的电子衍射过程均为动力学过程。只有当样品是超薄样品(可认为只发生了一次散射)或远离强衍射条件时,才可以利用运动学衍射进行简化近似。多原子的运动学衍射可视为以单原子散射因子为权重的波的相干叠加[130]。因此,首先介绍单原子对电子的散射过程。

本质上,原子对电子的散射主要来源于原子核的卢瑟福散射,散射因子(f_e)取决于原子核和核外电子的总的静电场分布。基于电子散射的量子力学描述,解电子波函数的薛定谔(Schrödinger)波动方程可以推导得到单个原子对电子的散射因子:

$$f_e(\theta, \varphi) = \frac{-i m e^2}{2\hbar^2}\left(\frac{\lambda}{\sin\theta}\right)^2 (Z - f_x) \tag{2-6}$$

其中,Z 为原子序数;f_x 表征原子核周围的电子分布。由式(2-6)可知:①原子对电子的散射以小角度散射为主,$f \propto \theta^{-2}$;②重原子的散射强度大于轻原子,即有 $f \propto Z$;③散射强度与入射电子的能量成反比,即 $f \propto 1/E$。

由于晶体单胞由原子的有序排列形成,因此晶体单胞对电子的散射是单胞中各原子对电子散射的合成贡献。将入射电子束看作平面单色波,借助经典的衍射几何分析,可以得到电子束被单胞衍射后的振幅为

$$A_{cell} = \frac{e^{2\pi i k \cdot r}}{r}\sum_{j=1}^{n} f_j(\theta)e^{2\pi i K \cdot r_j} = \frac{e^{2\pi i k \cdot r}}{r}F(\theta) \tag{2-7}$$

其中,$f_j(\theta)$ 为单胞(共 n 个原子)中第 j 个原子的原子散射因子,可以利用公式(2-6)计算得到;r_j 定义了单胞中第 j 个原子在单胞中的位置:

$$r_j = x_j a + y_j b + z_j c \tag{2-8}$$

考虑 $K = g$ 的情况,对于有限的完美单胞:

$$K = h a^* + k b^* + l c^* \tag{2-9}$$

因此,可以得到单胞的结构因子为

$$F_g = F_{hkl} = \sum_{j=1}^{n} f_j \exp[2\pi i(hx_j + ky_j + lz_j)] \tag{2-10}$$

基于公式(2-10)可以计算不同类型晶体点阵的结构因子,从而获得衍射消光条件[132,137]。

在运动学近似中,衍射束的强度 I_{hkl} 与结构因子的平方成正比,即

$$I_{hkl} \propto \mid F_{hkl} \mid^2 \tag{2-11}$$

因此,容易推导得到:

$$I_{hkl} = I_{\overline{hkl}} \tag{2-12}$$

即所谓的弗里德尔(Friedel)定律[130,138-139]。在运动学近似中,不论晶体是否具有中心对称性,Friedel 定律总是成立。这也是限制运动学电子衍射应用范围的一个重要原因。相当一部分衍射现象的解释都只能依赖于动力学衍射理论。

2.4.1.3　动力学电子衍射

动力学衍射过程可以简单地描述为被一组原子面衍射的电子能够被同一样品中的其他原子面再次衍射,这个过程可以用图 2.6(b)示意性地表示[130,139]。这种多次散射行为发生的物理原因是电子束与晶体中原子之间的强相互作用力来源于库仑力。对于 X 射线,其受原子库仑力的作用较小,更加趋向于一次散射,因此通常可以用运动学衍射的方式处理。

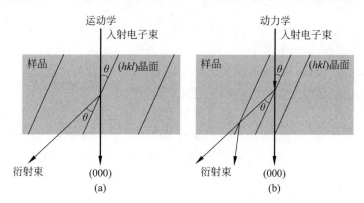

图 2.6　运动学电子衍射和动力学电子衍射的区别

(a) 运动学电子衍射;(b) 动力学电子衍射

考虑所有通过晶体的电子束,可以写出总的电子束波函数:

$$\psi^T = \phi_0 e^{2\pi i \boldsymbol{\chi}_o \cdot \boldsymbol{r}} + \phi_{g_1} e^{2\pi i \boldsymbol{\chi}_{G_1} \cdot \boldsymbol{r}} + \phi_{g_2} e^{2\pi i \boldsymbol{\chi}_{G_2} \cdot \boldsymbol{r}} + \cdots \tag{2-13}$$

其中,ϕ_0 为透射束振幅;ϕ_{g1} 和 ϕ_{g2} 等为衍射束的振幅;$\boldsymbol{\chi}$ 表征对应的波矢(为真空中矢量,区分于晶体中的矢量 $\boldsymbol{k}$,大多数时候可以将 $\boldsymbol{\chi}$ 写作 $\boldsymbol{k}$);不

同的下标表示矢量不同的终点。

对于单位面积含有 n 个单胞、晶面间距为 a 的晶体，衍射束的振幅 ϕ_g 可以写作

$$\phi_g = \frac{\pi a i}{\xi_g} \sum_n e^{-2\pi i \mathbf{K} \cdot \mathbf{r}_n} e^{-2\pi i k_D \cdot \mathbf{r}} \tag{2-14}$$

其中，$\mathbf{r}_n$ 为每个单胞的位置矢量；ξ_g 为消光距离。双束近似（two-beam approximation）条件下，即只有一个衍射束被强激发（$s=0$），其他衍射束具有很弱的强度（$s \gg 0$ 或 $s \ll 0$），可以忽略其对 ϕ_g 的贡献。进而，当 ϕ_g 变化一个小量时，根据式（2-14）可以写出 ϕ_g 和 ϕ_0 的变化（dz 替代 a）：

$$\begin{cases} \dfrac{d\phi_g}{dz} = \dfrac{\pi i}{\xi_g}\phi_0 e^{-2\pi i s z} + \dfrac{\pi i}{\xi_0}\phi_g \\ \dfrac{d\phi_0}{dz} = \dfrac{\pi i}{\xi_0}\phi_0 + \dfrac{\pi i}{\xi_g}\phi_g e^{2\pi i s z} \end{cases} \tag{2-15}$$

这组微分方程以 A. Howie 和 M. J. Whelan 的名字命名，称为 Howie-Whelan 方程。有时为了纪念 Darwin 在 X 射线动力学理论方面的贡献，也称为"Darwin-Howie-Whelan 方程"[130,140-141]。从以上微分方程容易看出，ϕ_0 的变化取决于 ϕ_0 和 ϕ_g 两个量，这表明了 ϕ_0 和 ϕ_g 二者的耦合。同时，由于 ϕ_0 和 ϕ_g 是不断变化的，因此，ϕ_0 和 ϕ_g 的耦合本质上为"动力学耦合"。双束条件下的 Howie-Whelan 方程给出了动力学衍射条件下透射束和衍射束的振幅。更重要的是，它反映出了动力学衍射的含义：即透射束和衍射束的振幅变化同时依赖于透射束和衍射束，而不仅仅是自身，二者相互耦合。Howie-Whelan 方程是理解 TEM 衍射衬度的基础，例如，基于 Howie-Whelan 方程，可以很好地分析等厚条纹和等倾条纹的产生原因。

通过解 Howie-Whelan 方程，能够预测透射束和衍射束的强度（双束条件下分别为 $|\phi_0|^2$ 和 $|\phi_g|^2$）。求解方程可以得到衍射束的强度为

$$I_g = |\phi_g|^2 = \phi_g \phi_g^* = \frac{1}{w^2+1}\sin^2\frac{\pi t \sqrt{w^2+1}}{\xi_g} \tag{2-16}$$

其中，$w = s\xi_g$ 为无量纲值，与 s 同号；t 为样品厚度。同时，定义有效激发误差 s_{eff}（effective excitation error）为

$$s_{\text{eff}} = \sqrt{s^2 + \frac{1}{\xi_g^2}} = \frac{\sqrt{w^2+1}}{\xi_g} \tag{2-17}$$

因此，布拉格衍射束的强度可以写作

$$I_g = |\phi_g|^2 = \left(\frac{\pi t}{\xi_g}\right)^2 \cdot \frac{\sin^2(\pi t s_{\text{eff}})}{(\pi t s_{\text{eff}})^2} \tag{2-18}$$

式(2-18)是分析 TEM 中衍射衬度的重要依据。当 $s \gg 1/\xi_g$ 时，满足 $s_{\text{eff}} \approx s$，于是有

$$I_g = \left(\frac{\pi t}{\xi_g}\right)^2 \cdot \frac{\sin^2(\pi t s)}{(\pi t s)^2} \tag{2-19}$$

即为运动学近似。

2.4.2　衍射衬度像

根据电子与物质相互作用的机理，可以把电子显微像的衬度分为三类：质厚衬度、衍射衬度和相位衬度[130,132]。需要说明的是，任何时候，只要有一束以上的电子束贡献图像衬度，原则上来讲，都包含相位衬度。尤其是当提到"条纹"时，本质上指的是相位衬度现象（由于包含了波的干涉）。虽然我们经常区分相位衬度和衍射衬度，但这种区分通常是人为的。最为典型地，对于等厚条纹和堆垛层错产生的条纹，其衬度都是由波的干涉造成的，所以本质上都是相位衬度图像，但习惯性地把它们称作衍射衬度像[130]。通常认为，在样品厚度≥15 Å 时，衍射衬度起主要作用；在揭示<10 Å 的结构细节时，相位衬度起主要作用[132]。

衍射衬度是振幅衬度的一种，由布拉格角上的相干弹性散射电子形成。图像中的衍射衬度主要有两种原因：①样品的厚度发生改变，即所谓的 t 效应，称为等厚条纹；②样品的衍射条件发生改变，即所谓的 s 效应，称为等倾条纹。质厚衬度是另一种振幅衬度，由非相干弹性散射电子形成。根据选择的电子的不同，形成振幅衬度的方式有明场（bright field, BF）成像和暗场（dark field, DF）成像两种。前者通过物镜光阑选择透射束得到，后者通过物镜光阑选择任一衍射束得到。值得一提的是，普通暗场成像中，物镜光阑选择了离轴的电子进行成像。而离轴越远的电子受像差的影响越大，因而成像质量越差。同时，在调整物镜电流以实现焦距变化时，图像也会在荧光屏上移动，带来观察的不便。因此，为了得到较好质量的暗场像，需要将离轴电子拉回光轴。这可以通过倾转电子束实现，也就是所谓的中心暗场像（centered dark field, CDF）。

质厚衬度可以利用任何散射的电子得到，然而为了得到好的衍射衬度像，最好的成像条件为双束条件（two-beam condition），即只有一个衍射束被强激发（另一束为透射束），如图 2.7 所示。同时，为了得到良好的对比度

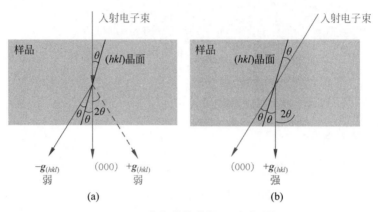

图 2.7   双束条件的获得（见文前彩图）

（a）包含透射束和 $+\boldsymbol{g}_{(hkl)}$ 衍射束的标准双束条件（先强激发 $-\boldsymbol{g}_{(hkl)}$ 衍射束）；（b）将入射束倾转 2θ 以使 $+\boldsymbol{g}_{(hkl)}$ 衍射束移至光轴（此时 $+\boldsymbol{g}_{(hkl)}$ 衍射束强激发）

（衬度），样品不能处于严格的布拉格衍射条件（$s=0$）而应当稍微偏离（s 为较小的正数）。

衍射衬度的应用主要有两个方面。一个是缺陷的表征，如晶界、相界面、堆垛缺陷等导致晶格平移性改变的因素，或者线缺陷，如位错、应力场等导致晶格旋转性改变的因素。以完美晶体中存在面缺陷为例，由 Howie-Whelan 方程出发，可以分析其衬度的产生原因[130]。当完美晶体中存在面缺陷时，Howie-Whelan 方程变化为

$$\begin{cases} \dfrac{\mathrm{d}\phi_g}{\mathrm{d}z} = \dfrac{\pi\mathrm{i}}{\xi_0}\phi_g + \dfrac{\pi\mathrm{i}}{\xi_0}\phi_0\exp[-2\pi\mathrm{i}(sz+\boldsymbol{g}\cdot\boldsymbol{r})] \\[3mm] \dfrac{\mathrm{d}\phi_0}{\mathrm{d}z} = \dfrac{\pi\mathrm{i}}{\xi_0}\phi_0 + \dfrac{\pi\mathrm{i}}{\xi_g}\phi_g\exp[+2\pi\mathrm{i}(sz+\boldsymbol{g}\cdot\boldsymbol{r})] \end{cases} \tag{2-20}$$

与完美晶体（公式（2-15））对比能够发现，当面缺陷存在时，仅多出了一个 $2\pi\mathrm{i}\boldsymbol{g}\cdot\boldsymbol{r}$ 相位项。这个相位项可以被定义为 α，当 $\alpha\neq0$ 时，面缺陷即在图像中表现出衬度。位错和应力场也可做类似分析。

衍射衬度的另一个重要应用是铁电材料畴结构分析及极化方向的确定。上文提到，在运动学衍射条件下，总是有 $I_{hkl}=I_{\overline{hkl}}$，即满足 Friedel 定律（不论晶体是否具有中心对称性）。而在考虑动力学效应时，Friedel 定律失效（具体推导可见文献[142]和文献[143]）。这是利用会聚束电子衍射（convergent-beam electron diffraction，CBED）能够判断晶体对称性的本质原因[144]。自然地，在铁电体等非中心对称的晶体中，当考虑动力学衍射效

应时,有 $I_{hkl} \neq I_{\overline{hkl}}$。在双束条件下,衍射束 I_g 和 I_{-g} 的强度可以根据公式(2-18)计算得到。因此,根据 I_g 和 I_{-g} 的相对强弱及选定的衍射条件($\boldsymbol{g} \cdot \boldsymbol{P}$ 的正负),可以判断极化为 $\boldsymbol{P}$ 的铁电畴在暗场像中对应较亮的区域还是较暗的区域。这是本书在铁电涡旋畴结构研究时常用的方法(第 3 章和第 4 章相关内容)。

2.4.3　高分辨电子显微术

高分辨电子显微术是透射电子显微术的一个极为重要的方面,其目的是将尽可能多的有用的样品信息呈现在图像中(注意关键词是"有用"),最大限度地给出有用的细节[130,144]。与衍射衬度像不同,高分辨像是一种相位衬度像。下面简单介绍高分辨显微术的成像原理。

一般地,对于二维样品,可以用函数 $f(x,y)$ 表示:

$$f(x,y) = A(x,y)\exp[-\mathrm{i}\phi_t(x,y)] \tag{2-21}$$

其中,$A(x,y)$ 为振幅;$\phi_t(x,y)$ 是取决于样品厚度的相位。对于 TEM 样品,可以做以下简化:①可以进一步简化 $A(x,y)=1$;②假设样品足够薄而使得二维投影势函数 $V_t(x,y)$ 与势函数 $V(x,y,z)$ 之间满足:

$$V_t(x,y) = \int_0^t V(x,y,z)\mathrm{d}z \tag{2-22}$$

在此假设基础上,计算电子束经过样品后总的相位的改变 $\mathrm{d}\phi$ 可得:

$$\mathrm{d}\phi = \frac{\pi}{\lambda E}\int V(x,y,z)\mathrm{d}z = \sigma V_t(x,y) \tag{2-23}$$

其中,σ 为相互作用常数,与加速电压 E 和电子束波长 λ 有关(二者互补),接近于常数。式(2-23)表明,相位变化只与二维投影势 $V_t(x,y)$ 有关。因此,考虑吸收效应 $\mu(x,y)$ 时,可以将样品函数 $f(x,y)$ 写作

$$f(x,y) = \exp[-\mathrm{i}\sigma V_t(x,y) - \mu(x,y)] \tag{2-24}$$

由于吸收效应很小可忽略,因此样品本质上为相位体,这也就是所谓的相位体近似(phase-object approximation,POA)。当样品非常薄时,即 $\sigma V_t(x,y) \ll 1$,同时忽略吸收效应 μ 和高阶项,可以将式(2-24)进一步简化为

$$f(x,y) = 1 - \mathrm{i}\sigma V_t(x,y) \tag{2-25}$$

即所谓的弱相位体近似(weak phase-object approximation,WPOA):本质上是对于超薄样品,透过的电子束波的振幅与样品投影势线性相关。

由于光学系统并不完美,它会将样品中的一个点传递为一个拓展的区域(最好的情况下为圆盘),此过程可以描述为函数 $g(x,y)$。如果将这个

过程拓展到样品中的每一个点,可以表达为

$$g(r) = \int f(r')h(r-r')\mathrm{d}r' = f(r) \otimes h(r-r') \qquad (2\text{-}26)$$

由于函数 $h(r)$ 描述了一个点如何展开成一个圆盘,因此被称为点拓展函数或模糊函数。为了方便讨论,做如下几个定义:① $f(r)$ 的傅里叶变换为 $F(u)$;② $h(r)$ 的傅里叶变换为 $H(u)$;③ $g(r)$ 的傅里叶变换为 $G(u)$;④光阑用光阑函数 $A(u)$ 表示;⑤波的衰减用包络函数 $E(u)$ 表示;⑥透镜的像差用像差函数 $B(u)$ 表示。$h(r)$ 告诉我们信息如何在实空间从样品传递到图像;相应地,$H(u)$ 告诉我们信息(或衬度)如何在 u 空间传递到图像(由于 $h(r)$ 的傅里叶变换为 $H(u)$)。因此,$H(u)$ 被称作衬度传递函数(contrast transfer function,CTF)。贡献衬度传递函数的因素包括光阑、透镜像差和波的衰减,因此可以将 $H(u)$ 写作

$$H(u) = A(u)E(u)B(u) \qquad (2\text{-}27)$$

其中,$B(u) = \exp[i\chi(u)]$。

在弱相位近似条件下,依照公式(2-25),可以将图像中的波函数写作

$$\psi(x,y) = [-i\sigma Vt(x,y)] \otimes h(x,y) \qquad (2\text{-}28)$$

如果用 $\cos(x,y) + i\sin(x,y)$ 表示 $h(x,y)$,同时忽略 s^2 项(这是合理的,由于 s 本身很小),推导可以得到强度为

$$I = \psi\psi^* = |\psi|^2 = 1 + 2\sigma V_t(x,y) \otimes \sin(x,y) \qquad (2\text{-}29)$$

由式(2-29)可以看出,在弱相位近似条件下,只有 $B(u)$ 的虚部贡献强度。因此,可以将 $B(u)$ 设定为 $B(u) = 2\sin\chi(u)$。从而可以定义新的参量 $T(u)$,称为强度传递函数(intensity transfer function),满足

$$T(u) = A(u)E(u)2\sin\chi(u) \qquad (2\text{-}30)$$

注意 $T(u)$ 与 $H(u)$ 并不相同。只有在样品充当弱相位体时,图像中的衬度无振幅贡献,只有相位贡献,才可以将 $T(u)$ 称为 CTF。其中 $\chi(u)$ 为相位畸变函数(phase-distortion function)。

理想情况是当 u 增加时,$T(u)$ 仍然保持为常数。实际中,虽然不能保证 $T(u)$ 为常数,但我们需要的是在不同的 u 取值下,图像具有相同的衬度,从而保证所有的原子表现为同样的黑点或亮点,而非混合(否则图像难以解释)。这需要保证 $T(u)$ 的符号不发生改变。定义 $T(u)$ 与 u-轴的交点为 $u_1(u_1 \neq 0)$,则 u_1 本质上定义了图像能够被直观解读的极限,即所谓的点分辨率。u_1 是高分辨显微成像中的重要参数。

下面,推导给出 $\chi(u)$ 的表达式。考虑球差和欠焦的影响,样品中一个

点被展宽为圆盘的半径 $\delta(\theta)$ 为

$$\delta(\theta) = C_s\theta^3 + \Delta f\theta \tag{2-31}$$

其中，C_s 为球差系数（coefficient of spherical aberration）；θ 为布拉格角；Δf 为欠焦量。对 θ 积分可以得到：

$$D(\theta) = \int_0^\theta \delta(\theta)\mathrm{d}\theta = \frac{C_s\theta^4}{4} + \Delta f\frac{\theta^2}{2} \tag{2-32}$$

根据布拉格公式，由于 θ_B 很小，近似有

$$2\theta_\mathrm{B} \cong \lambda g \tag{2-33}$$

因此，利用 λu 替代表示 θ，可以得到 $\chi(\boldsymbol{u})$：

$$\chi(\boldsymbol{u}) = 相位 = \frac{2\pi}{\lambda}D(\boldsymbol{u}) = \pi\Delta f\lambda u^2 + \frac{1}{2}\pi C_s\lambda^3 u^4 \tag{2-34}$$

可以看出，$\sin\chi(\boldsymbol{u})$ 实际上是一个与 C_s（透镜质量）、λ（加速电压）、Δf（欠焦量）和 u（空间频率）等参数相关的一个复杂函数曲线。曲线的几个重要特征包括：①$\sin\chi$ 曲线从 0 点出发并开始降低，在低频段（u 较小）时，Δf 项起主导作用；②$\sin\chi$ 曲线在 u_1 处与 $\boldsymbol{u}$-轴相交，之后随着 u 的增大，重复与 $\boldsymbol{u}$-轴相交。

　　明显地，最好的传递函数为具有最少零值的函数（即 $\sin\chi(\boldsymbol{u})$ 尽量少地与 $\boldsymbol{u}$-轴相交）。由于 $\chi = \pi$ 时，$\sin\chi = 0$，因此，应使得 $\sin\chi$ 在大的频率范围内具有尽可能大的值。由于 $\mathrm{d}\chi/\mathrm{d}u$ 为零时，$\sin\chi$ 基本上平整；同时 $\chi(\boldsymbol{u})$ 接近 $-120°$ 时，$\sin\chi(\boldsymbol{u})$ 接近理想曲线。因此最优的欠焦量对应 $\mathrm{d}\chi/\mathrm{d}u = 0$，$\chi = -120°$。对公式求微分可得：

$$\frac{\mathrm{d}\chi}{\mathrm{d}u} = 2\pi\Delta f\lambda u + 2C_s\lambda^3 u^3 \tag{2-35}$$

当 $\mathrm{d}\chi/\mathrm{d}u = 0$ 时有

$$\Delta f + C_s\lambda^2 u^2 = 0 \tag{2-36}$$

同时，$\chi = -120°$ 时有

$$\pi\Delta f\lambda u^2 + \frac{1}{2}\pi C_s\lambda^3 u^4 = -\frac{2\pi}{3} \tag{2-37}$$

联立可以解得理想欠焦量 Δf 为

$$\Delta f_\mathrm{Sch} = -\left(\frac{4}{3}C_s\lambda\right)^{\frac{1}{2}} \tag{2-38}$$

这个欠焦量被称为"Scherzer 欠焦"。这是由于 Scherzer 在 1949 年发现可以利用欠焦来平衡球差的影响，从而优化 CTF。

对应的倒空间频率 u_{Sch} 和分辨率 r_{Sch} 为

$$\begin{cases} u_{Sch} = 1.51 C_s^{-\frac{1}{4}} \lambda^{-\frac{3}{4}} \\ r_{Sch} = \dfrac{1}{1.51} C_s^{\frac{1}{4}} \lambda^{\frac{3}{4}} = 0.66 C_s^{\frac{1}{4}} \lambda^{\frac{3}{4}} \end{cases} \tag{2-39}$$

在该欠焦条件下,所有出射的电子束具有几乎不变的相位。与零轴的交点被称作仪器的分辨率极限。这被认为是电子显微镜能够给出的最佳表现。换句话讲,这是可以直观地解析透射电子显微镜图像的极限。

2.4.4 像差及像差校正

2.4.3 节已经提到,透射电子显微镜中的磁透镜并不完美,因此会引入一系列像差,包括球差、慧差、像散、像曲、畸变、色差等[130,145]。各种像差的产生对应的电子束光路图如图 2.8 所示。

2.4.4.1 像散

当电子束感受到非均匀的磁场作用时,将围绕光轴做螺旋运动。非均匀磁场的存在主要是由于不能制造出完美的、圆柱对称的软铁。不过即便已经有了完美的圆柱体软铁,光阑如果不能完美准确地以光轴为中心或存在污染、带电等现象,也会引起局部的磁场的变化,从而贡献像散[130,132]。幸运的是,像散能够利用八级像散校正器引入的补偿磁场得到很好的校正。像散校正器包括照明系统中(聚光镜)的像散校正器及成像系统中(物镜)的像散校正器。

2.4.4.2 色差

色差顾名思义即表示电子"颜色"的不完美性,即电子束的频率、波长或能量的不均一性。色差主要来源于高压电源的不稳定性导致的电子束能量的变化,以及电子枪系统引入的能量展宽(FEG 约为 0.3 eV,LaB_6 约为 1 eV)。如图 2.8(b)所示,透镜对能量较低的电子的会聚作用大于较高能量的电子,因而高斯像平面上电子束不能会聚为一个点,而是展宽为圆盘。圆盘半径可以写作

$$r_{chr} = C_c \frac{\Delta E}{E_0} \beta \tag{2-40}$$

其中,C_c 是透镜的色差系数(coefficient of chromatic aberration),具有长度量纲;ΔE 是电子束的能量损失;E_0 为电子束的初始能量;β 为透镜的收

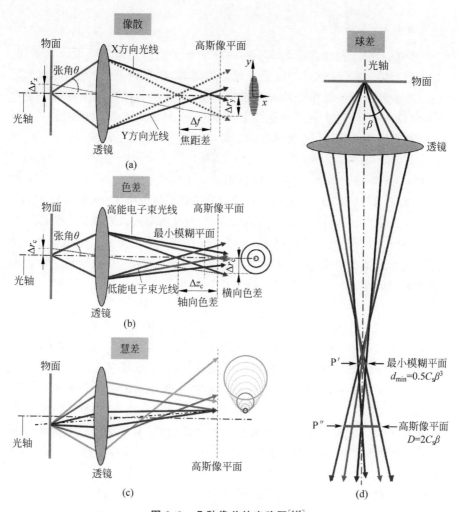

图 2.8　几种像差的光路图[145]

（a）像散；（b）色差；（c）慧差；（d）球差

集角。色差的减小可以借助于色差校正器或单色器。同时,能量过滤（energy-filter,EF）也是减小色差的有效方式。值得注意的是,由于色差校正器一般比较昂贵,而对于厚的样品色差更为严重,因此,最经济实惠的方式是做一个薄的样品(对于透射电镜实验,一个薄的样品几乎意味着已经成功了一半。所以永远不要轻易去碰碎一个电子显微学者的电镜样品,尤其是一个薄样品!)。但不幸的是,样品其实并不可能薄到完全摆脱色差的影响。

2.4.4.3 球差

球差来源于距离透镜光轴不同距离的电子受到透镜的会聚作用不同。对于磁透镜,离光轴越远的电子受到的力越大,因此被更强烈地聚焦,反之亦反。最终导致的结果是样品中的一个点 P 将被成像为一个具有一定尺寸、中心具有高亮度、周围被强度较低的光环围绕的圆盘,如图 2.8(d)所示。在高斯像平面上,圆盘的直径 δ 可以写作

$$\delta = C_s \theta^3 \tag{2-41}$$

其中,C_s 称为球差系数,具有长度量纲。在传统电镜中,C_s 一般与透镜焦距大小相当,在 $1 \sim 3$ mm 范围内。对于高分辨电子显微镜,C_s 可能小于 1 mm。在实际透镜中,表征电子束与光轴的夹角 θ 被光阑最大收集角(物镜)β 替代。同时,由于光阑尺寸足够大,近轴条件在实际透射电子显微镜中并不适用。在非近轴条件下,圆盘的尺寸进一步展宽为式(2-41)的两倍。因此圆盘半径可以写作

$$r_{sph} = C_s \beta^3 \tag{2-42}$$

从式(2-39)可以看出,球差是影响电子显微镜点分辨率的重要因素。在光学显微镜中,可以通过添加具有负球差的透镜元件(如凹透镜)来消除球差。但由于圆磁透镜仅表现出正球差,因而该方法不能应用于电子显微镜。这个问题一直困扰了电子显微学者很长时间。直到 1995 年,Haider[146] 基于 Rose 的理论计算结果[147] 成功制造出了六级球差校正器,电子显微镜的分辨率才真正迈上了一个新的台阶,迎来了一个崭新的发展阶段(从图 2.2 可以明显看出)。图 2.9 是一个六级球差校正器的简单结构。

球差校正器是一种多极子校正装置,它通过调节磁透镜组的磁场及其对电子束的洛伦兹力逐步抵消圆形磁透镜的球差,进而调节透射电子显微镜的球差系数。由于圆形透镜的球差为三阶[148-149],因此对球差的直接校正需要一个随离轴距离增加而呈现三阶增长的场。六级球差校正器满足这一要求,因此也是最常用的球差校正器。六级球差校正器包含一对圆透镜和两个六级透镜,其中两个六级透镜分别位于两个圆形透镜的后焦面上,如图 2.9 所示。

德国于利希(Jülich)研究所的贾春林(C. L. Jia)、Urban 等人在 2003 年发展了一种基于球差校正电镜的负球差成像(negative spherical aberration imaging,NCSI)技术[150-151]。微小的负球差系数结合过焦成像使得 $T(\boldsymbol{u})$ 为

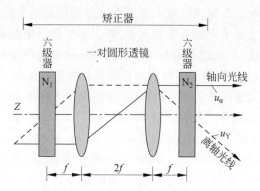

图 2.9　六级球差校正器的简单结构[148]

圆形透镜的焦距为 f

正值(参考公式(2-30)和公式(2-34)可以计算),进而产生负的相位衬度像(正的 $T(\boldsymbol{u})$ 给出负的相位衬度是因为衍射产生了 $-\pi/2$ 的相位移动),即原子表现为黑色背景下的亮点,从而提供了更好的衬度。另外,NCSI 技术也能够在不损失分辨率的前提下提高轻元素在图像中的衬度[151]。值得一提的是,NCSI 技术使得 TEM 的点分辨率延伸到了信息分辨率。在本实验室的 Titan 80-300 电镜中,校正前的球差系数 C_s 约为 1 mm,校正后为 -13 μm。最佳成像过焦值 $\Delta f = 5.8$ nm。负球差校正成像条件下可以实现 $\leqslant 0.08$ nm 的信息分辨率。

2.4.5　扫描透射电子显微术

扫描透射电子显微镜(STEM)的基本原理类似于扫描电子显微镜(SEM):由聚光镜将电子束会聚在样品表面并进行逐行扫描,进而产生一系列信号[130,152]。需要注意的是,在 STEM 中,在电子束扫描时,需要保证电子束的入射方向不随扫描位置的变化而改变:在任何时刻,电子束均保持平行于光轴入射样品。否则,电子束入射方向的改变将导致样品中电子的散射过程发生变化,进而使得图像的衬度难以解释。这可以通过一对扫描线圈在 C_3 聚光镜的前焦平面(front focal plane,FFP)形成轴心点(pivot point),然后利用 C_3 透镜的会聚作用来实现:C_3 透镜保证所有从轴心点出发的电子均能平行于光轴入射样品并在样品表面形成 C_1 聚光镜交叉截面的像。

　　扫描透射电子显微镜相对于透射电子显微镜的一个巨大优势是其成像质量主要依赖于电子束被会聚的大小，即主要依赖于聚光镜的质量，不依赖一系列成像透镜，因此严重限制 TEM 图像分辨率的色差对 STEM 不起作用。这个优势也使得 STEM 可以处理较厚的样品。同时，聚光镜球差校正器的发展也极大地提升了前 STEM 的分辨率：目前在 200 kV 的球差校正的 STEM 中，分辨率已经可以达到 78 pm[153]。另外，在 2.1 节中已经提到，基于 STEM 的电子叠层成像技术(electron ptychography)把分辨率推向了深亚埃范围，达到了 0.39 Å[128]。更重要的是，其他电子显微术与STEM 相结合也能够激发出更强大的功能，如 STEM-EELS 和 STEM-tomography 等。因此，扫描透射电子显微镜在材料的研究中扮演着越来越重要的作用。

　　在 TEM 中，通过在衍射平面插入光阑来选择用于成像的电子。在STEM 中，这个过程通过插入不同位置的电子探头来实现，如图 2.10 所示：选择不同散射角度范围内的电子轰击探头用于成像。因此，探头位置本质上决定了选择的电子的散射角度范围。按此分类，STEM 中主要的成像模式有明场像(BF，对应透射电子束)、环形暗场像(ADF，对应散射电子)和高角环形暗场像(HAADF，对应高角度散射电子)。值得一提的是，HAADF 具有最大的卢瑟福散射效应，图像中的衍射衬度基本被消除，因此

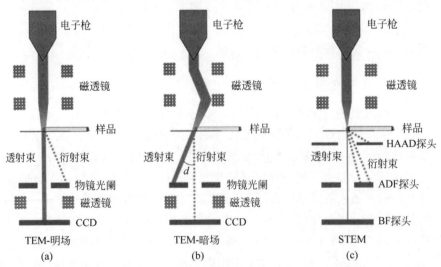

图 2.10　TEM 明场像、TEM 暗场像和 STEM 成像光路图的对比[154]

具有与原子序数直接相关的衬度(所谓的 Z 衬度)[155]。

　　STEM 图像的衬度本质上来源于会聚束中不同部分平面波之间的相互干涉:部分平面波在进入样品发生散射时相互干涉,从而使得最终到达探测器的电子束的强度发生变化,进而产生衬度[156]。为了方便理解,只考虑两束衍射束 g 和 $-g$,以及透射束(000)。在平面波入射样品时,这三个电子束分别形成三个衍射点;而在 STEM 相干会聚束照明下,衍射的电子束展宽为衍射盘。这些衍射盘之间相互干涉,如图 2.11 所示。为了理解这种干涉行为,写出 STEM 中的波函数并进行分析。下面详细分析 STEM 图像衬度的产生机理[152]。

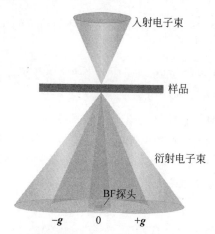

入射电子束

样品

衍射电子束

BF探头

$-g$　　　0　　　$+g$

图 2.11　相干的会聚电子束经样品衍射后形成的衍射盘

　　假定像差能够被写作相位偏移 χ 的形式,即

$$\chi(\boldsymbol{K}) = \pi\Delta f\lambda \mid \boldsymbol{K} \mid^2 + \frac{1}{2}\pi C_s\lambda^3 \mid \boldsymbol{K} \mid^4 \qquad (2\text{-}43)$$

其中,$\boldsymbol{K}$ 表示波矢在前焦平面位置的横向分量。这与 TEM 中的相位畸变函数一致,见公式(2-34)。因此,在前焦平面处的波函数可以写作

$$T(\boldsymbol{K}) = A(\boldsymbol{K})\exp[-i\chi(\boldsymbol{K})] \qquad (2\text{-}44)$$

其中,函数 A 表征物镜光阑的尺寸:在 $|\boldsymbol{K}| \leqslant K_{max}$ 时为 1,其他处为 0。在样品表面会聚的电子束(下称电子探针)可以写作前焦面波函数的反傅里叶变换,即有

$$P(\boldsymbol{r}) = \int T(\boldsymbol{K})\exp(2\pi i\boldsymbol{K} \cdot \boldsymbol{r})d\boldsymbol{K} \qquad (2\text{-}45)$$

为了表征 STEM 中电子束在样品的扫描,可以在式(2-45)中加入偏移项,

于是有

$$P(\boldsymbol{r}-\boldsymbol{r}_0)=\int T(\boldsymbol{K})\exp(2\pi i\boldsymbol{K}\cdot\boldsymbol{r})\exp(-2\pi i\boldsymbol{K}\cdot\boldsymbol{r}_0)\mathrm{d}\boldsymbol{K} \quad (2\text{-}46)$$

其中,$\boldsymbol{r}_0$ 为电子探针的位置。

下面考虑样品对电子的散射。假定样品很薄,从样品出射的电子束波函数可以写作

$$\psi(\boldsymbol{r},\boldsymbol{r}_0)=P(\boldsymbol{r}-\boldsymbol{r}_0)\phi(\boldsymbol{r}) \quad (2\text{-}47)$$

探测器平面的波函数是式(2-47)的傅里叶变换,因此有

$$\psi(\boldsymbol{K}_f,\boldsymbol{r}_0)=\int \phi(\boldsymbol{K}_f-\boldsymbol{K})T(\boldsymbol{K})\exp(-2\pi i\boldsymbol{K}\cdot\boldsymbol{r}_0) \quad (2\text{-}48)$$

其中,$\boldsymbol{K}_f$ 表征散射角。考虑到样品对透射束和衍射束的作用,可以将式(2-48)写作

$$\psi(\boldsymbol{K}_f,\boldsymbol{r}_0)=T(\boldsymbol{K})\exp(-2\pi i\boldsymbol{K}\cdot\boldsymbol{r}_0)+\phi_g T(\boldsymbol{K}-\boldsymbol{g})\exp[-2\pi i(\boldsymbol{K}-\boldsymbol{g})\cdot\boldsymbol{r}_0]+$$
$$\phi_{-g}T(\boldsymbol{K}+\boldsymbol{g})\exp[-2\pi i(\boldsymbol{K}+\boldsymbol{g})\cdot\boldsymbol{r}_0] \quad (2\text{-}49)$$

其中,ϕ_g 代表散射到 $+\boldsymbol{g}$ 位置的电子束的复振幅(包含振幅和相位)。由于 T 具有圆盘状的振幅(受到物镜光阑的形状和大小的控制),因此,式(2-49)决定了衍射的电子束是圆盘状。当圆盘相互交叠时发生干涉,考虑(000)和 $+\boldsymbol{g}$ 衍射斑的交叠,对式(2-49)求模的平方,同时只考虑(000)和 $+\boldsymbol{g}$ 项,可以得到强度为

$$I(\boldsymbol{K}_f,\boldsymbol{r}_0)=1+|\phi_g|^2+2|\phi_g|\cos[-\chi(\boldsymbol{K}_f)+$$
$$\chi(\boldsymbol{K}_f-\boldsymbol{g})+2\pi\boldsymbol{g}\cdot\boldsymbol{r}_0+\angle\phi_g] \quad (2\text{-}50)$$

其中,$\angle\phi_g$ 为 $+\boldsymbol{g}$ 衍射束的相位。

公式(2-50)是理解 STEM 成像的关键,揭示了干涉的重要特征:①交叠部分的强度随着电子束的扫描呈现正弦曲线的变化;②透镜的像差会对此区域(BF 像)的成像质量产生影响。在此基础上,可给出 BF 和 ADF 的成像机理。

2.4.5.1 STEM-BF 成像机理

STEM-BF 像中受到透射束(000)、$+\boldsymbol{g}$ 和 $-\boldsymbol{g}$ 衍射束三束电子干涉的作用,在交叠区域的波函数可以写作

$$\psi(\boldsymbol{K}_f=0,\boldsymbol{r}_0)=1+\phi_g\exp[-i\chi(-\boldsymbol{g})-2\pi i\boldsymbol{g}\cdot\boldsymbol{r}_0]+$$
$$\phi_{-g}\exp[-i\chi(\boldsymbol{g})+2\pi i\boldsymbol{g}\cdot\boldsymbol{r}_0] \quad (2\text{-}51)$$

在弱相位近似下，可以将 ϕ_g 写作

$$\phi_g = \mathrm{i}\sigma V_g \tag{2-52}$$

因此，对式（2-52）求模平方，并做一定简化，可以写出强度表达式：

$$I_{\mathrm{BF}}(\boldsymbol{r}_0) = 1 + 4 \mid \sigma V_g \mid^2 \cos(2\pi\boldsymbol{g}\cdot\boldsymbol{r}_0 - \angle\phi_g)\sin\chi(\boldsymbol{g}) \tag{2-53}$$

式（2-53）包含相位传递函数 $\sin\chi$，是标准的相位衬度像的形式[157]。因此，STEM-BF 像表现出通常的相位衬度的形式，与 TEM 类似。

2.4.5.2　STEM-ADF 成像机理

对于 STEM-ADF，Treacy 等人[158]提出大的散射角（约 100 mrad）将增强组分衬度，同时由于散射几乎全部是热扩散[159]，弹性散射电子的相干效应可以忽略。

如果考虑样品在傅里叶空间是连续的，可以写出类似于公式（2-48）的形式，求模平方并对探测器方程 $D_{\mathrm{ADF}}(\boldsymbol{K})$ 积分可以得到：

$$I_{\mathrm{ADF}}(\boldsymbol{Q}) = \int D_{\mathrm{ADF}}(\boldsymbol{K}) \times \left| \int \phi(\boldsymbol{K}_f - \boldsymbol{K})T(\boldsymbol{K})\exp(-2\pi\mathrm{i}\boldsymbol{K}\cdot\boldsymbol{r}_0)\mathrm{d}\boldsymbol{K} \right|^2 \mathrm{d}\boldsymbol{K}_f \tag{2-54}$$

假定衍射盘之间的叠加区域的信号相对于对探头探测到的总的信号较小，将式（2-54）做一定推导可以得到：

$$I_{\mathrm{ADF}}(\boldsymbol{Q}) = \int T(\boldsymbol{K})T^*(\boldsymbol{K} + \boldsymbol{D})\mathrm{d}\boldsymbol{K} \times \int D_{\mathrm{ADF}}(\boldsymbol{K}_f)\phi(\boldsymbol{K}_f)\phi^*(\boldsymbol{K}_f - \boldsymbol{Q})\mathrm{d}\boldsymbol{K}_f \tag{2-55}$$

其中，$\boldsymbol{Q}$ 为图像空间频率。对其做傅里叶变换可以得到图像结果：

$$I(\boldsymbol{r}_0) = \mid P(\boldsymbol{r}_0) \mid \otimes O(\boldsymbol{r}_0) \tag{2-56}$$

其中，$O(\boldsymbol{r}_0)$ 是公式（2-55）中对 $\boldsymbol{K}_f$ 的积分项相对 $\boldsymbol{Q}$ 做反傅里叶变换。式（2-56）表达了 ADF 图像的非相干性：图像可以被看作物函数卷积上一个实正强度点扩散函数。这种非相干成像使得 ADF 图像的衬度更容易被解读。衬度反转、离域效应等在 HRTEM 中经常出现的问题在 ADF 图像中不再存在。ADF 图像中的亮衬度总是对应着原子或原子柱的存在。在非相干的 STEM-ADF 成像模式下，只需要考虑如何获得最小尺寸、最大可能亮度的光斑即可。

根据 Pennycook 等人的理论[160]，在 STEM-HAADF 成像模式下，散射角介于 θ_1 和 θ_2 之间的环形区域内的散射电子的散射截面 $\sigma_{\theta_1, \theta_2}$ 可以表示为

$$\sigma_{\theta_1,\theta_2} = \left(\frac{m}{m_0}\right)\frac{Z^2\lambda^4}{4\pi^3 a_0^2}\left(\frac{1}{\theta_1^2+\theta_0^2}-\frac{1}{\theta_2^2+\theta_0^2}\right) \tag{2-57}$$

因此,单位体积内原子数为 N 时的散射强度 I_s 为

$$I_s = \sigma_{\theta_1,\theta_2} NtI \tag{2-58}$$

由此可知,理想情况下,HAADF 图像中原子的强度正比于原子序数的平方。而在实际应用中,只有保证探测器收集到的电子全部为高角散射的电子时该平方关系才成立,但这样会导致图像信噪比较差[131]。因此,实验中通常认为图像强度与 Z^α 成正比(α 在 1.7~2.0 范围内)[155]。值得一提的是,有时由于德拜-沃勒(Debye-Waller)因子和电子通道效应(channeling effect)的变化,HAADF 图像的衬度会受到明显的影响,甚至会出现较小的原子序数对应较高亮度的现象[161]。

2.4.6 电子能量损失谱

电子能量损失谱(EELS)依赖于对透过样品的电子能量分布的检验,是分析电子显微学的重要手段。电子穿过样品时损失能量的过程能够反映出关于材料的成键/价态、最近邻原子结构、介电响应、自由电子密度、带隙(如果有)和样品厚度等大量信息[130,162]。

电子能量分布的检验借助于一个磁棱镜光谱仪。磁棱镜光谱仪(或能量滤波器)是一个具有高灵敏度的器件,即使对于 300 keV 能量的电子,其能量分辨率也能够达到小于 1 eV。商业化的磁棱镜光谱仪系统只有两种:一种是 Gatan 公司的后置式 EELS 系统(PEELS),或叫做后置 Gatan 图像过滤器,即所谓的 GIF(Gatan image filter)系统;另外一种是镜筒中的 Omega(Ω)过滤器,最早由 Zeiss 公司提出,现在主要由 JEOL 公司使用。本书工作中使用的 EELS 系统是 GIF 系统。图 2.12(a)展示了 Nion 扫描透射电子显微镜(电子枪在下方)中进行电子能量损失谱实验时的电子光路示意图。磁棱镜光谱仪的基本工作原理是电子经过可变的入口光阑(对于 Gatan 系统,入口光阑直径为 1 mm,2 mm,3 mm 或 5 mm)进入磁棱镜的磁场中,被磁棱镜的磁场偏转($\geqslant 90°$);由于损失能量越多的电子被磁场偏转的角度越大,因此能够在色散平面上形成包含电子强度(I)与能量损失(E)分布的能量损失谱。这个过程本质上与光学系统中的玻璃棱镜相似。值得一提的是,具有相同能量损失的电子即使具有不同路径(如轴向和离轴),也都能够被磁棱镜会聚到光谱仪(或图像)色散面的同一位置。因此,GIF 系统中的磁棱镜本质上是一个具有会聚功能的磁透镜,这是与光学棱镜最大的不同。

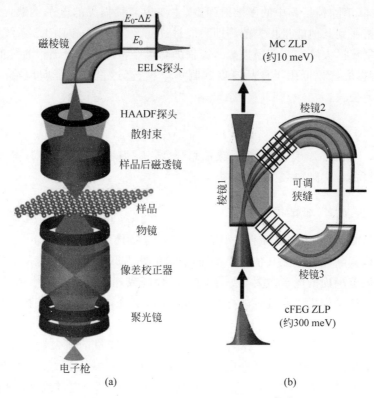

图 2.12 电子能量损失谱仪和单色器[163]

（a）Nion 扫描透射电子显微镜中的电子能量损失谱实验示意图（电子能量损失谱仪为后置式电子能量损失谱仪）；（b）电子束单色化的示意图（单色器位于电子枪和聚光镜之间）

Reprinted with permission from J. A. Hachtel et al.[163]. Copyright © (2018) Springer Nature

　　电子能量损失谱中，根据电子损失能量的大小，可以大致分为零损失峰（zero-loss peak，ZLP）、低能损失峰（low-loss）和高能损失峰（high-loss，也称芯损失峰，core-loss）三部分。

2.4.6.1 零损失峰

　　零损失峰主要包含弹性、向前散射的电子，也包含部分具有较小能量损失的电子。零损失峰的一个重要的作用是可以用于成像或衍射，从而提高图像分辨率和衬度、增强衍射花样的衬度和质量。这是由于当过滤掉所有损失能量（大于谱仪分辨率，一般大于 1 eV）的电子时，能够得到基本是弹性散射的电子。这样，对于图像，自然地消除了色差对图像的影响；对于衍射花样,消除掉了其中的漫散射强度(主要由能量损失的电子贡献)。这种思维拓展到其他能量损失范围即为能量过滤像。在 Dual-EELS 系统中(同时采集零损失峰和高能损失峰),零损失峰也经常用于能量漂移的校正。另外,零损失峰也可用于样品厚度的测量[162,164]。这里不加证明地给出厚度测量的公式:

$$t = \lambda \ln\left(\frac{I}{I_0}\right) \tag{2-59}$$

其中,t 为样品厚度;I 为电子束的总强度;I_0 为零损失峰强度。具体推导过程可参考文献[162]中的相应章节。

2.4.6.2　低能损失峰

低能损失峰包含能量损失小于 50 eV(由于固体中的电离能均大于 50 eV,因此该截断能以下无其他主要特征,但该值并无严格规定)的范围。能量损失在该范围内的电子主要与原子的弱结合键或外层电子相互作用。因此,这部分能量损失谱主要反映样品对高能电子的介电响应。低能损失峰的几个主要应用包括:

(1) 介电常数确定。在低能损失部分,电子能量的损失过程可以看作样品对快速电子通过时的介电反应。因此,能量损失低于 20 eV 的电子包含了材料的介电常数(ε)信息。这为测量材料的局部介电常数提供了可能。在自由电子模型(电子不与任何特定的原子或离子成键)下,单次散射谱强度通过下面的表达式与介电常数 ε 的虚部建立联系[162]:

$$I(E) = I_0 \frac{t}{k} \, \mathrm{Im}\left(-\frac{1}{\varepsilon}\right) \ln\left[1 + \left(\frac{\beta}{\theta_E}\right)^2\right] \tag{2-60}$$

其中,I_0 为 ZLP 的强度;t 为样品厚度;k 为常数(包含了电子动量和玻尔(Bohr)半径);β 为收集角;θ_E 为特征散射角。利用式(2-60)确定介电常数时需要注意,由于其成立的前提条件是单次散射谱,因此需要利用傅里叶对数(Fourier-logarithmic)解卷积来去除多重散射的影响[162]。

(2) 等离子体损失分析。等离子体激元是指当电子束与导带或价带中的弱束缚电子相互作用时发生的纵向波状振荡。等离子体峰是继零峰以后第二重要的特征损失峰。在自由电子模型下,当电子产生频率为 ω_p 的等离子体时,其损失的能量 E_p 可以写作[130,165]

$$E_p = \frac{h}{2\pi}\omega_p = \frac{h}{2\pi}\left(\frac{ne^2}{\varepsilon_0 m}\right)^{\frac{1}{2}} \tag{2-61}$$

其中,h 为普朗克常数;e 和 m 分别是电子的电荷和质量;ε_0 为真空介电常数;n 是自由电子密度;E_p 的值一般在 $5\sim25$ eV。由于改变样品的组成将改变自由电子密度 n,从而导致等离子体损失峰位置的移动,因此等离子体峰包含了样品化学组成的信息(常用于合金的组分分析)。另外,等离子体峰的强度也可用来估计试样厚度,而且这种方法不受试样种类的限制。更重要的是,随着人们对纳米材料力学性能的日益关注,等离子体能量与纳米材料的弹性、硬度、价电子密度、内聚能等存在较强关联的特性引起了人们对等离子体峰研究的新的兴趣[166]。

2.4.6.3　高能损失峰

高能损失谱($E>50$ eV)主要由快速下降的多重散射背底上的电离或芯损失边组成。高能损失峰包含了入射电子与原子内壳层电子的非弹性相互作用的信息。这些相互作用使得高能损失谱像 EDXS 一样可以作为直接的元素标识。芯损失峰中存在被称为能量损失近边结构(energy-loss near-edge structure,ELNES)和扩展能量损失精细结构(extended energy-loss fine structure,EXELFS)的部分。ELNES 表现为电离边缘起始点(E_c)以上延伸了几十个电子伏特的强度振荡。它有效地反映(更形象地可以称之为镜像)了费米面(E_F)以上未填充的电子态密度(density of states,DOS)。因此,从这些精细结构的分析中可以得到离子的结合方式、特定原子的配位,以及态密度等信息。不难看出,ELNES 分析是 EELS 谱分析的重要方面,也是材料电子结构解析的有利工具。

最具代表性的 ELNES 的例子是"白线"(white lines),即某些电离边缘上的强烈尖峰[130,162,167-168]。"白线"的出现是由于在某些元素中,内壳层电子被激发成明确的空态,而不是一个展宽的连续态。过渡金属的 L_2 和 L_3 边及稀土金属的 M_4 和 M_5 边均表现为这种"白线"。对于过渡金属,白线的产生是由于 3d 轨道具有未填充态,在入射电子的激发下,位于 2p 轨道的电子跃迁到 3d 轨道,与此同时,入射电子损失相应的能量而产生。因此,L_3/L_2 的比值(白线比)在理想状态应该为 $2:1$。但实际材料中由于存在自旋-轨道之间的耦合,导致白线比偏离 $2:1$。对 L_2 和 L_3 边的定量分析能够提供过渡金属的价态信息。对于过渡金属,白线比在 $3d^5$ 的构型下达到最大[168],对于 Mn 原子为 Mn^{2+},对于 Fe 原子为 Fe^{3+}。同时,化学位移(电离边的能量变化)也是判断元素化学价态的重要依据。由于核外电子对内壳层具有屏蔽作用,核外电子数目的改变(价态变化)会直接影响电离能:

外层电子对原子核电场的屏蔽作用随着离子价态的升高而减弱,因此高价态总是对应高的能量损失边。ELNES 的定量分析在凝聚态物理及强关联体系研究中具有重要的作用,也是本书分析材料电子结构时重点采用的方法。

2.4.7　其他透射电子显微术

基于透射电子显微镜的其他常用且有效的显微学方法还包括洛伦兹电子显微术(Lorentz electron microscopy)、断层摄影术(tomography)、电子全息术(electron holography)等[169-175]。

洛伦兹透射电子显微镜能够对磁性样品的磁畴和磁畴壁结构进行表征。普通的透射电子显微镜中,物镜在样品周围产生很强的磁场,因而会使样品达到磁饱和状态,这不利于材料本征磁性质的表征。因此,在洛伦兹电子显微镜中,利用洛伦兹磁透镜(放大率更低,离样品更远)代替物镜。在普通透射镜中也可以通过关闭物镜(或用一定大小可控的励磁电流)并同时调节其他透镜的励磁电流实现洛伦兹模式。洛伦兹电镜中主要的成像方式有福柯(Foucault)模式和菲涅耳(Fresnel)模式。对于福柯模式,其基本原理是如果照明区域中包含几个磁畴区,则电子束将会被不同的畴区以不同的方式偏离,从而导致衍射束劈裂。选择不同的衍射束,能够使得相应的畴区表现为亮衬度,其他畴区则表现为暗衬度。菲涅耳模式是洛伦兹透镜或洛伦兹模式下常用的表征模式:当过焦或欠焦时,磁畴壁将表现出暗线或亮线,出现衬度的反转。这种磁畴壁衬度的产生机理如图 2.13 所示。菲涅耳图像可以用于区分布洛赫(Bloch)畴壁、尼尔(Néel)畴壁或交叉-连接畴壁。

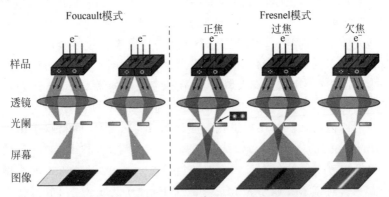

图 2.13　电子束经过磁性样品的路径及产生对应磁畴或磁畴壁衬度的示意图[169]

电子全息术是将来自同一相干光源的电子束分为两束（利用全息丝组装成的双棱镜实现），其中一束不经过样品，作为参考束；另外一束经过样品，携带样品的相位信息，利用两束电子束之间的干涉产生图像[130,174-175]，如图 2.14 所示。在传统 TEM 中，选择了合适的条件使样品可以被看作纯的相位体和 $e^{i\chi(u)}$ 的虚部（即正弦函数项），从而将此相位信息转换成振幅并记录为图像；而利用电子全息成像时，同时也可以利用 $e^{i\chi(u)}$ 的实部。电子全息像既记录了电子束的振幅信息，也记录了相位信息。

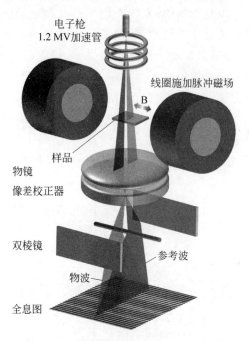

图 2.14　高分辨电子全息术示意图[176]

在样品台两侧附近放置线圈，用于产生脉冲磁场来反转样品中的磁化方向。利用双棱镜叠加物波和参考波形成全息图。该系统可以实现 0.67 nm 的分辨率

Reprinted with permission from Toshiaki Tanigaki et al. [176]. Copyright © (2017) Springer Nature

断层摄影术（tomography）是根据一系列二维投影像重构出样品三维结构的方法。在此过程中，通过步进的方式旋转样品，以获取不同倾转角下的投影像。断层摄影术最早在 1968 年被发展[177]，最初被用于冷冻电镜中确定生物样品等大分子的 3D 结构（受限于分辨率）[178]。断层摄影术与 STEM-ADF 的结合使其分辨率有了极大的提升。在 2010 年，STEM 断层摄影术的 3D 分辨率已经可以达到 $0.5\pm0.1\times0.5\pm0.1\times0.7\pm0.2$ nm[179]。近

期,原子分辨的 3D 断层摄影术也已经能够实现[171-173],这为确定材料的三维结构提供了极有力的工具。

2.5　小　　结

本章从回顾电子显微镜的发展历史出发,引出了电子显微镜在材料研究领域中扮演的必不可少的作用。接着详细剖析了透射电子显微镜的结构和各部分的功能。以此为基础,系统介绍了在材料电子显微学研究中常用且必需的显微学方法及相关的原理,包括运动学和动力学电子衍射及衍射衬度成像、透射电子显微镜高分辨电子显微学、像差的来源与校正方式(以球差校正为重点)、扫描透射电子显微学、电子能量损失谱学及其他具有独特作用的显微学方法。本章内容具有清晰的脉络结构和一定的系统性,不仅能作为本书后续章节研究内容的铺垫,也能够在一定程度作为深入了解透射电子显微学的参考资料。

在本章最后,给出了利用透射电子显微学进行材料研究的基本流程,如图 2.15 所示。

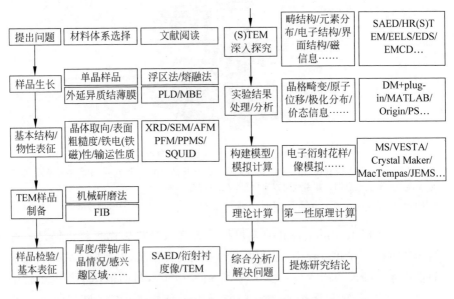

图 2.15　利用透射电子显微学进行材料研究的基本流程

第 3 章　YMnO$_3$ 铁电涡旋畴的电子显微镜学研究

3.1　引　　言

多铁性材料中铁电极化与铁磁性之间的耦合是该领域研究的重点方向。铁电畴或铁磁畴是具有一致有序的铁电极化或自旋的区域,这些区域被均一的界面分隔开,即所谓的畴壁,进而形成多畴态[180]。由此可知,磁电耦合与铁电/铁磁畴的翻转、相互作用及畴壁的运动紧密关联。由于畴与畴壁的行为仍未被全面理解,因此这仍然是一个值得深入探究的方向。

h-YMnO$_3$ 中的涡旋畴结构本质上是一种拓扑缺陷[89]。这种拓扑缺陷之所以特殊,是由于铁电极化与铁磁自旋都与一个附加的、非铁性的结构序参量耦合在一起,因此具有额外的自由度。利用 Landau 自由能理论可以给出很好的描述[74]。实验方面,1.2.3 节中介绍了 Fiebig 等人基于非线性光学二次谐波产生(SHG)的方式,在 h-YMnO$_3$ 中不仅直接观测到了铁电涡旋畴与反铁磁畴的耦合,而且证明了这种耦合来源于两种畴壁之间的相互作用[97]。这一方面为 h-YMnO$_3$ 的磁电耦合提供了证据,另外一方面也为畴壁的更深入研究提出了要求。

畴壁作为不同畴之间的界面,具备不同于畴内部的性质,如对称性的降低等。因此,畴壁附近往往出现反常的物理现象,如新的有序相、多铁性、异常输运性质(如超导性)等,有些特性甚至是在块体中不允许存在的[181-184]。在畴壁的可能应用方面,最为典型的例子当属 Parkin 及合作者[185]基于铁电畴壁设计开发的赛道存储的概念:利用非易失的磁电畴壁作为数据位,从而能够实现高的存储密度和读出效率。在 BiFeO$_3$ 中,Seidel 等人[186]基于 PFM 表征的结果,报道了畴壁的导电性,并展示了其输运性质具有畴壁取向的依赖性。对于 h-YMnO$_3$,如 1.2.3 节所展示的,其畴壁同样具有取向依赖的异常的输运性质[93-94]。这来源于不同程度带电的畴壁(与畴壁取向相关)具有不同的电荷积累密度、静电势和局域电子结构。带电畴壁(如头对头（HH），或者尾对尾（TT））在 h-REMnO$_3$ 中的稳定存在得益于其特殊的拓扑保护畴结构。而这种带电畴壁在传统铁电体（如 BiFeO$_3$，PbZr$_{0.2}$Ti$_{0.8}$O$_3$ 等）中为高能态而不能稳定存在[187-188]。综上可知，h-REMnO$_3$ 带电畴壁的异常性质是该体系的一项重要特征，也是其功能化实现的基础，因此值得进行细致的探究。尤其是对外界激励下带电畴壁行为的探究，如利用外界电场调控畴壁的运动及输运性质[94]，可以为畴壁在纳米电子器件中的应用提供有价值的参考。

对于铁电畴或畴壁的调控，最常用的方式为接触式：即通过接触式电极施加偏压的方式实现铁电畴的翻转[189-190]。h-YMnO$_3$ 中具有特殊电学性质的带电畴壁被认为能够敏感地受控于外来载流子的浓度[94]。这为利用非接触的手段（非接触式手段可以避免对材料的接触损伤），如电子束，通过提供额外电荷等方式来调控涡旋畴和畴壁的演化提供了可能。本章中的一项研究工作就是在这样的思路下展开的。

在本章中，充分利用透射显微镜的衍射衬度像、扫描透射显微镜的高分辨像在畴结构研究中的优势，对 h-YMnO$_3$ 的涡旋畴结构和畴壁结构进行了系统探究，并重点关注了带电畴壁在涡旋畴演化中起到的作用。首先对 h-REMnO$_3$ 涡旋畴的来源进行了理论分析，并汇总了涡旋畴的研究方法。随后，基于一系列的实验结果，对 h-YMnO$_3$ 中可能存在的畴壁种类进行了系统的表征和分类，并着重分析了带电畴壁的性质。在此基础上，重点探究了带电畴壁在非接触式激发条件下的动态行为：利用电子束辐照，基于 TEM 衍射衬度像，获得了随时间变化的畴壁演化行为，实现了带电畴壁在电子束驱动下的可逆运动及涡旋畴的可逆翻转。另外，也探究了缺陷结构（如位错）的存在对这种带电畴壁可逆运动的影响。本章的研究内容有助于帮助理解 h-YMnO$_3$ 铁电涡旋畴和带电畴壁的静态、动态行为及外界激励对其的调控作用，为材料的功能化实现提供一定的实验数据支持。

3.2　铁电涡旋畴结构的 Landau 唯象模型

1.2.3 节中已经提到，h-YMnO$_3$ 在结构相变点以下（$T_s \approx 1270$ K）发生三聚结构相变，即以顶角相连的 MnO$_5$ 三角双锥体发生周期性的倾转，形成 $\sqrt{3} \times \sqrt{3}$ 超结构。这种三聚行为可以用振幅 Q 和相位 Φ 表示，前者表征 MnO$_5$ 倾转的大小，后者的物理意义是方位角，表征顶点氧原子在面内的位移[74]。伴随着结构相变的发生,晶体结构的对称性降低,c 方向的镜面消失,空间群由 $P6_3/mmc$ 转变为 $P6_3cm$[36,72-73]。这一过程主要伴随着两种声子模式的凝结[36,72,74]:①K_3 声子模(波矢 $q=(1/3,1/3,0)$)的凝结,从而打破 $P6_3/mmc$ 的非极化对称性,将体系对称性降低为 $P6_3cm$。在该过程中,虽然 Y 离子已经产生了 c 方向的位移和起伏,但由于波矢位于布里渊区边界上,此时晶体中并没有净极化的产生,局域的极性相互抵消,整体未对外表现出极化态;②与 K_3 声子模非线性耦合的 Γ_2^- 声子模的凝结。在该过程中,体系的对称性没有进一步降低,但 Γ_2^- 声子模的凝结使得 Y 原子与面内氧原子(O_P)之间的键长发生改变,进而导致 c 方向净的铁电极化的出现。因此,Γ_2^- 声子模真正与铁电极化直接关联:Γ_2^- 声子模的振幅$\mathcal{P}$正比于铁电极化的大小。

基于 Landau 自由能理论模型,可以将体系自由能表达为 $Q,\mathcal{P}$和 Φ 及它们梯度的展开[74]:

$$f=\frac{a}{2}Q^2+\frac{b}{4}Q^4+\frac{Q^6}{6}(c+c'\cos(6\Phi))-gQ^3\mathcal{P}\cos(3\Phi)+\frac{g'}{2}Q^2\mathcal{P}^2+$$

$$\frac{a_P}{2}\mathcal{P}^2+\frac{1}{2}\sum_{i=x,y,z}[s_Q^i(\partial_iQ\partial_iQ+Q^2\partial_i\Phi\partial_i\Phi)+s_P^i\partial_i\mathcal{P}\partial_i\mathcal{P}] \qquad (3-1)$$

其中,Q 为 K_3 声子模的振幅;$\mathcal{P}$为 Γ_2^- 声子模的振幅;Φ 为方位角;各能量项系数 a,b,c,c',g,g' 及刚度项 s_Q 和 s_P 来源于从头算的理论计算结果。式中$-gQ^3\mathcal{P}\cos(3\Phi)$项展示了 K_3 声子模与 Γ_2^- 声子模之间的非线性耦合,也表征了 h-REMnO₃ 体系铁电极化的几何特征。

绘制出(Q,Φ)自由能平面可以发现,其具有六个能量最低点,表现为墨西哥帽的形式,如图 3.1 所示。进一步分析可知,对于 $g>0$(计算结果为 $g=1.945$ eV · Å⁻⁴),为使自由能 f 最低,需保证 $Q>0$(从而产生三聚),Φ 的取值有六个:$0,\pm\pi/3,\pm2\pi/3$ 和 π。这决定了共稳定存在六种晶胞($\alpha^+,\beta^+,\gamma^+,\alpha^-,\beta^-$ 和 γ^-):$\Phi=0$ 和$\pm2\pi/3$ 时,铁电极化为正,对应铁电畴为 α^+,β^+ 和 γ^+;$\Phi=\pi$ 和$\pm\pi/3$ 时,铁电极化为负,对应铁电畴为 α^-,β^- 和 γ^-。六种铁电畴围绕一个核心以顺时针或逆时针的次序排列,构成涡旋或者反涡旋畴结构。相邻铁电畴的相位差为 $\pm\pi/3$,铁电极化方向相反。这表明结构畴壁同时也是铁电畴壁,二者互锁,而不存在单纯的铁电畴壁(P 的方向由 $\cos(3\Phi)$ 的符号唯一决定)。铁电畴壁的位置对应着连接两个能量最低点的最短路径(势垒最小),其沿着墨西哥帽的底部。因此,畴壁处振幅 Q 与块体内部值接近。涡旋畴核心为高能位置,振幅 Q 为零,相位 Φ

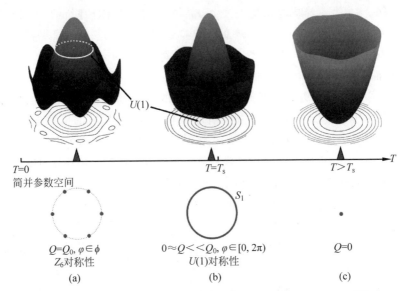

图 3.1   六方锰氧化物中势能面和简并空间随温度的变化情况[73]

（a）低温下，势能面表现为"墨西哥帽"构型，具有六个势阱，简并参数空间由六个分立的点组成；（b）随着温度接近结构相变温度 T_s，相邻势阱之间的能量势垒逐渐消失，简并参数空间变成一个圆；（c）当温度高于 T_s 时，势能的最小值出现在 $Q=0$ 处，简并度空间缩小一个点

Reprinted with permission from J. Li et al. [73]. Copyright © (2016) Springer Nature

变化 2π，自由能的大小独立于三聚的角度 Φ，体系对称性为 $U(1)$[191]。

3.3   铁电涡旋畴结构的表征

基于铁电涡旋畴所具备的特性，研究者们开发了一系列表征方式，分辨率从微米量级到原子级别，具体如下：

（1）表面处理技术[86-87,89-90]。由于铁电材料自发极化引起的表面电荷会与带电或有极性的颗粒发生相互作用，因此在一些刻蚀剂或极性液体（如 HF，H_3PO_4，HCl 等）的作用下，表面带正电的铁电畴和表面带负电的铁电畴被腐蚀的速率不同。这导致在同样的腐蚀时间下，材料的极性表面会出现凸起和凹陷的起伏。经过机械抛光和腐蚀后的样品可以简单地借助 OM，AFM 或 SEM 进行表征。尤其是对于 h-REMnO$_3$，其具有单轴各向异性，对其 a-b 面的腐蚀能够获得良好的铁电畴形貌。对于 h-YMnO$_3$，常用的腐蚀条件为 $130℃$ 的浓 H_3PO_4。图 3.2 展示了 h-YMnO$_3$ 中两种不同类型的铁电畴经过机械抛光和在 130℃的浓 H_3PO_4 中腐蚀 1 h 后的 SEM 图像。从图中可以明显观察到表面的浮凸和凹陷。由于极化向上的铁电畴被酸腐蚀的速率更快[86]，因此图像中凹陷的区域为极化向上的铁电畴，凸起的部分为极化向下的铁电畴。图 3.2(a)和(b)分别对应 a-b 面极化向下铁电畴远多于极化向上铁电畴的情况和二者比例接近 1∶1 的情况。该方法虽然可以用于判断铁电极化方向，而且分辨率可以达到微米甚至纳米量级，但由于其具有破坏性和非原位性，因此应用范围有限。

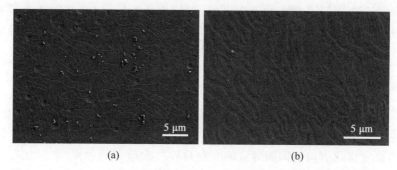

(a)　　　　　　　　　　　　　(b)

图 3.2　h-YMnO₃ 中两种典型畴结构经过抛光和浓磷酸腐蚀后的 SEM 图像

(a) 极化向下铁电畴比例远大于极化向上铁电畴；(b) 极化向上和极化向下铁电畴的比例接近 1∶1

（2）光学方法，如光学显微术、偏振光显微术、非线性光学等[97,192-193]。除了结合表面处理技术和 OM 观察表面的形貌外，光学方法更重要的方面是基于非线性光学二次谐波发生（SHG）的方法。SHG 不仅能提供铁电极化的信息，而且能表征（反）铁磁信号。典型的例子是对 h-YMnO₃ 中铁电畴和反铁磁畴耦合的直接观察[97]。

（3）扫描电子显微镜[194-195]。SEM 除了对表面形貌敏感外（结合表面刻蚀或表面修饰技术，可以提供相较于 OM 更高分辨率的信息），在低电压模式下，也能够表征样品表面的带电性质，因此能够给出与铁电畴和铁电极化相关的衬度。这部分内容在 3.3.1 节中做详细介绍。

（4）透射电子显微镜。基于 TEM 的表征方式包含衍射衬度像（由于 Friedel 定律失效）、高分辨像及原位电学等。TEM 既可以提供介观尺度的畴结构（衍射衬度像），又可以在原子尺度给出涡旋畴核心及畴壁处的结构。更重要的是，利用聚焦离子束（focused ion beam，FIB）可以根据需要获取特定的完整涡旋畴结构，这允许进一步利用 TEM 原位（in-situ）技术直观地研究涡旋畴和畴壁在外场（如电场、应力场、温度场等）作用下的动态行为。这方面的研究以朱溢眉教授(Yimei Zhu)课题组在 2013 年进行的 h-ErMnO$_3$ 拓扑保护涡旋畴在原位电场作用下的动态演化行为的研究工作为代表[189]。TEM 是铁电畴结构研究的有力工具。这方面内容在 3.3.2 节和 3.3.3 节中进行展开说明。

（5）扫描探针显微术，如 AFM，c-AFM 和 PFM 等[69,90,93,196]。扫描探针显微术能够有效地探测样品表面形貌信息和电学信息。例如，c-AFM 能够探测样品表面局域内的导电情况，对研究畴壁导电性质极为有效。而 PFM 是在 AFM 基础上开发而来的，利用逆压电效应，通过探测外加电压激励下铁电畴的电致形变量，进而给出铁电畴的极化信息。因此，扫描探针技术是在纳米尺度表征铁电极化的有效方式。

3.3.1 扫描电子显微镜二次电子像及其衬度调控

扫描电子显微镜中铁电畴的衬度来源于不同畴区或畴壁处二次电子出射电流的差别。影响出射电流的因素大体可以分为以下两种：第一个因素是由自发极化方向不同而导致的非对称性二次电子出射[197-198]。主要考虑二次电子产生到从样品表面出射的过程：当入射电子在样品的一定深度激发产生二次电子并出射时，对于极化向上的铁电畴，部分二次电子被表面层正的束缚电荷中和而不能出射，因此表现为较暗的衬度；相较之下，极化向下的铁电畴中二次电子在表面内建电场的影响下更容易出射，因此表现为较亮衬度；第二个因素为表面电势的影响[197]。样品表面电势主要由两方面构成，一方面是入射电子在样品表面扫描时样品表面积累的静电荷引入的功函数的改变（U_c），另一方面是电子束辐照过程中产生的热电势（U_{pyro}）。另外，在样品表面电势的作用下，由于逆压电效应，不同极化方向的畴区发生收缩或膨胀，由此也可以产生畴壁的衬度[199]。

由于 h-YMnO$_3$ 是一种热电材料，在 SEM 中，入射电子与 h-YMnO$_3$ 作用时，除了产生二次电子、背散射电子等以外，其余的能量被转换为热量，进而由热电效应产生热电势，这使得不同极化方向的铁电畴产生不同的衬度[194]。因此，h-YMnO$_3$ 三叶草构型的铁电畴可以在 SEM 中被直接观察，如图 3.3 所示。

表面电势的高低决定入射电子被俘获的程度及二次电子出射后被吸引的情况，进而能够影响铁电畴的衬度。当表面电势为正时，出射的二次电子会被表面的正电势再次俘获（改变到达探测器的二次电子的数量），因而不同极化方向的铁电畴的衬度主要由其表面电势高低的不同决定。这淹没了

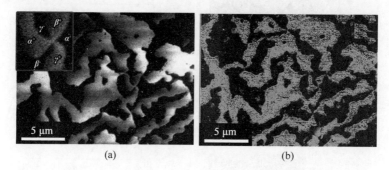

图 3.3　SEM 和 PFM 表征 h-YMnO₃ 中 a-b 平面内的拓扑保护六瓣畴

（a）SEM 表征 h-YMnO₃ 中 a-b 平面内的拓扑保护六瓣畴；（b）PFM 表征 h-YMnO₃ 中 a-b 平面内的拓扑保护六瓣畴[194]

Reprinted with permission from J. Li et al.[194]. Copyright © （2012）American Institute of Physics

不同极化方向铁电畴的非对称性二次电子产额的贡献。当表面电势为负时，表面电势不改变出射到达探测器的二次电子的数量（其数量仅由不同极化方向铁电畴的二次电子发射率决定）。这种表面电势性质的改变（通过改变电子束的扫描速率、控制表面积累电荷的数量来实现）能够使得铁电畴在 SEM 中的衬度发生反转。更重要的是，样品表面为负电势的实验条件可以被用于对比不同极化方向铁电畴的本征二次电子产额的高低。这在我们的研究工作中得到了验证[195]，如图 3.4 所示。

实验中，采用慢速扫描的低压 SEM（加速电压为 1 kV）。电子束在每点的停留时间为 $\tau_a = 1.58 \times 10^{-5}$ s。由于电子束停留时间远大于麦克斯韦弛豫时间 $\tau_m = 1.87 \times 10^{-7}$ s（其中 $\tau_m = \varepsilon\varepsilon_0/\sigma$，$\sigma$ 为电导率，ε 为相对介电常数，ε_0 为真空介电常数）[197,200]，入射到样品表面的电子不能及时弛豫而在样品表面积累，因此样品表面带负电荷。计算可知，该实验条件下样品表面电势为负（$U = U_{pyro} + U_C$）[197]。在这样的实验条件下，典型的涡旋畴的扫描电子显微图像如图 3.4(a)所示。图 3.4(c)为样品利用磷酸腐蚀后表面的 AFM 图像，其中凹陷部分为极化向上的铁电畴，凸起部分为极化向下的铁电畴。对比图 3.4(a)和(c)的实验结果可以判断，样品表面为负电势时，SEM 中 h-YMnO₃ 极化向上的铁电畴表现为暗衬度；极化向下的铁电畴表现为亮衬度。这与文献报道的 SEM 中常见的衬度情况相反[194]，印证了上文的分析。

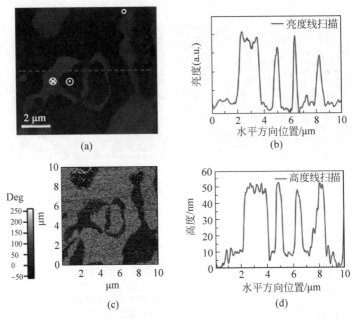

图 3.4　SEM 和 PFM 表征 h-YMnO$_3$ 的铁电涡旋畴[195]（见文前彩图）

（a）SEM 图像；（b）图（a）中红色虚线位置的亮度线积分结果；（c）浓磷酸腐蚀后样品表面的 AFM 图像；（d）图（c）中红色虚线位置的高度线积分结果

3.3.2　衍射衬度像

透射电子显微镜中，铁电畴的衍射衬度成像利用的是铁电极化材料中心对称性破缺导致的 Friedel 定律的失效，即 $I_g \neq I_{-g}$。衍射衬度像可以用于表征铁电畴的构型并确定铁电极化方向（具体分析见 2.4.2 节）[201-203]。基于 Gevers 拓展的双束条件下的 Darwin-Howie-Whelan 方程，可以对衍射强度进行模拟[141,143,204]。此处给出存在吸收效应时的衍射束强度表达式[203]：

$$
\begin{cases}
I = \dfrac{e^{-(2\pi/\xi_0')z}}{2\,|\,q_g\,|^2\,|\,\sigma\,|^2}\big[\cosh(2\pi\sigma_i z) - \cos(2\pi\sigma_r z)\big] \\[2mm]
\sigma = \sigma_r + i\sigma_i = \sqrt{s_g^2 + 1/(q_g q_{-g})} \\[2mm]
\dfrac{1}{q_g} = \dfrac{1}{\xi_g} + i\,\dfrac{e^{i\beta_g}}{\xi_g'} \\[2mm]
\beta_g = \theta_g' - \theta_g
\end{cases}
\tag{3-2}
$$

其中，ξ_0' 和 ξ_g' 分别是透射束和衍射束的消光距离；z 为样品深度；s_g 是偏离参数；θ_g' 和 θ_g 分别是晶体势中傅里叶系数实部和虚部的相角。在双束条件下，对于特定的衍射条件，通过计算对应 g 和 $-g$ 矢量的衍射束的强度（I_g 和 I_{-g}）及 $g \cdot P$ 的正负，可以判断暗场像中极化为 P 的畴区的亮暗及其对应的铁电极化方向。

在 h-YMnO₃ 中，基于模拟计算的结果可知，当采用 (004)/($\overline{004}$) 双束条件时，暗场像中较亮衬度的区域满足 $g \cdot P > 0$；而当采用 (002)/($\overline{002}$) 双束条件时，暗场像中较亮衬度的区域满足 $g \cdot P < 0$[205]。图 3.5(d) 展示了成像条件为 (004)/($\overline{004}$) 双束条件时典型的涡旋畴的衍射衬度像，在图中可以对应地标记出不同畴区的极化方向。

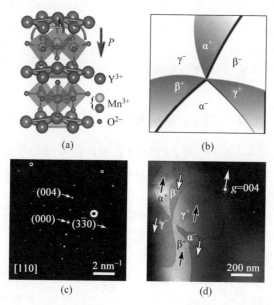

(a)　　　　　(b)

(c)　　　　　(d)

图 3.5　双束暗场像表征 h-YMnO₃ 的六瓣铁电涡旋畴结构

(a) 极化向下的 h-YMnO₃ 单胞模型；(b) h-YMnO₃ 六瓣铁电涡旋畴的示意图；(c) [100] 带轴电子衍射花样（与图(d)中的暗场像对应）；(d) 在 (004)/($\overline{004}$) 双束条件下得到的一个典型的涡旋畴的暗场像

3.3.3　高分辨像

基于球差校正透射电子显微镜或扫描透射电子显微镜的高分辨像（成像原理见 2.4.3 节），可以实现对涡旋畴结构的原子级别的表征。对于极化

状态下的 h-YMnO$_3$，A 位 Y 离子沿 c 方向存在明显位移（$\delta \approx 50$ pm）。结合 h-YMnO$_3$ 的晶体结构可知，Y 离子位移的最合适成像带轴为[100]带轴。借助球差校正的 TEM 或 STEM 能够获得铁电畴在原子尺度的信息，如涡旋畴核心的结构和极化位移情况、畴壁处的原子构型、局部畴结构或电子结构的异常等。这是其他研究手段所不可及的，因此该方法具有独特的优势。典型地，张庆华等人[206] 利用球差校正的 STEM 首次对 h-YMnO$_3$ 的涡旋畴结构进行了解析并给出了涡旋畴核心处原子的排列情况。虽然球差校正 STEM 可以很方便地而且有效地用于涡旋畴和畴壁结构的研究，但需要注意的是，透射电子显微镜图像都是二维投影像，在某些情况下，叠加效应会导致图像中产生一系列假象。例如，李俊等人[73] 研究发现，对于涡旋畴壁和畴核心，当畴壁或涡旋畴核心的原子柱不与电子束方向严格平行时，叠加效应会导致图像中原子的衬度、位置等发生明显变化，从而影响畴壁和畴核心结构的判断。这是在利用 STEM 图像进行畴结构解析（尤其是定量分析）时需要格外注意的方面。

3.4   铁电涡旋畴壁的分类与特性

h-REMnO$_3$ 中的铁电涡旋畴结构之所以特殊的一个重要原因是铁电畴壁的特殊性质。如前所述，h-REMnO$_3$ 的畴壁本质上具有反相畴壁与铁电畴壁的互相钳制（二者之间为非线性耦合），同时又与反铁磁畴壁互相耦合。因此，在畴壁处天然地存在多种铁性序参量的耦合。另外，在 1.2.3 节中已经提到，h-REMnO$_3$ 畴壁处具有各向异性的输运性质，这主要来源于畴壁处电荷（束缚电荷）积累密度的差异。以 p 型半导体 h-ErMnO$_3$ 为例，阐述其中的机制[93]：在 h-ErMnO$_3$ 中，尾对尾型（tail-to-tail，TT）畴壁的导电性远大于头对头型（head-to-head，HH）的畴壁，而并排型（side-by-side，SS）的中性畴壁导电性处于二者之间。这是由于对于 TT 畴壁，由自发极化引起的负电荷被束缚在畴壁处，产生较强的静电势，需要通过正电荷向畴壁处的迁移来平衡负电荷以降低静电势。同时空穴在 h-ErMnO$_3$ 中是多子而且具有较高的迁移率，通过空穴的定向移动可以平衡畴壁处束缚的负电荷，因此 TT 畴壁具有较高的导电性。对于 HH 畴壁，情况恰好相反，因此具有较差的导电性。h-HoMnO$_3$ 中类似的现象也可用该机制解释[92]。

在传统铁电体中，带电畴壁因引入大的静电能而因此会逐渐弛豫到电中性状态[187]。由于 h-REMnO$_3$ 体系铁电极化的驱动力具有几何特性，因此带电畴壁能够稳定存在。畴壁与极化方向的夹角不同,决定了畴壁带电性质和带电量的差异。综合以上结果,在表 3.1 中汇总了铁电畴壁的构型与带电情况。畴壁构型用(XX,α)符号表示:XX 表征畴壁两侧铁电极化的相对方向;α 表示畴壁的法线方向与铁电极化方向 $\boldsymbol{P}$ 之间的夹角。

表 3.1　铁电畴壁构型与带电情况汇总表

畴　壁　种　类		畴　壁　构　型
带正电畴壁	头对头型(HH,180°) 带电量:$+2\|P\|$	头对头型(HH,α) 带电量:$+2\|P\|\cos\alpha$
带负电畴壁	尾对尾型(TT,180°) 带电量:$-2\|P\|$	尾对尾型(TT,α) 带电量:$-2\|P\|\cos\alpha$
中性畴壁	并排型(SS,0°) 带电量:0	头对尾型(HT,α) 带电量:0

由于畴壁的功能性与其结构密切相关,因此,h-REMnO$_3$ 畴壁的结构一直以来是研究的热点内容,受到研究者们的广泛关注。截至目前,h-REMnO$_3$ 畴壁的构型仍然存在一定的争议。争议的核心问题在于是否存在一列处于顺电相位置(即 $P6_3/mmc$ 对称性下的镜面位置)的 RE 离子。Han[189] 和 Choi[69] 等研究者们认为,不管对于何种构型的畴壁,均存在一列RE 离子处于顺电相位置。而张庆华[207] 和于奕[208] 等人通过高分辨电子显微镜的实验观察结果认为,包含和不包含位于顺电相位置的 RE 离子的畴壁均存在(畴壁有两种构型):构型 Ⅰ 的畴壁中存在位于顺电相位置的 RE离子;构型 Ⅱ 的畴壁中,两种极化方向的铁电畴直接过渡,其间不存在位于顺电相位置的 RE 离子。Kumagai 等人[91] 基于第一性原理计算的结果认为,无论何种类型的畴壁,都不存在位于顺电相位置的 RE 离子。

　　基于这样的研究背景,根据大量的 HAADF-STEM 图像的观测结果,对 h-YMnO$_3$ 中可能存在的畴壁构型进行了系统的研究和分类。总结发现,h-YMnO$_3$ 中相邻两个铁电畴在 2～3 个单胞宽度内实现从铁电极化向上向铁电极化向下的完全过渡。根据铁电极化过渡方式的不同,可能存在的畴壁构型有四种,分别为类型 A～类型 D,汇总在图 3.6 中。

　　在图 3.6 每个分图中,左侧为表征铁电畴壁的 HAADF-STEM 图像,其中红色和绿色虚线长方形框分别表示极化向下和极化向上的单胞。红色

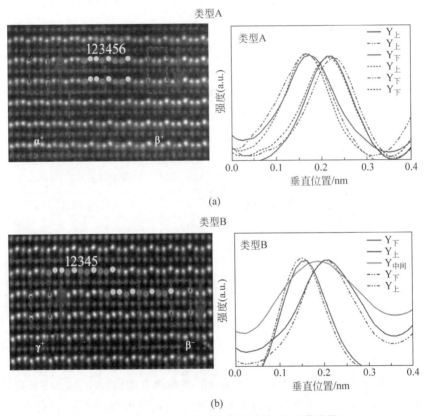

图 3.6　h-YMnO$_3$ 中的四种铁电畴壁(见文前彩图)

(a) h-YMnO$_3$ 中类型 A 铁电畴壁;(b) h-YMnO$_3$ 中类型 B 铁电畴壁;(c) h-YMnO$_3$ 中类型 C 铁电畴壁;(d) h-YMnO$_3$ 中类型 D 铁电畴壁

每个分图中,左侧为铁电畴壁的 HAADF-STEM 图像。实心圆表征畴壁附近 Y 离子位置:黄色为 Y$_上$;绿色为 Y$_{中间}$;橙色为 Y$_下$。右侧为表征 Y 离子强度与垂直位置关系的曲线图。类型 A 和类型 B 的铁电畴壁对应的曲线图只有两个峰,代表垂直方向只有两个位置,不存在处于顺电相位置的 Y 离子。类型 C 和类型 D 的铁电畴壁对应的曲线图有三个峰,说明在垂直方向存在三个位置,包含处于顺电相位置的 Y 离子

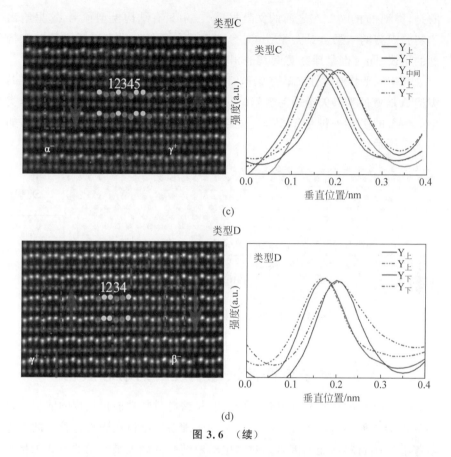

图 3.6　（续）

虚线表示畴壁的位置。需要注意的是,由于畴壁具有一定宽度,同时也可能存在叠加效应的影响,虚线只是为了更方便地表征过渡方式,并不是代表严格的畴壁位置。在红色虚线附近,用实心圆形标记出 Y 离子的位置:在平衡位置(顺电相位置)上方的 Y 离子用黄色圆形表示($Y_\text{上}$),在平衡位置下方的 Y 离子用橙色圆形表示($Y_\text{下}$),在平衡位置附近的 Y 离子用绿色圆形表示($Y_\text{中间}$)。为了清晰地表征铁电极化在畴壁处的过渡方式,对于每种畴壁均绘制了 Y 离子强度与垂直位置之间的关系曲线(每个分图中右侧曲线图)。对于类型 A 和类型 D 的畴壁,Y 离子只有两种峰(红色和蓝色曲线),表明畴壁处只有两种 Y 离子位置($Y_\text{上}$ 和 $Y_\text{下}$);对于类型 B 和类型 C 的畴壁,除了 $Y_\text{上}$(红色曲线)和 $Y_\text{下}$(蓝色曲线)离子对应的峰外,存在峰位位于二者之间的绿色曲线,其对应处于顺电相位置的 Y 离子($Y_\text{中间}$)。值得一提的是,类型 D 的畴壁在之前的文献报道[209]中只有结构模型预测,这里给出了实验观测的结果。对 h-YMnO₃ 铁电畴壁的系统分类有助于澄清畴壁构型的争议,同时也是探究畴壁其他相关物理性质的必要前提。

晶格的平移对称性在畴壁处被打破,可用平移矢量 **T** 表示。计算可知:类型 A 畴壁的平移矢量是 1/6[210],类型 B 畴壁的平移矢量是 2/3[210],类型 C 畴壁的平移矢量是 1/3[210],类型 D 畴壁的平移矢量是 5/6[210],如图 3.7 所示。

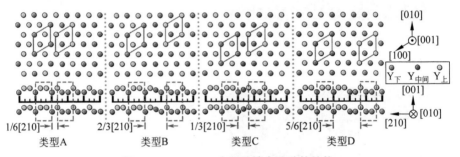

图 3.7   h-YMnO₃ 中四种铁电畴壁的结构

3.5   电子束调控铁电涡旋畴的动态演化

铁电极化的反转和铁电畴壁的运动是铁电材料功能化实现的前提。理解铁电畴在外界电场条件下的运动有助于理解铁电体在服役过程中的工作状态和影响材料性能的因素。对铁电畴或畴壁的调控最常用的方式为接触式:即在铁电材料两侧构建接触式正、负电极施加电压,如基于 AFM 的扫描探针技术及基于 TEM 的原位电学实验(电极为针尖或者芯片,前者施加点电场,后者可施加平行电场)[187,189-190]等。这种接触式的方式虽然有效,但不可避免地会对材料造成损伤,同时也会引入接触电阻。在以上的讨论中已经知道,h-YMnO₃ 中包含带电的畴壁,而这种带电畴壁被认为能够敏感地受控于外来载流子的浓度[94]。这启发我们利用非接触的手段(如电子束)调控涡旋畴和畴壁的演化。这种基于电子束的调控方式一方面避免了对材料的损伤,另一方面也可以充分发挥电子束容易会聚的优势,实现高空间分辨的调控。

实验中,选取包含三个涡旋畴核心的区域为研究对象,初始状态如图 3.8(a)所示。由于实验选择的成像条件为(004)/(0̄0̄4̄)双束,根据 3.3.2

节的分析结果及实验中 $g = (004)$ 矢量的方向,能够将图 3.8(a)中所有铁电畴的极化方向标记出来。根据铁电极化方向与畴壁方向的关系(见表 3.1),可以确定畴壁的带电性质("+"表示带正电的畴壁;"−"表示带负电的畴壁;"o"表示中性畴壁)。由此可见,初始状态中部分铁电畴壁为带电畴壁,部分畴壁表现为电中性。

在电子束辐照下,不同性质的畴壁的运动情况有很大不同:带电的畴壁(如图 3.8(a)中左侧涡旋畴中 β⁻ 铁电畴对应的畴壁)往往能够优先于电中性畴壁开始运动,并同时伴随着相应的铁电畴铁电极化的反转。带电的畴壁开始运动后逐渐向带异性电荷的畴壁靠近。当距离小于一定临界值(d_c)时,会产生两种情况:①由于静电力的作用,带正电和带负电的铁电畴壁相互融合并消失。这种情况仅发生在畴壁两侧的铁电畴相位相同时,如图 3.8(d)中位置 1 和位置 2(或图 3.8(i)中的位置 Ⅰ 和位置 Ⅱ)所示。②静电力作用下,带正电和带负电的铁电畴壁相互靠近但不能融合,最终形成超窄畴。这种情况发生在畴壁两侧的铁电畴相位不相同时。由于涡旋畴的拓扑保护,二者不能融合(否则相邻铁电畴的相位差不满足 $\pm\pi/3$,从而使得体系能量显著升高),如图 3.8(d)中位置 3 所示。在图 3.10 中对涡旋畴的这种拓扑保护行为进行更深一步的分析。对于电中性的畴壁(如图 3.8(a)中右侧涡旋畴中 γ⁻ 铁电畴对应的畴壁),只有当入射电子在畴壁处累积的电子密度达到一定程度并导致畴壁产生凸起和局部带电后,畴壁才开始有明显的运动。因此,根据以上结果可知,畴壁的活跃程度与畴壁带电量绝对值的大小直接相关:带电量越大的畴壁,在电子束作用下越容易运动。这让我们联想到 Mundy 等人[94]通过外加电压改变带电畴壁附近束缚电荷的巡游性,进而调控 HH 畴壁导电性(电阻态或导电态)的工作。

在电子束辐照相当长一段时间后,铁电畴达到相对稳定的状态,如图 3.8(e)所示。延长辐照时间,铁电畴和畴壁均不再发生运动。此时,电子束辐照的外界激励、带电畴壁之间的静电力作用等因素之间达到动态平衡。

当撤掉电子束的辐照后(实现方法是将样品移除视野,间隔特定时间后移回视野并快速获得图像),铁电畴和畴壁将逐渐回复到初始位置(图 3.8(k)~(n)所示)。这是由于在电子束作用下达到的稳定状态中,畴壁并不是处于热力学的稳定状态或能量最低的晶面,因此,当外界激励消失后,畴壁倾向于弛豫到能量最低的状态[187]。这种畴壁的"拓展-回复"过程能够重复 4~5 个循环,最终稳定在一个中间的稳定状态(图 3.8(o)所示)。这表明即使

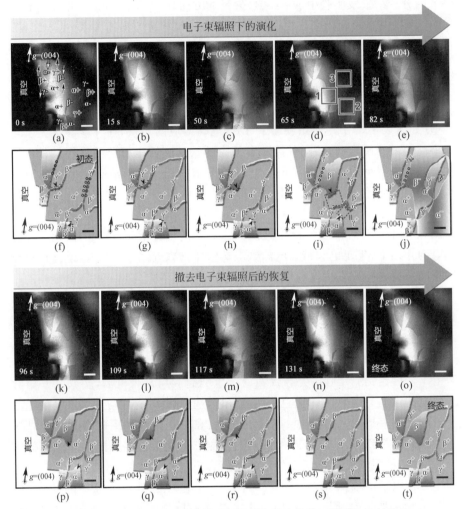

图 3.8　TEM 暗场像展示在电子束辐照下铁电畴的可逆动态连续演化

(a)~(e)在电子束诱导下铁电畴的正向长大；(f)~(j)与图(a)~(e)暗场像一一对应的图解模型；(k)~(n)撤掉电子束后铁电畴逆向恢复到初始状态；(o)最终稳定状态；(p)~(t)与图(k)~(o)暗场像一一对应的图解模型

畴壁上的黑色箭头表征畴壁的运动方向，标尺为 200 nm

在几何铁电体中，仍然存在铁电畴翻转的"疲劳现象"。值得注意的是，$h\text{-}YMnO_3$ 的矫顽场与 $h\text{-}LuMnO_3$ 接近，大约为 40 kV/cm，远大于电子束辐照能够引入的电场[189]。因此，图 3.8 中的实验结果表明，带电畴壁在一定程度上能够降低驱动铁电畴翻转所需的外加驱动力。

　　实际材料中不可避免地会存在各种缺陷,如氧空位、间隙原子及位错等。这些缺陷能够改变铁电材料中铁电畴的运动方式,如氧空位被发现能够钉扎 h-ErMnO₃ 的涡旋畴核心[189],因此在材料实际服役中扮演重要的角色。在实验中探究了铁电涡旋畴的动态运动中位错对铁电畴壁的钉扎作用。图 3.9 所示的一系列暗场像表征了位错的钉扎作用。在电子束作用下,带电的铁电畴壁较为活跃,能够首先开始运动并趋向于达到一定的稳定状态(与图 3.8 所示的规律相同)。但材料中存在的位错(白色箭头标记)能够钉扎铁电畴壁,抑制铁电畴壁的继续运动或者改变铁电畴壁运动的速度和方向[190]。只有当外界激励提供的驱动力大于畴壁解钉扎所需的能量时,畴壁才能够绕过位错继续运动。实验中,由于电子束辐照提供的驱动力不足以使畴壁摆脱位错的钉扎,因此畴壁不能绕过位错继续运动(如图 3.9(d)所示)。在这种情况下,撤去电子束的辐照,铁电畴壁不能与图 3.8 所示的情况一样回复到初始位置。位错的钉扎作用使畴壁的运动变得单向、不可逆,这在一定程度上也直观地说明了位错对铁电畴翻转和畴壁运动的不利影响。

　　值得注意的是,不管是否有位错存在,涡旋畴核心的位置在整个铁电畴运动过程中都保持不变,这与之前的文献报道保持一致[73]:体系从高温开

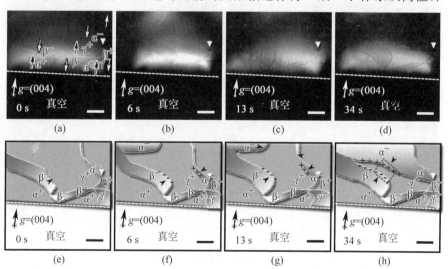

图 3.9　铁电畴壁运动与位错之间的相互作用

(a) 初始状态;(b)～(d) 随时间连续变化的动态过程;(e)～(h) 与暗场像一一对应的图解模型
位错位置用白色箭头标记,图中标尺均为 200 nm

始冷却时,涡旋核心(涡旋弦)先于畴壁形成,而且一旦形成,其位置在较大的温度范围内都非常稳定。

h-YMnO$_3$ 畴结构的拓扑保护行为已经得到了理论计算的验证[74]:每两个相邻铁电畴之间的相位差保持为 $\pm\pi/3$。这决定了在一个涡旋畴中,任何情况下铁电畴壁都不会相互融合消失。这种拓扑保护行为在图 3.8(e)中得到了初步的实验证明。在图 3.10 中,通过对单一的涡旋畴进行足够长时间的电子束辐照,进一步验证了涡旋畴的拓扑保护行为。实验发现,不论如何增加电子束作用时间或电子束辐照剂量,都不能使任何一个铁电涡旋畴中的任何一个畴(或相)彻底消失。在足够长的作用时间后,只会将某种极化态的畴区域减小到极小,形成超窄畴。在该实验条件下,最终的稳定状态中,α^+,β^+ 和 γ^+ 三个畴转变为极窄的铁电畴,如图 3.10(c)所示。这说明了铁电单畴态在不受应力的单晶 h-YMnO$_3$ 中是不可获得的。

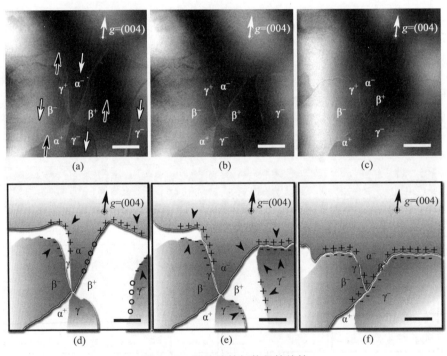

图 3.10　涡旋畴的拓扑保护特性

(a) 涡旋畴的初始状态;(b) 中间状态;(c) 最终态(其中 α^+,β^+ 和 γ^+ 畴变为极窄畴,但并不会消失,表明了涡旋畴的拓扑保护);(d)～(f)与图(a)～(c)暗场像一一对应的图解模型
图中标尺均为 200 nm

　　通过以上一系列实验证据,探究了利用非接触式方式实现的 h-YMnO₃ 铁电涡旋畴的可逆翻转、畴壁的可逆运动行为,探究了位错和拓扑保护行为在铁电畴翻转中起到的作用。利用小的驱动力驱动铁电畴的翻转或者畴壁的运动是铁电畴获得实际应用的前提,对于铁电体在铁电存储器方面的应用具有很强的吸引力。实验发现,h-YMnO₃ 中带电畴壁能够减小驱动铁电翻转所需提供的外加驱动力,因此在促进铁电畴运动方面可以起到积极作用。相较于接触式,电子束驱动铁电畴运动的方式具有高空间分辨、非接触式、非破坏性等优势。同时,Chen 等人[210] 近期利用电子束对 h-YMnO₃ 的铁电畴实现了可控的书写和擦除,这极大地提高了 h-YMnO₃ 铁电畴实际应用的可能性。然而,考虑到 h-YMnO₃ 本身拓扑保护畴结构的复杂性,以及电子束与物质相互作用的复杂性,h-YMnO₃ 铁电畴在电子束作用下动态翻转的内禀机制仍需进一步深入的理论探究。这方面可以借鉴 Hart 等研究者[211] 在利用电子束改写传统铁电体(Rb 掺杂的 KTiOPO₄(RKTP)体系)的畴结构时建立的理论模型和总结的规律。

3.6　小　　结

　　本章对 h-REMnO₃ 中特殊的涡旋畴及畴壁结构进行了系统的分析和总结,着重展示了透射电子显微镜和显微学方法,如衍射衬度像、高分辨显微成像等在铁电涡旋畴研究中的应用。透射电子显微镜能够同时提供高空间分辨率和高能量分辨率的信息,这使其在铁电畴晶体结构、电子结构及输运性质等方面的研究中扮演着重要的作用,成为了一种具有鲜明优势、特色和不可或缺的研究方式。

　　基于一系列的实验结果,本章对 h-YMnO₃ 铁电涡旋畴中可能存在的畴壁类型进行了细致的分类,并给出了原子级别的图像。同时,重点关注了在传统铁电体中为高能态而在 h-YMnO₃ 中能够稳定存在的带电畴壁的性质和行为。实验发现,这种带电畴壁在电子束作用下表现出活跃的运动,并能够带动相应的铁电畴发生翻转。系统的实验结果表明,这种极化的反转和畴壁的运动在完美晶体中是可逆的,但存在“疲劳效应”;当位错存在时,这种极化的反转和畴壁的运动变为单向不可逆。这源于位错对铁电畴壁的钉扎作用。另外,通过利用电子束对单一涡旋畴长时间辐照的方式,从实验角度验证了 h-YMnO₃ 涡旋畴结构的拓扑保护行为,证明了 h-YMnO₃ 单晶中单畴状态的不可得。这种对电子束作用下铁电涡旋畴行为的探究,一方面揭示了带电畴壁在铁电畴翻转过程中起到的重要作用,丰富了带电畴壁的功能;另一方面,也有助于在原位电学实验中提取纯粹的外加电压激励对极化反转的作用,排除电子束辐照等非本征因素的影响。本章的研究结果对实现非接触式、高空间分辨、可控地调节铁电畴的翻转具有一定的参考价值。

第4章 钪掺杂的六方铁氧化物的显微结构与畴结构研究

4.1 引 言

在第 3 章中,系统讨论了六方锰氧化物的铁电涡旋畴结构,重点关注了铁电涡旋畴相对于传统铁电体畴结构的特殊性:反相畴壁、铁电畴壁和反铁磁畴壁的互锁为多种序参量的耦合及多铁性的实现和应用提供了有利的平台。但天然地,由于 Mn 离子的面内三角形晶格及相对较弱的磁交互作用,单晶 $h\text{-YMnO}_3$ 的磁结构为二维的自旋阻挫构型,不具有宏观净磁矩[79]。同时,其反铁磁转变温度远低于室温($T_N \approx 76$ K)[95]。磁性方面的短板极大地限制了 $h\text{-REMnO}_3$ 多铁性材料在室温下的可能应用。因此,研究者们逐渐将目光转向了磁交互作用相对更强的铁氧化物体系。

与 $h\text{-REMnO}_3$ 同构型的六方铁氧化物 $h\text{-LuFeO}_3$ 被认为是更具潜力和应用前景的多铁性材料体系,因此近期吸引了多铁性材料领域研究者们的广泛关注[20,38,84,98,100,212-213]。结构相变点以下,$h\text{-LuFeO}_3$ 体系与 $h\text{-REMnO}_3$ 的对称性一致($P6_3cm$),具有 A 位 Lu 离子贡献的单轴铁电极化(极化方向沿 c 轴方向),铁电极化大小约为 6 μC $\cdot$ cm^{-2}[38]。但与锰氧化物不同的是,$h\text{-LuFeO}_3$ 的基态磁结构为 A_2,这是由 $\Delta J_c = J_c^{11} - J_c^{12}$ 的符号决定的(J_c^{11} 和 J_c^{12} 分别对应两种简并的超-超交换相互作用路径)[84]。在这种磁构型下,自旋离开 $a\text{-}b$ 平面而向 c 轴倾转,从而贡献沿 c 方向的宏观的净磁矩。这种磁结构在锰氧化物中只能稳定存在于受特定应力的体系中(在第 6 章中详细介绍)。而且由于 Fe 离子之间的面内磁交互作用更强,六方 $h\text{-LuFeO}_3$ 的磁转变温度也远高于锰氧化物。虽然其磁转变过程仍存有一定争议(详见 1.2.4 节),但可以肯定的是,$h\text{-LuFeO}_3$ 在 150 K 以下存在宏观的非零磁矩。综上可知,$h\text{-LuFeO}_3$ 具有相较于锰氧化物更优异的多铁性能。但同时需要注意的是,LuFeO$_3$ 的多铁性只存在于具有 $P6_3cm$ 对称性的六方体系中,而该对称性仅存在于亚稳态的薄膜中(如 $h\text{-LuFeO}_3/$

α-Al_2O_3(001)体系)。在不受应力的单晶中,$LuFeO_3$ 为正交相(空间群:$Pnma$,No. 62),不具有铁电极化[100]。这不仅阻碍了对 h-$LuFeO_3$ 本征的铁电性和磁性的探究,同时也限制了 h-$LuFeO_3$ 多铁性能可能的应用。

最近在晶体生长方面的研究成果一定程度上推动了 h-$LuFeO_3$ 的研究进展。Masuno[100,212] 和 Lin[101] 等人报道了通过 A 位掺杂 Sc 离子及 Disseler 等人[102]报道了通过 B 位掺杂 Mn 离子,可以将 o-$LuFeO_3$ 单晶稳定在六方相(空间群:$P6_3cm$,No. 185),并具有铁电极化。尤其是对于 $Lu_{1-x}Sc_xFeO_3$ 体系,其不仅具有可能的多铁性,同时由于 Sc 离子不贡献磁矩,为研究纯粹的 Fe 离子自旋和材料的本征磁结构提供了良好的平台[100]。因此,单晶的 $Lu_{1-x}Sc_xFeO_3$ 成为多铁性材料领域中研究者们的重点研究对象,并取得了一系列重要的进展[100-102,213]。但至今仍有一些问题未有较明确的答案,比如:①单晶 $ScFeO_3$ 和 $LuFeO_3$ 基态均不为六方相,为何在一定比例的 Sc 离子掺杂条件下,$Lu_{1-x}Sc_xFeO_3$ 体系(x 在 0.5 附近)能够被稳定在六方相? Sc 离子稳定六方结构的内在机制还不十分清楚;②对 Sc 离子对 h-$Lu_{1-x}Sc_xFeO_3$ 体系的几何铁电性和畴结构的影响和调控作用仍缺乏深入的认识,是一个值得探究的问题。虽然 Du 等人[213]最近报道了利用 PFM 观察到的 h-$Lu_{0.6}Sc_{0.4}FeO_3$ 中的涡旋畴结构,但受限于 PFM 的空间分辨率,报道中缺乏对涡旋畴核心及畴壁的结构等方面的细致探究。

在这样的背景下,本章基于高纯的 h-$Lu_{0.5}Sc_{0.5}FeO_3$ 单晶,利用电子显微镜学方法,系统探究了该体系的显微结构、原子分辨的化学组成、电子结构、畴结构及铁电性和磁性质,并重点揭示了 Sc 离子对几何铁电性的原子级别调控作用。本章开始,结合 X 射线衍射分析(X-ray diffraction,XRD)、选区电子衍射(selected area electron diffraction,SAED)和原子分辨 HAADF-STEM 图像确定了体系的晶体结构和对称性,同时获取了 Sc 离子在体系中可能的分布信息。体系的畴结构探究是本章的重点内容之一。借助衍射衬度成像,获得了体系涡旋畴结构在较大范围内的分布和相互关联情况。进一步,基于球差校正 STEM 给出的涡旋畴的原子分辨 HAADF-STEM 图像,解析了涡旋畴核心及畴壁的结构,同时,定量分析了铁电极化位移在各个畴区和涡旋畴核心内的分布及在各个极化状态之间的过渡情况。原子层分辨的 EELS 面分布图给出了 Sc 离子在涡旋畴核心附近的分布,排除了 Sc 离子偏聚对拓扑涡旋畴形成的可能贡献。本章另外一个重要内容是 Sc 离子对几何铁电性的调控作用。借助四探头的 Super-X 能谱探测系统(四个硅漂移探测器),获得了原子分辨的元素分布 EDXS 图像,在原子尺度确认了 Sc 离子在体系中的微小局域富集。借助原子分辨的 EELS 面分布图,进一步确认了 Sc 离子在体系中分布的波动性。通过对极化位移的定量分析,展示了局域几何铁电极化位移敏感地依赖于 Sc 离子的分布,并从电子结构层面揭示了这种依赖性的内在起源。最后,讨论了该体系的磁性质。本章对六方铁氧化物体系的系统研究为提取本征的铁性序参量之间的耦合方式提供了可能,同时也为该体系性能的调控与进一步提升做了准备。

4.2　显微结构表征与分析

对于稀土铁氧化物体系 $REFeO_3$,在传统的单晶体生长方式下,晶体结构均为钙钛矿型,不依赖于 RE 离子的半径。利用特殊的晶体生长方式,如喷雾法、溶液法等,可以使一些体系(如 RE=Eu,Yb)以亚稳态的形式稳定在六方相[100]。Masuno 等人[100,212]利用高温固相法(烧结纯相 Lu_2O_3、Sc_2O_3 和 Fe_2O_3 粉末)获得了一系列 $Lu_{1-x}Sc_xFeO_3(0 \leqslant x \leqslant 1)$ 多晶体,通过 XRD 和 X 射线同步辐射分析发现,当 $x \approx 0.5$ 时,$Lu_{1-x}Sc_xFeO_3$ 晶体为单一的六方相。通过 X 射线同步辐射结构精修,给出了 $h\text{-}Lu_{0.5}Sc_{0.5}FeO_3$ 的晶胞结构参数信息,见表 4.1[100]。

表 4.1　300 K 下 $h\text{-}Lu_{0.5}Sc_{0.5}FeO_3$ 的晶胞结构参数 *

原子	位置	g	x	y	z	$U/(10^{-2}$ Å$)$
Lu1/Sc1	$2a$	1.0	0	0	0.2698(1)	0.39(3)
Lu2/Sc2	$4b$	1.0	1/3	2/3	0.2342(4)	0.41(3)
Fe	$6c$	1.0	0.332(2)	0	0	0.29(2)
O1	$6c$	1.0	0.308(1)	0	0.1693(5)	0.7(2)
O2	$6c$	1.0	0.648(3)	0	0.334(2)	0.7(2)
O3	$2a$	1.0	0	0	0.4788(9)	0.7(2)
O4	$4b$	1.0	1/3	2/3	0.016(1)	0.7(2)

注:* 空间群:$P6_3cm$(No.185),$Z=6$。晶胞参数:$a=5.86024(6)$Å,$c=11.7105(2)$ Å,$R_{wp}=4.90\%$,$R_I=2.58\%$,$R_F=2.37\%$。

基于以上晶胞结构参数,构建了 $h\text{-}Lu_{0.5}Sc_{0.5}FeO_3$ 的晶胞结构模型,如图 4.1(b)所示。

本章研究采用的样品为 $h\text{-}Lu_{0.5}Sc_{0.5}FeO_3$ 单晶体,由复旦大学王文彬

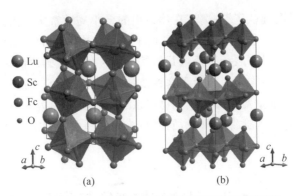

图 4.1　LuFeO₃ 体系的单胞结构模型（见文前彩图）

（a）无掺杂的 o-LuFeO₃ 体系的结构模型（空间群为 Pnma）；（b）Sc 掺杂的 LuFeO₃ 体系 h-Lu$_{0.5}$Sc$_{0.5}$FeO₃ 的结构模型（空间群为 P6_3cm，晶格常数参照文献[100]中的结构精修结果）

老师课题组提供。样品的生长大体可以分为两个步骤：首先基于高温固相烧结法获得纯相的多晶体（与 Masuno 研究组采用的生长方式类似）；进一步地，基于该多晶体，采用浮区法生长获得了 h-Lu$_{0.5}$Sc$_{0.5}$FeO₃ 单晶体。单晶体的 XRD 结果如图 4.2（a）所示，观察可知，除（002n）衍射峰外，无其他衍射峰存在，表明 Lu$_{0.5}$Sc$_{0.5}$FeO₃ 晶体为具有单一取向的纯相。插图为单晶柱体的宏观形貌。更加细致地，基于 X 射线同步辐射的测量结果可对衍射峰的强度进行定量分析，进而判断晶体的可能对称性：黑色叉号代表实验测量得到的衍射峰的强度结果，红色曲线为假定对称性为 P6_3cm 时的计算结果，绿色竖线代表布拉格衍射峰的位置，蓝色曲线为实验结果与计算

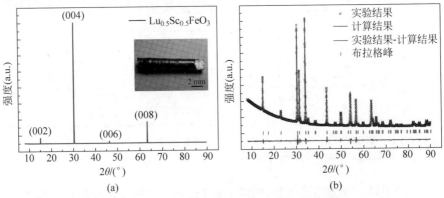

图 4.2　X 射线衍射物相分析（见文前彩图）

（a）XRD 结果确定样品中无其他杂质衍射峰出现；（b）结构精修拟合结果
利用 P6_3cm 对称性的衍射峰拟合可以得到较好的拟合结果

结果的差值。由图可知,实际晶体的对称性与 $P6_3cm$ 对称性具有较好的一致性。

　　进一步,借助 HAADF-STEM 和 SAED 对 $h\text{-}Lu_{0.5}Sc_{0.5}FeO_3$ 的显微结构进行了细致的表征和分析(图 4.3)。图 4.3(a)展示了 $h\text{-}Lu_{0.5}Sc_{0.5}FeO_3$ 样品

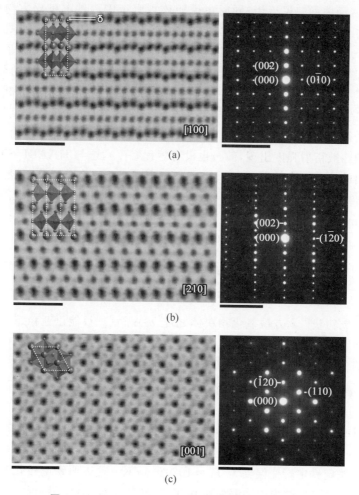

图 4.3　$h\text{-}Lu_{0.5}Sc_{0.5}FeO_3$ 三个不同带轴的显微结构

(a) [100]带轴 HAADF-STEM 图像和对应的 SAED 花样(HAADF 图像中较亮的 Lu/Sc 原子表现为"上-上-下"的构型,表明该区域内铁电极化方向向上。c 方向极化位移大小用 δ 表示);
(b) [210]带轴 HAADF-STEM 图像和对应的 SAED 花样;(c) [001]带轴 HAADF-STEM 图像和对应的 SAED 花样,三个带轴的电子衍射花样均符合 $P6_3cm$ 对称性。HAADF 图像的标尺为 1 nm,SAED 花样的标尺为 5 1/nm

[100]带轴的 HAADF-STEM 图像。由于在 HAADF-STEM 图像中原子的亮度与原子序数的 α 次方（α 在 $1.7\sim2.0$ 范围内）成正比（参考 2.4.5节）[155]，因此，图中较亮的原子柱为 Lu/Sc 原子柱，较暗的原子柱为 Fe 原子柱。Lu/Sc 原子柱表现为"上-上-下"的构型，表明 h-Lu$_{0.5}$Sc$_{0.5}$FeO$_3$ 中 FeO$_5$ 六面体的三聚行为，同时也说明该视野范围内铁电极化方向平行于纸面向上。Lu/Sc 离子 c 方向的极化位移大小可以用 δ 表示，如图 4.3(a)插图所示。值得注意的是，虽然 Lu（$Z=71$）原子与 Sc（$Z=21$）原子的原子序数有很大差别，但 A 位原子柱（Lu/Sc 原子柱）并未出现衬度的分化，这暗示了 Sc 原子掺杂的无序性。同时，对图 4.3 中的[100]，[210]和[001]带轴的 SAED 花样分析可知，除了与 $P6_3cm$ 对称性相对应的衍射点外，无其他多余衍射点出现，这表明 Sc 离子在体系中未出现长程有序结构（由于无明显的弥散衍射强度出现，甚至也没有短程有序），这与 HAADF-STEM 图像给出的信息一致。图 4.3(b)和(c)分别为[210]带轴（与[100]带轴的夹角为 30°）的 HAADF-STEM 图像和电子衍射花样（electron diffraction pattern，EDP）及[001]带轴的 HAADF-STEM 图像和电子衍射花样。二者表现出的特征均满足 $P6_3cm$ 对称性。

4.3　铁电涡旋畴结构研究

在成功获得六方铁氧化物块体之前，h-LuFeO$_3$ 只能以亚稳态的形式存在于薄膜体系中，如 h-LuFeO$_3$/α-Al$_2$O$_3$(001)[38] 或 h-LuFeO$_3$/YSZ (111)[98]。在薄膜体系中，利用反射高能电子衍射（reflection high energy electron diffraction，RHEED）能够证明 h-LuFeO$_3$ 薄膜 a-b 面存在 $\sqrt{3}\times\sqrt{3}$ 的重构，表明 FeO$_5$ 六面体的三聚行为及具有 $P6_3cm$ 对称性的极化单胞，同时变温的 RHEED 和 XRD 结果表明这种极化状态能够保持到 $T_c\approx1050\pm50$ K 以上[38]。Disseler 等人[98] 通过对拉曼光谱中 A_1 声子模的强度进行分析，也能够确定铁电转变温度为 $T_c\approx1020\pm50$ K。这表明铁电极化态在亚稳相的 h-LuFeO$_3$ 薄膜中能够稳定存在，且转变温度远高于室温。但到目前为止，h-LuFeO$_3$ 薄膜中的铁电拓扑涡旋畴结构还未有文献报道。这一方面源于当 h-LuFeO$_3$ 受到面内应力作用时，其铁电极化趋向于沿面外单一方向（基底法线方向）；更重要的是，薄膜的生长温度低于体系发生结构相变的温度（结构相变温度一般认为在 1200 K 以上），这不满足拓扑畴核心的形成条件[73]，因而不能产生相应的涡旋畴结构。这种现象在 h-REMnO$_3$

中同样存在,锰氧化物的薄膜体系中同样没能观察到铁电涡旋畴结构。因此,亚稳态的 h-LuFeO$_3$ 薄膜体系限制了对其本征铁电畴结构的探究;反观单晶块体体系,其为畴结构的研究提供了很好的平台。

与 h-REMnO$_3$ 中 MnO$_5$ 六面体的三聚行为类似,在 h-Lu$_{0.5}$Sc$_{0.5}$FeO$_3$ 中,FeO$_5$ 六面体同样具有三聚行为,从而导致 a-b 面 $\sqrt{3} \times \sqrt{3}$ 的重构。[100]带轴下的 HAADF-STEM 图像显示图像在水平方向扩大了三倍。这暗示了 h-Lu$_{0.5}$Sc$_{0.5}$FeO$_3$ 应当具备与 h-REMnO$_3$ 体系类似的拓扑涡旋畴结构。但由于漏导等因素的影响,这种拓扑涡旋畴结构一直缺乏直接的实验观测。直到最近,罗格斯大学(Rutgers)的 Cheong 课题组利用 PFM 首次在 h-Lu$_{0.6}$Sc$_{0.4}$FeO$_3$ 中直接观察到了六瓣铁电涡旋畴结构[213]。但受限于 PFM 的分辨率,涡旋畴核心的构型及畴壁的结构仍然缺乏直接的实验表征,这对基于 TEM 的研究提出了要求。

在此之前,表征了材料在室温下的宏观铁电极化状态,获得了如图 4.4 所示的电滞回线。由图可知,曲线具有较好的方形度,表明材料的组成和结构均匀,无高密度的缺陷,测试时漏电流较小。同时,可以读出材料的饱和铁电极化强度(P_s)约为 5.7 μC·cm^{-2},剩余铁电极化强度(P_r)约为 4.5 μC·cm^{-2},矫顽场大小(H_c)约为 4.8 kV·mm^{-1}。宏观铁电极化性能与锰氧化物接近。

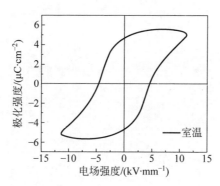

图 4.4　电滞回线显示了 h-Lu$_{0.5}$Sc$_{0.5}$FeO$_3$ 具有室温下的宏观铁电性

4.3.1　衍射衬度像表征铁电涡旋畴结构

在第 3 章中,已经展示了 TEM 衍射衬度像能够在对称性破缺的铁电体的铁电畴结构表征中发挥重要作用。因此,首先利用双束条件下的衍射衬度像在较大范围内对 h-Lu$_{0.5}$Sc$_{0.5}$FeO$_3$ 中的铁电畴进行了表征,如图 4.5

所示。由图可知，$h\text{-}Lu_{0.5}Sc_{0.5}FeO_3$ 具有与 $h\text{-}YMnO_3$ 类似的铁电涡旋畴结构：六个铁电畴围绕在一个畴核心（圆圈表示），构成类似于三叶草形状的构型。相邻的铁电畴极化方向相反，形成黑白相间的衬度，这与 PFM 表征的结果一致[213]。从图中可以估测，每个涡旋畴的尺度在 200 nm 左右。涡旋畴的尺寸被认为与样品降温时的冷却速度直接相关：冷却速度决定了涡旋畴核心的密度，进而决定了涡旋畴的大小（内在机理值得进一步深入探讨）[90,213]。同时，由对畴结构的相位分析可知（图 4.5(a) 插图），相互连接的两个涡旋畴核心具有相反的相位旋转排列顺序：一个涡旋畴核心（α-β-γ-α-β-γ）一定与另外一个反涡旋畴核心（α-γ-β-α-γ-β）相互连接。这表明拓扑 Kosterlitz-Thouless 相（KT 相）是 $h\text{-}Lu_{0.5}Sc_{0.5}FeO_3$ 的基态[88,90]。除了六瓣涡旋-反涡旋畴对以外，也观察到了与之共存的圆形畴，如图 4.5(c) 所示。这种圆形畴在锰氧化物体系（如 $h\text{-}ErMnO_3$ 中）也有过报道，存在的原因如下[88]：圆形畴与涡旋畴核心在相转变时都能够产生，但由于在长程序与 KT 相的转变过程中伴随着一系列互关联函数和自由能的变化，大部分圆形畴逐渐消失，而涡旋畴受对数熵的保护能够稳定地存在于 KT 相；与此同时，个别圆形畴也能够留存下来并与涡旋畴对共存在 KT 相中。这种圆

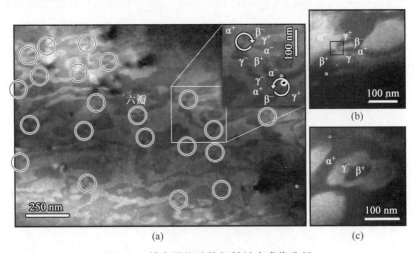

图 4.5　铁电涡旋畴的衍射衬度成像分析

(a) 大范围的衍射衬度像（显示了 $h\text{-}Lu_{0.5}Sc_{0.5}FeO_3$ 中互相连接的六瓣铁电涡旋畴。铁电畴核心用红色圆圈表示。右上角的局部放大图显示了一对典型的涡旋-反涡旋畴对）；(b) 一个典型的六瓣涡旋畴及各个畴区的相位（在黑色方框区域进行了高分辨成像，展示在图 4.6 中）；(c) 除六瓣畴以外，圆形畴（$n=2$）也被观察到

形畴-涡旋畴共存的所谓的 KT 相与传统意义上低温下的 KT 相稍有不同
(仅有涡旋畴存在)。参照李俊等人对 h-$ErMnO_3$ 圆形畴的定义[88],图 4.5(c)
展示的圆形畴可以表示为环形数 $n=2$(双畴壁结构)。

4.3.2　原子分辨的铁电涡旋畴结构表征与定量分析

为了对 h-$Lu_{0.5}Sc_{0.5}FeO_3$ 的涡旋畴结构有更深入、更清晰的认识,同时
也为了探究 Sc 离子在稳定涡旋畴结构方面的作用,借助球差校正高分辨成
像技术对图 4.5(b)黑色方框内的区域进行了高分辨成像和定量分析,如
图 4.6 所示。由图可见,一个涡旋畴中存在两种构型的单胞(极化向上和极
化向下),分别对应两种不同的 Lu/Sc 原子的排列方式:上-上-下(铁电极
化沿+c 方向)和上-下-下(铁电极化沿-c 方向)。同时,由于 FeO_5 六面体

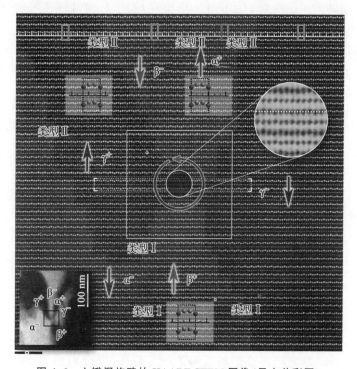

图 4.6　六瓣涡旋畴的 HAADF-STEM 图像(见文前彩图)

六个铁电畴围绕在一个涡旋畴核心,形成一个反涡旋构型,不同相位的畴区用不同的颜色区
分。图像上方的标尺作为表征每个畴区相位的参考。畴核心的局部放大图显示了核心内部
Lu/Sc 原子位于顺电相位置。插图为 TEM 双束暗场像,HAADF-STEM 图像对应于黑色方
框标记的区域。标尺为 2 nm

倾转角度的不同,存在三种不同相位的反相畴(α,β 和 γ)。因此,在一个涡旋畴核心中具有六种($Z_2 \times Z_3$)不同的铁电畴($\alpha\pm,\beta\pm$ 和 $\gamma\pm$)。为了确定一个涡旋畴中每个铁电畴的相位,绘制了一个水平方向的晶格标尺(图 4.6 中上方白色标尺),将其作为铁电畴相位转变的参考。由于晶格的平移周期性不变,因此铁电畴的相位可以通过将其晶胞(用矩形表示)与标尺的短格线对比获得。具体操作如下:任意假定一个铁电畴相位为 α,即将极化单胞的位置与标尺长格线对齐(如图中红色单胞所示情况),以此为标准确定标尺的横向位置,然后将其他铁电畴的单胞(如图中蓝色和绿色单胞所示)与标尺格线对比,获得相对于 α 畴相位的改变信息,最终确定铁电畴的相位。按此方法,可以标记出一个畴核心周围所有畴区的相位,如图 4.6 所示:图中铁电畴区按照顺时针旋转方向依次为 α^+、γ^-、β^+、α^-、γ^+ 和 β^-,为反涡旋畴构型。相邻的两个铁电畴的相位相差 $\pi/3$,极化方向相差 $180°$。同时,根据畴壁处相位改变的不同,可将畴壁划分为类型 I 畴壁(或称为类型 A,对应相位改变为 $1/6[210]$)和类型 II 畴壁(或称为类型 C,对应相位改变为 $1/3[210]$)。对于畴核心,将其局部放大可得到原子位移的细节情况,如图 4.6 插图所示。可以看出,涡旋畴核心内 Lu/Sc 原子柱基本无 c 方向位移,原子位置接近顺电相位置。涡旋畴核心的结构在下文的定量分析中进行详细解析。

为了揭示涡旋畴和涡旋畴核心的原子尺度结构特征,以及极化位移在铁电畴之间的过渡方式,对图 4.6 所示的整个区域进行了定量测量和分析。在 STEM 图像中,原子的强度可以用一个(有时是两个)二维高斯峰(2D Gaussian peak)进行拟合[214]。对图像中的每个原子做二维高斯拟合后,可以得到所有原子位置的坐标(定义图像左上角为坐标原点)。定义 Lu/Sc 原子柱相对于平衡位置的偏移量如下:

$$\Delta_i^\mu = z_i^\mu - \frac{\sum_{j=1}^{n} z_i^j}{n} \qquad (4\text{-}1)$$

其中,i 为行序号;j 为列序号($1 \leqslant j \leqslant n$);$\mu$ 代表第 μ 个原子;Δ 为偏移量。由公式(4-1)可以计算得到图 4.6 中每个 Lu/Sc 原子柱相对于平衡位置的偏移量,进而得到整个涡旋畴的极化位移(δ)分布图,如图 4.7(a)所示。计算得到整个区域的平均 δ 约为 41 pm,这与 h-YMnO$_3$ 的极化位移在同一量级[215]。在图 4.7(a)中,越偏向红色的区域表示原子相对于平衡位置的正偏移量越大,越偏向蓝色的区域表示原子相对于平衡位置的负偏移量越大,黄绿色区域为极化过渡区域。另外,FeO$_5$ 倾转的三聚行为导致

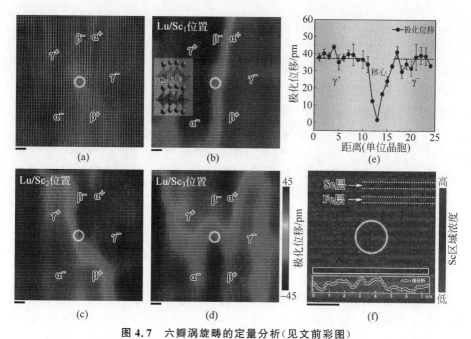

图 4.7　六瓣涡旋畴的定量分析（见文前彩图）

（a）每列原子柱相对于顺电相平衡位置的偏移量的分布图（红色表示偏移量为最大正值，蓝色表示偏移量为最大负值，白色圆圈表示涡旋畴核心位置）；（b）～（d）分别为 R_1，R_2 和 R_3 位置的 Lu/Sc 原子的偏移量分布图（分别表征了三个畴壁处原子位移的过渡情况）；（e）图 4.6 中虚线框内的极化位移线分布图（极化位移在畴核心处明显降低）；（f）原子层分辨的 Sc-$L_{2,3}$ 边信号分布图（与图 4.6 白色正方形框的位置对应。插图为白色矩形框内 Sc 原子的局域浓度线分析，表明 Sc 原子浓度的波动。标尺为 2 nm）

了 A 位 RE 离子的位置由一个等效位置分化为 R_1，R_2 和 R_3 三种不同的位置，如图 4.7（b）的插图所示。分别提取 R_1，R_2 和 R_3 位置的 Lu/Sc 原子相对于原子平衡位置的偏移量，可以得到原子极化位移在不同畴壁处的过渡情况，分别对应于分布图 4.7（b）～（d）：图 4.7（b）显示的是 α^-，β^-，γ^+ 与 α^+，β^+，γ^- 之间的畴壁；图 4.7（c）显示的是 α^-，β^+，γ^+ 与 α^+，β^-，γ^- 之间的畴壁；图 4.7（d）显示的是 α^-，β^+，γ^- 与 α^+，β^-，γ^+ 之间的畴壁。这三个畴壁与图 4.7（a）显示的畴壁位置一一对应。观察可知，在畴壁处，原子位移偏移量表现为红色和蓝色之间的过渡颜色（黄绿色），表明原子从正偏移位置到负偏移位置时是经过 3～4 个单胞宽度逐渐过渡而非瞬间跳变。

　　涡旋畴核心的位置用白色圆圈标记在图 4.7（a）～（d）中。为了定量表征极化位移在畴核心处的变化，在图 4.6 中虚线框标记的范围内进行了定量线分析，结果显示在图 4.7（e）中。与定性分析的结果一致，在畴核心内部,极化位移的绝对值相对于畴内有明显的降低,位移大小接近于零。在 Landau 自由能理论的框架中,极化位移的大小是振幅 Q 和方位角 Φ 的函数,其中 Q 反映了 K_3 声子模的强度[74]。涡旋畴核心内部极化位移的降低表明主序参量 Q 的振幅在核心内明显降低,即三聚畸变强度明显减弱,这反映出畴核心处于高对称性的顺电相状态。由于 Q 的显著降低伴随着 Φ 围绕涡旋畴核心的连续变化($0 \sim 2\pi$),因此核心内的结构更适合用 $P\bar{3}c1$ (No. 165)和 $P3c1$(No. 158)对称性表达。这反映了畴核心中 RE 层不同于 $P6_3cm$ 相的畸变方式。这与之前基态为 $P6_3cm$ 对称性的 h-REMnO$_3$ 的研究结果一致[73]:$P\bar{3}c1$ 相和 $P3c1$ 相被认为是高能量的不稳定相,只能存在于应力聚集或者序参量不均一的区域,典型地即为拓扑缺陷核心处。

之前的研究结果表明,在 In 掺杂的 h-YMnO$_3$ 体系(即 h-Y$_{1-x}$In$_x$MnO$_3$)中,掺杂原子容易在涡旋畴核心内聚集,从而达到释放应力和降低体系涡旋畴核心形成能的作用[73]。在 h-Lu$_{0.5}$Sc$_{0.5}$FeO$_3$ 体系中,由于 Sc 离子的掺杂与涡旋畴结构的形成直接相关,因此检验了 Sc 离子在畴核心内富集的可能性。为了表征 Sc 离子的分布,借助原子层分辨的 EELS,在包含畴核心的较大范围内(用白色正方形实线框标记在图 4.6 中)进行了 Sc 元素面分布的解析。图 4.7(f)展示了 Sc 的区域浓度变化情况。由于仅考虑一种元素在不同区域内的强度(或数量)分布变化,因此可以将区域浓度(表征单位面积内的原子个数)的表达式简化为[162]

$$N_{\text{Sc\_area1}} / N_{\text{Sc\_area2}} = I_{\text{L-Sc\_area1}}(\beta, \Delta) / I_{\text{L-Sc\_area2}}(\beta, \Delta) \qquad (4\text{-}2)$$

其中,N 是区域浓度,单位为每单位面积的原子数;β 为最大散射角;Δ 为积分窗口宽度。由公式(4-2)可知,区域浓度与 $L_{2,3}$ 峰的积分强度成正比。图 4.7(f)中,Sc 离子层在畴核心内部和外部表现为较均一的颜色,这表明 Sc 离子在畴核心附近均匀分布,并未在核心内有明显的偏聚。因此,可以排除 Sc 离子在畴核心内偏聚对涡旋畴结构形成的贡献。但值得注意的是,对于每一个 Lu/Sc 原子层,Sc 离子的浓度存在一定的波动,如积分线分析结果所示(图 4.7(f)插图)。这种 Sc 离子浓度的波动被证明对局域几何铁电极化具有显著的调控作用。在图 4.8 中进行细致的探讨。

4.4　Sc 离子对几何铁电性的原子尺度调控

在一个极化向上的铁电畴内部随机选择了一个区域(图 4.8(a)),对其 Sc 离子的分布和铁电极化位移情况进行了定量分析。图 4.8(b)是与该区

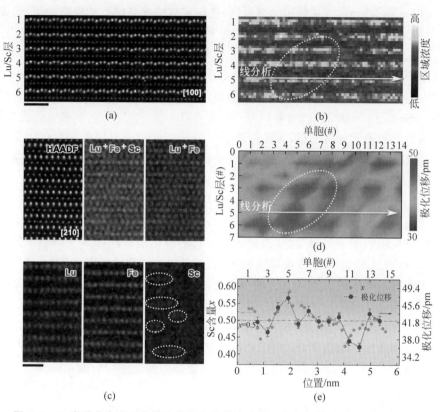

图 4.8　Sc 离子分布和几何铁电极化位移的波动及二者之间的关联（见文前彩图）

(a)［100］带轴采集原子分辨 EELS 面分布图的区域；(b) 基于 Sc-$L_{2,3}$ 边计算得到的 Sc 元素的区域浓度分布图（表现出明显的区域浓度的波动）；(c)［210］带轴原子分辨的 EDXS 面分布图（Lu-$L\alpha$ 边和 Fe-$K\alpha$ 边的信号显示了原子分辨率，Lu 原子和 Fe 原子沿 c 方向交替排列成层状结构。Sc 元素显示出局域的富集，如白色椭圆标记的区域所示，但未表现出明显的有序性）；(d) 极化位移分布图（同样表现出明显的波动，并与图(c)中的 Sc 元素分布的波动具有一定的一致性）；(e) 箭头处的 Sc 元素含量（灰色）和极化位移（红色）线分析（二者的波动表现出较好的同步性，标尺为 1 nm）

域对应的基于 Sc-$L_{2,3}$ 边计算得到的 Sc 离子的区域浓度分布图，表现出了明显的 Sc 离子分布的波动。尤其是对于白色椭圆虚线所围区域，Sc 离子浓度明显较高。同时，借助 Super-X EDXS 系统，进行了原子分辨的元素分布分析。传统的 EDXS 附件由于只有一个探头，因此信号收集效率较低，导致采集时间较长、信噪比较差等问题，这使得收集到的 EDXS 信号与同时采集的 STEM 图像不能一一对应。而 Titan Cubed Themis G2 300（S）TEM 中配备的 Super-X EDXS 系统包含四个高灵敏度的硅漂移探测器

（4 mm×30 mm），并采用无窗设计，能够成倍地提高信号的收集效率，保证在短时间内获得足够高的信噪比[216-217]。利用 Super-X EDXS 系统，在图 4.8（a）所示的区域同时采集了 Lu，Fe 和 Sc 元素的 EDXS 信号，获得了原子分辨的元素分布图，如图 4.8（c）所示。由图可知，Lu 原子（Lu-$L\alpha$）与 Fe 原子（Fe-$K\alpha$）的信号具有很好的原子分辨率，在 c 方向呈层状分布。对于 Sc 原子（Sc-$K\alpha$），虽然其信号基本位于 Lu 原子层，但信号相对弥散，并未给出原子分辨的信息，而且信号分布没有可分辨的有序性。值得注意的是，在一些区域（白色椭圆虚线圈出的区域）信号表现为局域的富集。这与 EELS 面分布图给出的信息一致。

　　为了探究这种局域 Sc 离子富集对几何铁电性的影响，对图 4.8（a）区域内的铁电极化位移进行了定量分析，如图 4.8（d）所示。可以发现，与 Sc 离子局域浓度分布图类似，该区域内的铁电极化位移同样表现出明显的波动性，而且在 Sc 离子浓度较大的区域，铁电极化位移的量级也越大，如白色虚线椭圆标记的区域所示。进一步地，在白色箭头所示的位置对 Sc 离子浓度和极化位移进行了线分析，结果展示在图 4.8（e）中。观察可以发现，铁电极化位移（红色圆点）的波动与 Sc 离子含量（灰色圆点）的波动表现出较好的同步性。这表明，Sc 离子的局域富集（或缺乏）能够显著增大（或减小）局域的 FeO_5 六面体的三聚程度（Q），进而影响和改变局域的几何铁电极化大小。

　　为了揭示 Sc 离子对几何铁电性调控作用的内在机制，基于 Sc-$L_{2,3}$ 和 O-K 边的 EELS 近边结构（ELNES），对 h-$Lu_{0.5}Sc_{0.5}FeO_3$ 体系的电子结构进行了深入分析。图 4.9（a）为从区域 1 和区域 2 提取的 Sc-$L_{2,3}$ 和 O-K 边的 EELS 谱。区域 1 和区域 2 对应于 HAADF-STEM 和 EELS 面分布插图中所标记的区域。两个区域具有相同的晶体学位置，但具有明显不同的 Sc 离子浓度：区域 2 的 Sc 离子浓度高于区域 1 的 Sc 离子浓度。相应地，区域 2 的 Sc-$L_{2,3}$ 边（蓝色曲线）强度明显高于区域 1 的 Sc-$L_{2,3}$ 边（红色曲线）的强度。尤其是 O-K 边的精细结构，能够敏感地反映材料电子结构的变化。观察图 4.9（a）能够发现，区域 1 和区域 2 的 O-K 边的三个峰 a，b 和 c 均有较为明显的差异。下面对这种差异的来源进行详细的解析。值得一提的是，区域 1 和区域 2 在 1 nm^2 样品范围内，对 EELS 强度有影响的非本征因素（如样品厚度等）的作用可以被忽略。

　　在 FeO_5 六面体构型下（D_{3h} 对称性），Fe 原子 3d 轨道的五个简并轨道分裂为三组：处于较低能级的 e_{1g} 和 e_{2g}，以及处于较高能级的 a_{1g}，如图 4.9（b）

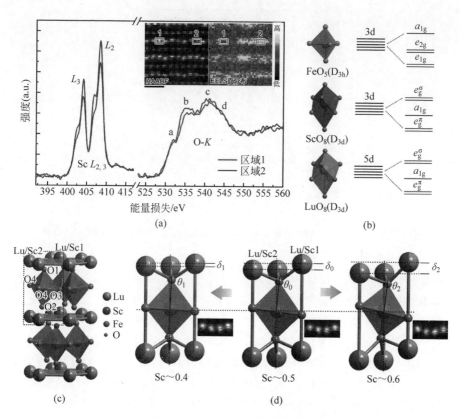

图 4.9   电子结构的解析揭示极化位移波动的起源（见文前彩图）

(a) 从区域 1 和区域 2 提取获得的 Sc-$L_{2,3}$ 和 O-K 边的 EELS 谱（插图为同时采集的原子分辨的 EELS 面分布图和 HAADF-STEM 图像，标尺为 0.5 nm）；(b) $FeO_5(D_{3h})$，$ScO_8(D_{3d})$ 和 $LuO_8(D_{3d})$ 的晶体场分裂示意图；(c) $Lu_{0.5}Sc_{0.5}FeO_3$ 的六方单胞（展示了三个 FeO_5 六面体的三聚行为）；(d) 模型示意图表示不同 Sc 离子掺杂浓度下，FeO_5 六面体倾转角度的差异（$\theta_2 > \theta_0 > \theta_1$），从而导致 c 方向极化位移的差异（$\delta_2 > \delta_0 > \delta_1$）

所示。而对于 ScO_8 和 LuO_8，其处于对称性下，d 轨道分裂为 e_g^σ，a_{1g} 和 e_g^π。在这种构型下，O-K 边由四个峰组成，分别为 a，b，c 和 d 峰。对照 Lu_2O_3，Sc_2O_3 和 Fe_2O_3 三种氧化物的标准谱线（图 4.10），可以将 O-K 边分为三个区域，分别是：①Fe-O&Sc-O 区域，包含 a 峰（Fe 3d-O 2p&Sc 3d-O 2p 杂化）及 d 峰（Fe 4s-O 2p&Sc 4s-O 2p 杂化）；②Lu-O&Sc-O 区域，对应 b 峰（Lu 5d-O 2p&Sc 3d-O 2p 杂化）；③Lu-O&Fe-O 区域，对应 c 峰（Lu 6s-O 2p&Fe 4s-O 2p 杂化）。观察图 4.9(a)可以发现，相较于区域 1，具有较

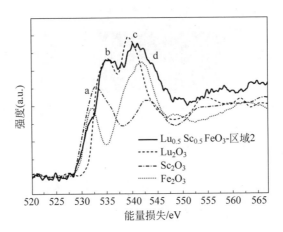

图 4.10　**Lu$_{0.5}$Sc$_{0.5}$FeO$_3$（实线）、Lu$_2$O$_3$（虚线）、Sc$_2$O$_3$（点画线）和 Fe$_2$O$_3$（点线）**
　　　　EELS 谱的对比

数据来源于参考文献[218]

高 Sc 离子浓度的区域 2 的 O-K 边的 b 峰和 c 峰强度较高。这表明,Sc 离子的掺杂能够增强 A 位(Lu/Sc 位)与 O 的杂化强度。如图 4.9(d)所示,对于较高 Sc 离子含量的情况(如 $x\approx0.6$),A 位离子的有效半径减小(Sc^{3+} 离子半径约为 74.5 pm,Lu^{3+} 离子半径约为 86.1 pm,Sc^{3+} 离子半径小于 Lu^{3+} 离子半径),驱动 FeO$_5$ 六面体的倾转角(θ)增大。这将导致 A 位离子与面内氧原子(O$_P$)之间的距离减小,因此增大二者之间的杂化强度。与此同时,Fe-O$_P$ 键长被拉长,从而导致 Fe-O 杂化强度降低。这与较高 Sc 离子浓度下 a 峰的强度降低一致。

　　前期的研究表明,A 位离子与面内氧原子之间的杂化对于驱动几何铁电性起着关键作用[77]。因此,对于 Sc 离子局域浓度较高的情况,大的 FeO$_5$ 六面体倾转角和强的 Lu/Sc-O$_P$ 杂化强度贡献了大的铁电极化位移。这从不同 Sc 离子浓度对应的 HAADF-STEM 图像(图 4.9(d)中模型右侧)中可以直观地观察到。至此,可以发现,在 h-Lu$_{0.5}$Sc$_{0.5}$FeO$_3$ 中,Sc 离子通过改变 A 位离子与面内氧原子的杂化强度能够显著影响局域的几何铁电极化的大小。这使得该体系的几何铁电性对 Sc 离子的掺杂浓度具有明显的依赖性。因此,通过改变局域的 Sc 离子的掺杂浓度(保证体系为六方晶系前提下),可以在原子尺度有效地调节 h-Lu$_{0.5}$Sc$_{0.5}$FeO$_3$ 体系局域的几何铁电性。

4.5　磁性质分析

考虑到磁性的改善是六方铁氧化物单相多铁性材料的一个重要方面及 $h\text{-LuFeO}_3$ 薄膜体系中的磁性转变温度仍存在争议[38,98]，对不受应力的 $h\text{-Lu}_{0.5}\text{Sc}_{0.5}\text{FeO}_3$ 单晶体系进行了磁性表征，以期获得体系中 Fe^{3+} 离子本征磁性质的相关信息（注意到 Lu^{3+} 离子的 4f 轨道为全满、Sc^{3+} 离子的 3d 轨道为空轨道，均不贡献磁矩）。磁性表征主要依赖宏观的表征手段——超导量子干涉仪（superconducting quantum interference device，SQUID）。

图 4.11 展示了面内（$H /\!/ a\text{-}b$ 面）和面外（$H /\!/ c$ 轴）的 $M\text{-}T$ 曲线（包含零场冷曲线 ZFC 和场冷曲线 FC，测量场为 2000 Oe）。从图中能明显看出，二者均在 $T \approx 168$ K 附近出现转折，伴随着明显的净磁矩的产生。由于本质上 $h\text{-REFeO}_3$ 体系中的净磁矩来源于 A_2 反铁磁构型中自旋向 c 轴的倾转[84]，因此磁性转变温度应称为尼尔温度（T_N）。与理论预测的结果一致，$h\text{-REFeO}_3$ 体系相对于 $h\text{-REMnO}_3$ 体系 T_N 明显升高[84]。$M\text{-}T$ 曲线中另外一个值得注意的特征是曲线在 $T \approx 90$ K 附近时出现转折，对应静磁矩随着温度的降低而下降。这表明在约 90 K 以下，体系中的反铁磁交互作用占主导，磁性交互作用变弱。这种磁性交互作用减弱的原因仍不十分明确，可能与 Fe^{3+} 离子自旋的重新排布有关。这是该体系磁结构研究（可借助中子衍射等方法）方面一个需要重点关注的问题。此外，最近的初步研究结果发

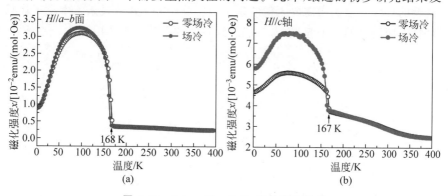

图 4.11　$h\text{-Lu}_{0.5}\text{Sc}_{0.5}\text{FeO}_3$ 磁性表征结果

（a）磁场方向与 $a\text{-}b$ 面平行时的场冷和零场冷曲线；（b）磁场方向与 c 轴面平行时的场冷和零场冷曲线（由图可知，在约 168 K 以下，体系出现明显的净磁矩。在约 90 K 以下磁矩大小明显减小，反铁磁交互作用逐渐占主导）

现,h-$Lu_{0.5}Sc_{0.5}FeO_3$ 体系具有类似于六方稀土锰酸盐的强磁弹耦合效应[95]:在磁性转变温度附近,体系中的原子(尤其是氧原子)存在显著位移。相关研究工作正在进行中。

4.6　小　　结

　　本章基于透射电子显微镜及相关的表征手段(包括 SAED、衍射衬度成像、原子分辨的 EDXS、EELS 等),对 h-$Lu_{0.5}Sc_{0.5}FeO_3$ 体系的显微结构、涡旋畴结构和化学组成等方面进行了系统探究。以涡旋畴结构的解析、Sc 离子的分布及其对几何铁电性调控作用的解析作为本章的重点内容。结合衍射衬度像和高分辨 HAADF-STEM 图像可以发现,h-$Lu_{0.5}Sc_{0.5}FeO_3$ 体系具有与 h-$REMnO_3$ 体系相同的六瓣涡旋畴结构;同时 HAADF-STEM 图像给出了涡旋畴核心和畴壁处的显微结构。对涡旋畴结构的定量解析揭示了极化位移在铁电畴壁处的过渡情况及畴核心处极化位移明显降低的顺电状态。另外,基于对 Sc 离子分布和铁电极化位移分布的定量分析,展示了 Sc 离子对几何铁电极化的调控作用。通过对体系电子结构的解析,揭示了这种调控作用的内在机制。本章研究内容在一定程度上回答了 h-$Lu_{0.5}Sc_{0.5}FeO_3$ 体系的研究中研究者们重点关心的问题。但与此同时,由于 h-$Lu_{0.5}Sc_{0.5}FeO_3$ 体系具有丰富的物理性质和交互作用,以及掺杂体系固有的复杂性(尤其是在理论计算方面),完全回答该体系中包含的大量有趣的科学问题仍然需要大量的理论和实验研究工作的投入。本章工作只是这方面研究的一个起点,希望能起到一定的抛砖引玉作用。

第5章 缺陷调控的 YMnO$_3$ 几何铁电性能研究

5.1 引 言

第 4 章中讨论了 h-YMnO$_3$ 中特殊的六瓣铁电涡旋畴结构及其在电子束作用下的动态演化行为。相较于传统的位移型铁电体,这种铁电畴结构具有一定的特殊性,比如能够稳定存在带电的畴壁等[219-220]。这些特殊性本质上源于 h-YMnO$_3$ 与位移型铁电体迥然不同的几何铁电极化机制[35-36,77]。在这种机制中,对于 Y-O 键是否为杂化键及其是否在 h-YMnO$_3$ 铁电极化驱动力中充当作用,仍存有一定的争议[35,77](详细讨论见 1.2.3 节):Van Aken 等人[35]基于电子态密度的计算结果认为,Y-O 键基本为离子键,不贡献大的玻恩(Born)有效电荷的异常,因此 Y-O$_P$ 的位移只由静电力作用和尺寸效应驱动;而 Cho 等人[77]借助对 O-K 边(Y-4d 区域)的极化依赖的 XAS 结果分析发现,Y 4d-O 2p 轨道之间存在各向异性的再杂化(尤其是沿着 c 方向),而这种再杂化贡献了大的玻恩有效电荷的异常,进而提出了将 Y-O 轨道杂化和结构声子模的不稳定性一起作为 h-YMnO$_3$ 铁电极化的驱动力。由此可见,h-YMnO$_3$ 的铁电极化机制仍然是一个有争议、值得深入研究的课题。

另一方面,氧空位是材料中难以避免的点缺陷,能够显著改变材料原有的晶体结构、电子结构、电学和磁学性质,从而诱导产生新的物理现象或性能。因此,氧空位在材料的结构、性能研究与调控中扮演着重要角色。结构调控方面,典型地,Parsons 等人[221]和 Ferguson 等人[222]发现有序的氧空位能够使 La$_{2/3}$Sr$_{1/3}$MnO$_3$ 由钙钛矿结构转变为钙铁石结构。这种结构转变同时伴随着电输运性质的变化,因此可以利用外加电场进行可逆调控[223]。另外,在典型的电荷有序材料 LuFe$_2$O$_4$ 中,研究工作发现,氧空位或间隙氧原子能够改变原有的电荷有序性,诱导产生新的结构调制和电荷有序性,这部分内容将在第 7 章中展开介绍。性能调控方面,之前的研究工作发现,h-YMnO$_3$ 中不同位置的氧空位能够改变其反铁磁构型[82]：顶点氧空位的存在能够稳定 $\Gamma 4$ 反铁磁构型,诱导产生面外非零的净磁矩。这为 h-YMnO$_3$ 丰富磁性质的实现及多铁性能的调控奠定了基础。这也是第 6 章研究工作的一个出发点。

结合以上两方面的内容,在本章和第 6 章两个章节中,系统探究了氧空位对 h-YMnO$_3$ 多铁性能的调控作用。本章中,主要关注氧空位在 h-YMnO$_3$ 几何铁电性调控中扮演的重要作用。一方面,探究了氧空位诱导产生的 h-YMnO$_3$ 表面几何铁电极化的异常重构现象,对其进行了原子级别的表征、定量测量和理论分析；另一方面,通过探究这种几何铁电性异常现象的起源,得到了面内氧原子(O$_P$)在 h-YMnO$_3$ 几何铁电极化中起到的关键作用：通过对比 O$_P$ 原子缺失的单胞与完美晶胞的电子态密度(DOS)发现,当存在面内氧空位(V_{OP})时,Y-O$_P$ 轨道杂化强度相对于完美单胞明显减弱或消失,同时伴随着 Y 离子极化位移的减小甚至消失,进而分析得到了 O$_P$ 原子与 Y 4d-O$_P$ 2p 轨道杂化及 h-YMnO$_3$ 铁电极化位移之间的关系,证明了 Y 4d-O$_P$ 2p 轨道杂化机制对几何铁电体铁电极化的贡献。这部分工作对于深入理解 h-YMnO$_3$ 几何铁电极化的起源和机制具有积极作用。同时,根据一系列实验结果和理论分析,提出了将氧空位看作连接 h-YMnO$_3$ 及其他类似的多铁性材料中铁电性与铁磁性的桥梁,进而作为调控多铁性和磁电耦合性能的原子级调控元素的观念。

5.2   YMnO$_3$ 表面几何铁电极化的重构

h-YMnO$_3$ 的铁电极化由 Y 离子沿着 c 方向的位移贡献并与 MnO$_5$ 六面体的三聚畸变密切相关[35]。考虑铁电相变前后 Y-O 键的变化及氧原子作为连接 Y 离子位移和 MnO$_5$ 六面体倾转的桥梁,首先分析 Y 离子和 Mn 离子的氧环境及二者之间的联系。

对于非极化态的 h-YMnO$_3$,其空间群为 $P6_3/mmc$(No. 194),Y 离子的位置都是等效的,只有一个 Wyckoff 位置[35-36,70]；对于极化态的 h-YMnO$_3$,其空间群为 $P6_3cm$(No. 185),Y 离子占据两种不同的对称性位置,即两种 Wyckoff 位置：Y$_1$ 和 Y$_2$[70,224],如图 5.1(a)所示。极化单胞中,1/3 的 Y 离子向上(下)位移,2/3 的 Y 离子向下(上)位移,构成上-下-下(下-上-上)、极化向下(极化向上)的构型[36,70,224]。图 5.1(a)展示的三维晶体单胞为铁电极化向下的情况。Y 离子位移的最佳观察带轴是[100]带轴,沿[100]带轴的投影如图 5.1(d)所示,其中,位移的大小用投影距离 δ 表示。对于氧原子,其位置的标识习惯以 Mn 离子作为参考:在 MnO₅ 六面体平面内的氧原子标记为面内氧原子(O_P),在 MnO₅ 六面体顶角的氧原子标记为顶点氧原子(O_T)。由于 O_P 原子(或 O_T 原子)与 Mn 离子或 Y 离子的键长不都相同,O_P 原子(或 O_T 原子)占据两种不同的 Wyckoff 位置。根据 Wyckoff 位置的不同,O_P 原子可以划分为 O_{P1} 原子和 O_{P2} 原子;O_T 原子可以划分为 O_{T1} 原子和 O_{T2} 原子,如图 5.1(b)和(c)所示。对于 MnO₅ 六面体,其具有 D_{3h} 对称性,Mn 离子周围围绕着三个面内氧原子(一个 O_{P1} 原子和两个 O_{P2} 原子)和两个顶点氧原子(一个 O_{T1} 原子和一个 O_{T2} 原子),如图 5.1(b)所示。三个相邻的 MnO₅ 六面体共用一个面内氧原子(O_{P1} 原子),并向 O_{P1} 原子的方向倾转,如图 5.1(b)所示,即所谓的三聚行为。YO₈ 多面体具有 D_{3d} 对称性,包含两个面内氧原子(两个 O_{P1} 原子或两个 O_{P2} 原子)和六个顶点氧原子(三个 O_{T1} 原子和三个 O_{T2} 原子),如图 5.1(c)所示[224]。

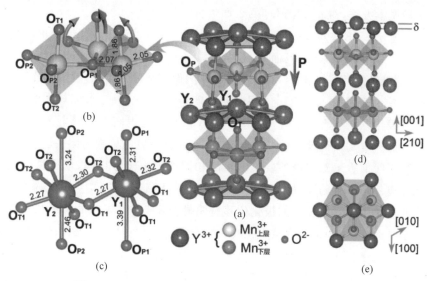

图 5.1　h-YMnO₃ 的晶体结构模型及各个离子的氧环境

(a) h-YMnO₃ 的极化晶胞(空间群:$P6_3cm$);(b) Mn 离子的氧环境(三个 MnO₅ 三角双锥体之间由面内氧原子 O_{P1} 原子为媒介,相互之间顶角相连);(c) Y 离子的氧环境(两个占据不同对称性位置的 Y 离子与周围氧原子之间形成两种 YO₈ 多面体);(d) [100]方向的投影图(δ 表征极化位移的大小);(e) [001]方向的投影

图(b)和图(c)中的键长数据来源于参考文献[224],单位为 Å

5.2.1　极化异常的表征与定量分析

材料表面由于存在平移对称性的破缺、配位数的突变、悬挂键及表面束缚电荷等特性，因而常常具有和材料内部相异的特殊结构或新奇的性质（这在催化剂方面表现得尤为突出）[225-226]。多铁性材料的表面也不例外。尤其是考虑到多铁性材料中多种序参量的耦合，这种表面效应就显得尤为重要[227-229]。例如，铁电极化引入的束缚电荷必然引起载流子的重新分布及结构的畸变，以使体系能量最小化，进而形成表面显微结构和电子结构的重构。这暗示着多铁性材料表面可能拥有丰富的特殊性质，因此是一个值得探究的方向。

具有高空间分辨率的球差校正 TEM 或者 STEM 能够直观地表征材料表面的显微结构，结合 EELS 的高能量分辨率，能够给出材料表面电子结构的信息，因此是材料表面科学研究中的有力工具[225-226]。借助先进的电子显微学方法，对 h-YMnO$_3$ 的表面进行了探究。

基于 STEM 对 h-YMnO$_3$ 进行的系统表征，发现 h-YMnO$_3$ 单晶样品的铁电极化位移会在表面出现异常。图 5.2(a) 为 h-YMnO$_3$ 单晶表面 [100] 带轴的原子分辨 HAADF-STEM 图像。从图 5.2(a) 可以看出，该区域内 Y 离子的排列为上-上-下构型，表明极化方向沿 $+c$ 方向。同时，由于铁电极化方向与表面平行，因此图 5.2(a) 所示的表面无束缚电荷，为电中性表面。定义从最表层的原子起，第一个完整可见的单胞为第一层（单胞用白色虚线框表示），与最外层单胞距离相同的单胞序号相同，依次类推能够标记出每个单胞的序号，如图 5.2(a) 所示。仔细观察可以发现，第一层到第四层单胞相对于块体的极化位移有明显的降低（表现为 Y 离子几乎在同一水平面上）。为了探究这种极化位移异常的产生原因，首先对该区域内的极化状态进行了定量分析。

对于铁电材料，其整体的铁电极化大小可以通过对每个单胞中的电偶极矩求和得到，因此极化强度 P 可以表示为[230]

$$P = \sum_i Z_i^* \delta_i / V_0 \tag{5-1}$$

其中，Z_i^* 为每个原子的玻恩有效电荷；δ_i 表示正负电荷中心之间的位移；V_0 为单胞体积。对于 h-YMnO$_3$，电偶极矩来源于 MnO$_5$ 六面体三聚引起的氧原子的运动及通过 Y-O 键带动的 Y 离子的运动：O$_T$ 原子在面内朝向

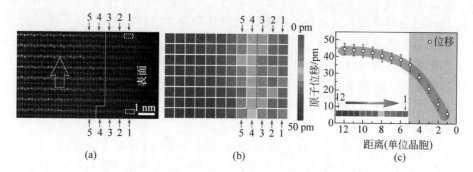

图 5.2　h-YMnO₃ 电中性表面的铁电极化异常现象的表征与定量测量（见文前彩图）

(a) HAADF-STEM 图像表征 h-YMnO₃ 电中性的表面结构（在表面层，用白色虚线与块体部分分隔开），Y 离子的极化位移出现异常的降低）；(b) 表征极化位移分布的马赛克图像（每个像素点对应图(a)区域中一个单胞（白色虚线框表示））；(c) 每层平均的铁电极化位移与距表面的距离之间的关系曲线图（表面四层单胞的极化位移明显减小）

较长的两个 Y-O$_P$ 键位移；Y 离子远离高温顺电相的镜面，同时保持 Y-O$_T$ 键长保持不变。这最终引起两个 Y-O$_P$ 键长（约 2.8 Å）相对非极化态减小（变为约 2.3 Å）或拉长（变为约 3.4 Å），进而导致正负电荷中心的不重合，贡献铁电极化。需要注意的是，虽然 h-YMnO₃ 中一系列原子位移最终导致的结果和贡献铁电极化的原因是正负电荷中心的不重合（看似与位移型铁电体类似），但这与 h-YMnO₃ 的几何铁电性并不矛盾。这是由于，h-YMnO₃ 中原子位移和电偶极矩产生的驱动力是 MnO₅ 六面体的三聚（而不是位移型铁电体中的化学因素），本质上来源于与 MnO₅ 六面体三聚畸变关联的 K_3 声子模的不稳定性及 K_3 声子模与 Γ_2^- 声子模之间的耦合作用[74]。这种驱动力是 h-YMnO₃ 区别于位移型铁电体的本质特征。由以上讨论可知，正电荷中心（Y 离子）与负电荷中心（O 离子）运动的方向和大小相互耦合，因此，简单处理时，可以基于 Y 离子之间的位移差（δ）表达和计算铁电极化的大小，如公式(5-1)所示。

　　为了得到极化位移（δ 值）在样品表面和内部的分布，需要确定图像中所有 Y 离子的位置。在第 4 章中已经介绍，HAADF-STEM 图像中原子的强度和位置可以用一个（有时需要用两个甚至多个）二维高斯峰拟合[231]。基于拟合得到 Y 离子位置坐标，参照公式(4-1)可以计算得到每个单胞的极化位移值。为了清楚地表达极化位移的分布，可以将单胞极化位移用具有颜色梯度（红色到绿色表示极化位移递减）的马赛克图像表示，如图 5.2(b)所示。观察图 5.2(b)能够发现,在表面四个单胞层范围内,极化位移相对于块体明显地降低。通过描绘单胞极化位移的平均值(将具有相同层序号的单胞的极化位移做平均)与距表面的距离之间的关系(图 5.2(c)),可以清晰地展示这种极化位移减小的趋势(绿色阴影部分)。利用极化强度 P 与极化位移 δ 之间的关系(公式(5-1)),计算得到该区域内块体的平均铁电极化强度约为 6.5 μC $\cdot$ cm^{-2},而表面层 P 降低为 1.2 μC $\cdot$ cm^{-2},减小幅度约为 81.5%。

这种铁电极化的表面重构行为在位移型铁电体(如 PbZr$_{0.2}$Ti$_{0.8}$O$_3$,PZT)中也曾被观测到,并被认为受表面层下的铁电极化方向和表面带电性质调控[229]。这主要来源于束缚电荷引入的退极化场的作用。而考虑到几何铁电体对退极化场的不敏感性[232],这种机制可能并不适用。为了验证这一推断,检验了 h-YMnO$_3$ 不同带电性质表面的铁电极化重构情况,如图 5.3 所示。在图 5.3(a)和(b)展示的区域内,铁电极化的方向与表面不平行,因此会使表面束缚电荷。结合铁电极化方向($\boldsymbol{P}$)与表面法向($\boldsymbol{n}$)的关系:$\boldsymbol{P} \cdot \boldsymbol{n} > 0$ 为带正电表面,$\boldsymbol{P} \cdot \boldsymbol{n} < 0$ 为带负电表面,$\boldsymbol{P} \cdot \boldsymbol{n} = 0$ 为电中性表面,$|\boldsymbol{P} \cdot \boldsymbol{n}| = 1$ 时带电量最大,可以得知,图 5.3(a)和(b)分别为带正电表面和带负电表面。同样地,基于二维高斯峰拟合的方法得到了每个区域内所有的 Y 原子位置,并计算得出了每个单胞的极化位移,最终得到了表征极化位移分布的马赛克图像(图 5.3(b)和(e))和平均极化位移与距离的关系曲线图(图 5.3(c)和(f))。观察图 5.2(b)~(f)能够发现,不论是带正电的表面还是带负电的表面,都和电中性的表面一样,在表面四个单胞左右的范围内,极化位移有明显的降低。

以上实验结果表明,h-YMnO$_3$ 表面铁电极化的异常重构行为与表面带电性质无关,这与 PZT 中极化控制(表面电荷依赖机制)的表面极化重构行为有着显著的差别[229]。这本质上来源于二者不同的铁电极化机制:PZT 作为一种典型的位移型铁电体,表面电荷带来的退极化场能够显著增加极化态的能量,从而抑制铁电极化态的稳定存在[229,233];而 h-YMnO$_3$ 的铁电极化驱动力为几何效应,因此对退极化场的影响不敏感[232]。这表明 h-YMnO$_3$ 的表面铁电极化异常具有不同于表面电荷依赖机制的新机制,值得深入地探究。5.2.2 节中,将借助 EELS 和第一性原理计算对这种极化异常的表面的电子结构进行深入探究,揭示这种铁电极化异常的来源和内在机制。

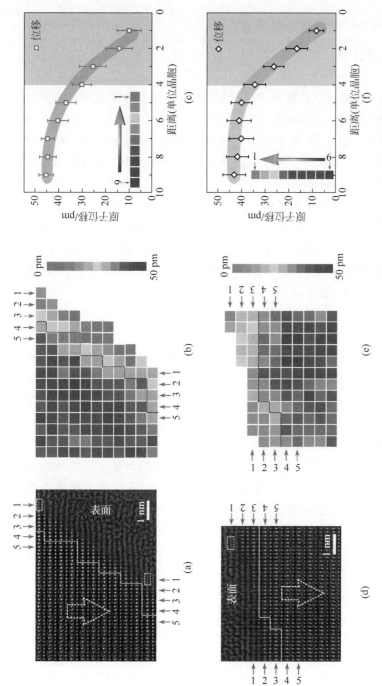

图 5.3　h-YMnO₃ 带正电表面和带负电表面的铁电极化异常现象的表征与定量测量（见文前彩图）

（a）h-YMnO₃ 带正电表面结构的 HRTEM 图像；（b）对应图（a）区域的极化位移分布的马赛克图像；（c）与图（b）中结果对应的每层平均的铁电极化位移与距表面的距离之间的关系曲线图；（d）h-YMnO₃ 带负电表面结构的 HRTEM 图像（在表面结构的 HRTEM 图像（在表面层以白色虚线与块体部分隔开），Y 离子的"下-下-上"构型逐渐消失，极化位移均有明显的降低；（e）对应图（d）区域极化位移的马赛克图像；（f）与图（e）中结果对应的每层平均的铁电极化位移分布的马赛克图像；（f）与图（e）中结果对应的每层平均的铁电极化位移与距表面的距离之间的关系曲线图（表面四层单胞的极化位移有明显降低）

5.2.2　缺陷导致的电子结构变化

由于 Y 离子的位移与 MnO_5 六面体的三聚及氧原子的行为密切相关，因此 Y 离子位移的异常暗示了材料电子结构的变化。探究材料电子结构的变化有助于反推铁电极化异常的机制。EELS 通过探测受样品非弹性散射的电子的能量损失分布情况，给出样品原子中电子的空间环境信息，从而在表征材料化学成分、氧化态、键长及固体的电子结构方面发挥重要作用（参照 2.4.6 节内容）[165]。尤其是对于过渡金属元素，由于其 d 能带相对较窄，只有几个电子伏特，因此，电子从芯能级向 d 能带跃迁时，能量损失大小很接近，从而能够形成强度较高、峰型较锐利的 L 边（所谓的白线）[165]。这为利用白线比（$L_{2,3}$ 比）、化学位移等方式定量分析过渡金属元素的价态信息提供了可能[168]。另外，当 EELS 与 STEM 结合时（即 STEM-EELS），既能保证高的能量分辨率，同时又能够实现原子级别的空间分辨率，是探测材料局域的电子结构（如表征点缺陷、位错、界面等对材料电子结构的影响）的有效方法。在这里，基于 STEM-EELS 技术，对 Mn^{3+} 离子 $L_{2,3}$ 边进行了定量分析，重点关注其从表面层到材料内部的过渡情况。

为了控制单一变量，消除不必要的表面束缚电荷的影响（如果有），选取电中性的表面作为研究对象，如图 5.4(a)所示。该区域内铁电极化的方向与表面法线方向垂直（$\boldsymbol{P} \cdot \boldsymbol{n} = 0$），因此该表面为电中性表面。从样品表面到内部进行了 STEM-EELS 线扫描（白色直线为线扫描位置），共采集 50 个 EELS 谱。为了获得良好的信噪比以满足定量分析的要求，将每 5 个 EELS 谱进行对齐、叠加，得到了 10 组叠加后的 EELS 谱。叠加后的每组 EELS 谱经过如下处理[162]：①零损失峰漂移校正：实验数据采集中选用 Dual-EELS 模式，通过将零损失峰对齐消除实验采集过程中能量漂移的影响；②背底扣除：对 Mn-$L_{2,3}$ 边的 EELS 谱多重散射背底进行拟合并扣除；③去除多重复散射：为了尽量消除多重复散射的影响，基于采集的包含零损失峰的低能损失峰，对芯损失峰进行解卷积处理；④强度归一化。经过以上处理后得到的结果如图 5.4(b)所示。观察发现，表面层的 L_2 边强度相对于块体有明显降低，表明表面层 Mn 离子价态相对于块体有所变化。定量地，对每组 EELS 谱分别计算了 $L_{2,3}$ 比（基于 Mitchell 开发的名为 Double Atan EELS Bkgd Fitting 的 Digital Micrograph 插件），定量处理的细节参照了 Van Aken 等人的研究工作[234]。

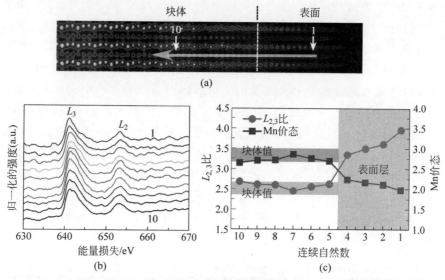

图 5.4　**STEM-EELS 表征电中性表面的电子结构（见文前彩图）**

（a）HAADF-STEM 图像表征 h-YMnO₃ 电中性表面的晶体结构及 STEM-EELS 线扫描的位置（白色箭头位置，表面层与块体部分用白色虚线分隔开）；（b）从表面（编号为 1）到块体内部（编号为 10）的十个 Mn-$L_{2,3}$ 边 EELS 谱（每个 EELS 谱由相邻的五个 EELS 谱对齐、叠加得到）；（c）定量计算得到的图（b）中每个 $L_{2,3}$ 边的 $L_{2,3}$ 比及其对应的 Mn 离子价态（表面四个单胞的 $L_{2,3}$ 比和 Mn 离子价态相对于块体值均有明显的变化）

对于过渡金属元素，$L_{2,3}$ 比（白线比）在 3d⁵ 的电子排布构型下达到最大[167,235-236]。对于 Mn 离子，即为 Mn²⁺ 时（3d⁵）$L_{2,3}$ 比最大。因此，Mn 离子的价态与 $L_{2,3}$ 比之间满足单调负相关的关系。基于一系列实验结果，能够总结出 $L_{2,3}$ 比与 Mn 离子价态之间的经验公式[168]：

$$L_3/L_2(\text{Mn}) = A \cdot \exp(-V_{\text{Mn}}/t) + y_0 \tag{5-2}$$

其中，$A=24(9)$；$t=0.83(11)$；$y_0=1.64(8)$，三者均为经验值；V_{Mn} 为 Mn 离子价态。根据实验测量得到的 $L_{2,3}$ 比和经验公式（公式(5-2)），可以计算得到 Mn 离子价态从表面到样品内部的变化趋势，如图 5.4(c) 所示。由图 5.4 可知，Mn 离子的 $L_{2,3}$ 比（橙色实心圆点）在表面四个单胞范围内有明显升高，对应 Mn 离子价态（绿色实心矩形）的明显降低。

之前的研究工作发现，h-YMnO₃ 在电子束辐照下能够产生面内氧空位，进而导致 Mn 离子在面内的位移[215]。这表明了 h-YMnO₃ 中氧原子的易失性。考虑到样品表面成键的非对称性等因素，表面的空位形成能相对于块体内部更低，氧空位在样品表面更容易产生。由此可以推断，

h-YMnO$_3$ 表面 Mn 离子价态的降低可能与表面氧原子的丢失相关：氧空位的存在导致变价元素 Mn 离子降低价态以维持体系整体的电中性。观察 Mn 离子的氧环境可以发现(图 5.1(b))，Mn-O$_P$ 键长(约 2.07 Å)长于 Mn-O$_T$ 键长(约 1.86 Å)。参照键能与键长之间的哈里森规则(Harrison's Rule，键能与键长的负七次方成正比)可知[213]，h-YMnO$_3$ 中 O$_P$ 原子相对于 O$_T$ 更容易丢失。因此，表面层的氧空位类型应当为面内氧空位(V_{OP})。这种氧空位位置的推测可以通过选区电子衍射花样进行验证。样品表面区域的选区电子衍射花样如图 5.5(a)所示。相较于完美单胞的 EDP (图 5.5(c))，表面层的电子衍射花样(EDP)出现了多余的($1\bar{1}0$)和($2\bar{2}0$)衍射斑(图 5.5(a)中白色箭头所示)，这与基于缺陷单胞(包含 V_{OP})的衍射模拟结果(图 5.5(b))一致。这种多余的衍射斑来源于 O$_P$ 原子缺失带来的面内对称性的降低[215]。

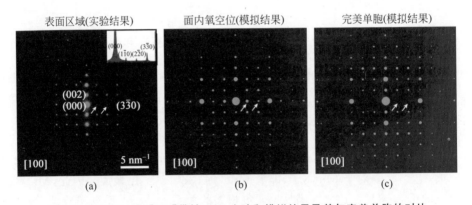

图 5.5　表面区域的[100]带轴 EDP 实验和模拟结果及其与完美单胞的对比

(a) 表面区域的[100]带轴 EDP 实验结果(其中($1\bar{1}0$)和($2\bar{2}0$)衍射斑的出现表明面内对称性的降低。插图为强度线分析结果)；(b) 具有 V_{OP} 的单胞的[100]带轴 EDP 模拟结果(与图(a)中的实验结果一致)；(c) 完美单胞的[100]带轴 EDP 模拟结果(其中($1\bar{1}0$)和($2\bar{2}0$)衍射斑消光)

更重要的是，对比 Mn 离子价态降低的区域(具有 V_{OP} 的区域，图 5.4(c) 中蓝色阴影部分)和铁电极化异常的区域(图 5.2(c)、图 5.3(c)和(f)中绿色阴影部分)可以发现，二者的范围基本一致。这表明 O$_P$ 原子的缺失极有可能是表面铁电极化位移减小的原因。为了进一步探究二者之间的内在关联，揭示 O$_P$ 原子在 h-YMnO$_3$ 铁电极化中扮演的作用，进行了第一性原理理论计算。

5.3　第一性原理计算

在探究 O_P 原子的作用之前,首先计算了表面束缚电荷引入的退极化场对 h-$YMnO_3$ 表面结构、铁电极化重构的影响。为了最大可能放大表面束缚电荷及退极化场的作用,选取了具有两个单胞厚度(这也是样品可以称作块体的最小厚度)的薄片作为计算对象,如图 5.6(a)所示。单胞上、下表面均以氧原子层为终结表面,分别对应束缚电荷为负的表面和束缚电荷为正的表面。上、下表面真空层厚度设定为 15 Å。初始结构中,参考 Van Aken 等人报道的晶胞参数[237],设定单胞极化位移(δ)为 50.7 pm,且每层 Y 离子的位移相同。图 5.6(b)和(c)分别为单胞[001]带轴和[00$\bar{1}$]带轴的投影图,展示了 O_T 原子的面内位置。初始单胞充分弛豫后,原子位置(尤其是 Y 原子和 O_T 原子的位置)相对于初始位置发生明显的位移。测量弛豫后的单胞中的原子位置和极化位移可以得到(图 5.6(d)):束缚负电荷的表面 Y 离子层的极化位移(δ_1)为 39.1 pm,相对于初始值有明显降低;而对于束缚正电荷的表面,Y 离子的极化位移(δ_3)稍有升高($\delta_3 = 52.5$ pm)。仔细观察带负电表面(图 5.6(e))和带正电表面(图 5.6(f))沿 c 方向的投影图能够发现,这种 Y 离子极化位移的改变本质上来源于氧原子位置(尤其是 O_T 原子)的显著改变,如图 5.6(e)和(f)中绿色箭头所示。

以上计算结果表明,表面束缚电荷对铁电极化的影响是非对称的,对不同带电性质的表面的影响不同,但作用都有限。这与 Sai 等人[232]报道的结果一致:不论是否存在退极化场,自由能-极化关系曲线的能量最低点对应的铁电极化值始终不为零。这意味着退极化场并不能使 h-$YMnO_3$ 的铁电极化大幅度减小或消失。基于图 5.6 中的计算结果,可以估计退极化场的作用程度:对于负电荷表面,铁电极化只有 22.9% 左右的降低;对于正电荷表面,极化位移甚至有所提高。这与实验观测到的结果不一致:实验结果显示表面极化位移相对于块体值降低约 81.5%,而且与表面带电情况无关,如图 5.2 和图 5.3 所示。至此,实验观测结果和理论计算结果均验证了在 h-$YMnO_3$ 中,表面束缚电荷及其引入的退极化场并不是表面铁电极化重构的主导因素。

结合图 5.4 中的实验结果,深入探究了 V_{OP} 的作用机制:在完美单胞中引入 V_{OP},研究缺陷单胞相对于完美单胞在晶体结构和电子结构方面的改变。考虑极化单胞的对称性,包含 30 个原子的单胞共有 8 种可能的 V_{OP}

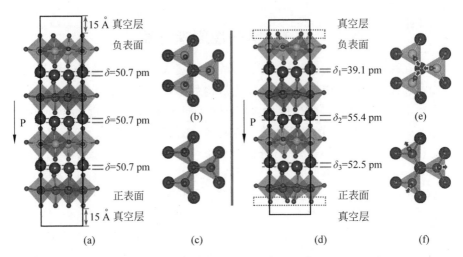

图 5.6　DFT 计算检验表面束缚电荷对几何铁电极化的影响（见文前彩图）

（a）初始单胞的结构模型（单胞 c 方向为两个单胞厚度，上、下表面的真空层设定为 15 Å，三层 Y 离子层的极化位移（用 δ 表示）相同，均为 50.7 pm）；（b）初始单胞带负电表面沿 c 方向的投影图；（c）初始单胞带正电表面沿 c 方向的投影图；（d）弛豫后的单胞结构模型（三层 Y 离子层的极化位移发生了不同程度的改变）；（e）弛豫后单胞带负电表面沿 c 方向的投影图；（f）弛豫后单胞带正电表面沿 c 方向的投影图（可以观察到 O_T 原子明显的位移，用绿色箭头表示）

构型（V_{OP} 个数为 1 或 2，对应两种氧空位浓度）。将初始缺陷单胞充分进行结构弛豫后得到如图 5.7 所示的结果。图 5.7(a) 和 (b) 为一个单胞中仅有一个 V_{OP}（黑色圆点表示）的情况，对应的氧空位浓度为 5.6%，名义化学式可以写作 h-YMnO$_{3-\delta}$，其中 $\delta = 0.17$。一个单胞中包含两个 V_{OP} 时（图 5.7(c)～(h)），氧空位浓度为 11.1%，对应 h-YMnO$_{3-\delta}$（$\delta = 0.33$）。根据两个 V_{OP} 之间相对位置的不同，对下标（X-Y）做如下定义：X 表征两个 V_{OP} 是否处于同一层（D 表示不同层，S 表示同层）；Y 表征二者在垂直方向上是否共线（D 表示不共线，S 表示共线）。依照此规则，可以标识出所有缺陷单胞的氧空位位置，如图 5.7 所示。其中，图 5.7(c)～(f) 中两个 V_{OP} 的类型相同（同为 V_{OP1} 或 V_{OP2}），即为 V_{2OP1} 或 V_{2OP2}；图 5.7(g)～(h) 中两个 V_{OP} 的类型不同，即为 V_{OP1OP2}。

　　对于图 5.7 中不同的 V_{OP} 构型，Y 离子相对于完美单胞中的位置发生了不同情况、不同程度的位移（用绿色箭头表示）。尤其是对于与 V_{OP} 共线的 Y 离子，这种位移表现得最为明显。直观地理解，这种变化来源于：当 V_{OP} 存在时，Y 离子某一侧的 Y-O$_P$ 键缺失引入的非对称性成键和带正电

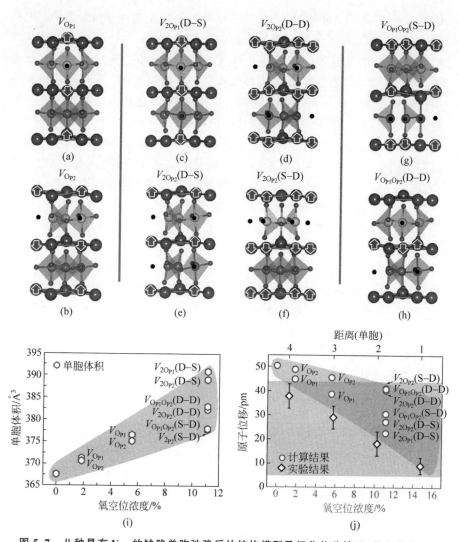

图 5.7　八种具有 V_{OP} 的缺陷单胞弛豫后的结构模型及极化位移情况（见文前彩图）

(a)和(b)一个单胞中包含一个 V_{OP} 的情况；(c)~(f)一个单胞中包含两个相同类型的 V_{OP}（同为 V_{OP1} 或 V_{OP2}）；(g)和(h)一个单胞中包含两个不同类型的 V_{OP}（一个 V_{OP1} 和一个 V_{OP2}）；(i)单胞体积随 V_{OP} 浓度的变化情况；(j)极化位移随 V_{OP} 浓度变化的计算结果（橙色空心圆表示）和实验结果（数据来源于图 5.3(f)，用蓝色空心菱形表示。随着 V_{OP} 浓度的升高，铁电极化位移单调递减）

图(a)~(h)中的 V_{OP} 用黑色（前面）和灰色（后面）圆点表示。Y 离子相对于初始单胞的运动方向用绿色箭头表示

的 V_{OP} 与 Y 离子之间的排斥力,共同导致了 Y 离子在 c 方向受力的不对称性,从而促使 Y 离子向着远离 V_{OP} 的方向移动(图 5.7 中 Y 离子的移动均符合这一规律)。这种移动最终导致 Y 离子层初始的"下-下-上"构型被破坏,同时伴随着单胞整体极化位移的降低。有时最初的"下-下-上"构型甚至能够转变为"上-上-下"构型,如图 5.7(e)所示。这种构型的转变在一定程度上表明,V_{OP} 能够引入铁电极化相位的改变从而充当铁电畴壁的角色。这为 Chen 等人[238] 在非化学计量比的 h-$YMnO_3$ 中观察到的异常直线型铁电畴壁的实验报道提供了合理的理论解释。值得注意的是,对于 V_{2OP1} 构型(图 5.7(c)),其极化位移大小显著降低的同时,仍然保持着"下-下-上"的构型。这与实验中观察到的表面 Y 离子层的情况基本一致。因此,实验中,样品表面的 V_{OP} 类型可能为 V_{OP1}。综上,理论计算验证了 V_{OP} 对 Y 离子 c 方向极化位移的调控作用。

在此基础上,探究了极化位移的改变程度对 V_{OP} 浓度的依赖关系。对于不同的 V_{OP} 浓度,分别计算了弛豫后单胞的极化位移和晶胞体积,并依此绘制了其与 V_{OP} 浓度的关系曲线图,如图 5.7(i)和(j)所示。由图可知,单胞体积随着 V_{OP} 浓度的增大而单调增加,铁电极化位移随着 V_{OP} 浓度的增加而单调减小。根据极化位移随 V_{OP} 浓度变化的趋势,对比理论计算和实验观测结果,能够估计出实验样品中表面层的 V_{OP} 浓度约为 16%,对应的化学式为 h-$YMnO_{3-\delta}$($\delta=0.48$)。

至此,已经明确了实验观察到的 h-$YMnO_3$ 表面铁电极化位移的异常重构来源于 V_{OP}:V_{OP} 通过改变 Y 离子周围的成键情况,进而影响 Y 离子极化位移的大小。在某些 V_{OP} 构型下,缺陷单胞整体的铁电极化位移大小相对于完美单胞有明显的降低;在另外一些 V_{OP} 构型下,缺陷单胞的极化位移相位发生改变。

为了揭示 V_{OP} 影响铁电极化位移的作用机制,基于轨道分辨的电子态密度图(DOS),对比分析了完美单胞和缺陷单胞中 Y-O_p 轨道的杂化情况。图 5.8 为完美单胞中 Y 4d、O_P 2p 和 Mn 3d 轨道分辨的 DOS 图。纵向对比可以发现,O_P 2p 轨道不仅与 Mn 3d 轨道有明显的交叠,而且更重要的是,其与 Y 4d 轨道(尤其是在 $-1\sim-2$ eV 能量范围内)也存在明显的交叠,表明 Mn-O_P 和 Y-O_P 间均存在明显的轨道杂化。这证明了 Y-O_P 之间的成键具有共价键性质,在一定程度上回应了文献报道中的争议[77,239]。

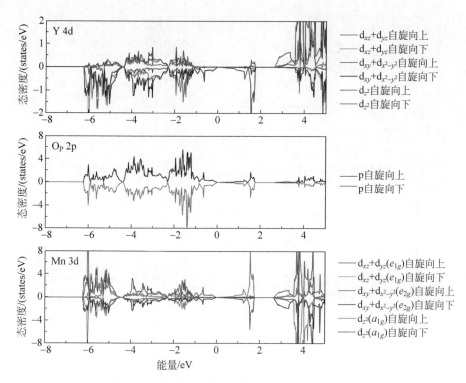

图 5.8　完美单胞轨道分辨的 DOS 图（见文前彩图）

从上到下依次为 Y 4d 轨道、O_P 2p 轨道和 Mn 3d 轨道。对比 Y 4d 轨道和 O_P 2p 轨道可知，
Y-O_P 之间存在明显的杂化。不同的轨道和自旋方向用不同的颜色区分，标注在图像的右侧

对于存在 V_{OP} 的缺陷单胞，分别分析了两种位置的 V_{OP}（V_{OP1} 和 V_{OP2}）对 DOS 和轨道杂化的影响，如图 5.9(a) 和 (b) 所示。与完美单胞的 DOS 图对比可知，当 V_{OP} 存在时（不论是 V_{OP1} 还是 V_{OP2}），Mn 3d 轨道的态密度及其与 O 2p 之间的杂化强度均没有显著变化。有趣的是，不论是对于 V_{OP1} 还是 V_{OP2}，Y 4d 轨道的电子态密度（尤其是面外的 $3d_{z^2}$ 轨道）均有明显降低。尤其是在 $-6 \sim -5$ eV 范围内，电子态密度的减小表现得格外显著。这种态密度的降低表明 Y-O_P 之间的杂化强度的明显减弱。

因此，综合考虑实验观察到的具有 V_{OP} 的缺陷单胞中 Y 离子极化位移的降低和理论计算得到的缺陷单胞中 Y-O_P 杂化强度的明显减弱，可以得知：V_{OP} 诱导的 Y 4d-O_P 2p 杂化强度的降低是导致的 Y 离子铁电极化位移变化的本质原因。这说明 Y 4d-O_P 2d 杂化在顺电-铁电转变中扮演着不可或缺的角色。这与 Cho 等人的实验结果和观点基本一致[77]。

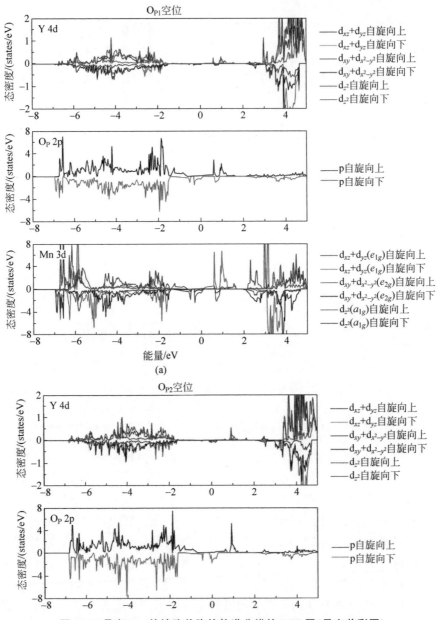

图 5.9　具有 V_{OP} 的缺陷单胞的轨道分辨的 DOS 图（见文前彩图）

（a）氧空位类型为 V_{OP1} 构型时的 DOS 图（从上到下依次为 Y 4d 轨道、O_P 2p 轨道和 Mn 3d 轨道）；（b）氧空位类型为 V_{OP2} 构型时的 DOS 图（从上到下依次为 Y 4d 轨道、O_P 2p 轨道和 Mn 3d 轨道）与完美单胞的 DOS 图（图 5.8）对比可以发现，Y 4d 轨道的电子态密度明显降低，表明 Y 4d 轨道和 O_P 2p 轨道之间的杂化强度明显减弱。不同的轨道和自旋方向用不同的颜色区分，标注在图像的右侧

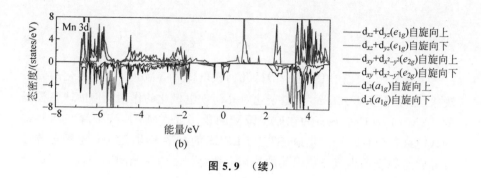

图 5.9　（续）

5.4　分析与讨论

在第一类单相多铁性材料(如 h-$YMnO_3$,$BiFeO_3$ 等)中,由于铁电极化和自旋来源于不同的离子,因此避免了位移型铁电体中铁电极化要求的空 d 轨道和铁磁性要求的部分填充 d 轨道之间的矛盾[2,28,240]。但也正因为此,天然地,第一类铁电体中铁电性与(反)铁磁性之间的耦合作用较弱。对于 h-$YMnO_3$,虽然其属于第一类单相多铁性材料,但具有的一系列特殊的内禀性质使得该体系中的电荷-晶格-轨道-自旋之间紧密地耦合在一起。从以上实验和理论计算结果分析可知:一方面,Y 离子的铁电极化位移敏感地受到 Y-O_P 杂化的影响。同时,与极化相关的氧原子的运动受到 MnO_5 六面体倾转(大小 Q、方位角 Φ 等)的控制;另一方面,Mn 离子贡献了 h-$YMnO_3$ 中的自旋和磁矩,而其磁交互作用和磁构型受到氧环境的调控(由于不同位置的氧空位能够改变局域的对称性,进而影响 Mn-Mn 之间的层内和层间交互作用)[79,82]。例如,当存在 V_{OP} 时,Mn^{3+} 的电子排布从 $3d^4$ 过渡为 $3d^5$,后者将多余的一个电子填充到 $a_{1g}(z^2)$ 简并轨道上,从而使得原有的 Mn^{3+}-O^{2-}-Mn^{3+} 超交换相互作用(superex change interaction)转变为 Mn^{2+}-O^{2-}-Mn^{3+} 双交换相互作用(double-exchange interaction),调控了 Mn 离子之间的磁交互作用方式。因此,综合考虑 V_{OP} 对铁电极化和磁构型的作用,认为在 h-$YMnO_3$ 中,V_{OP} 是连接铁电极化和反铁磁自旋之间耦合的桥梁,能够被看作原子级别的多铁性调控元素。通过可控地调节 V_{OP} 的位置、浓度、有序性等(虽然在目前的材料生长下较难实现),能够调控 h-$YMnO_3$ 的铁电极化性质、反铁磁性质及二者之间的耦合作用。这为 h-$YMnO_3$ 多铁性的调控及功能性的实现提供了更多的可能,是一个值得探索的主题。

5.5　小　　结

本章介绍了面内氧空位诱导的几何铁电体 h-YMnO$_3$ 铁电极化的异常现象,总结了 Y 4d-O$_P$ 2p 轨道杂化对几何铁电极化的作用。借助球差校正的 TEM 和 STEM,观察并在原子级别测量了 h-YMnO$_3$ 表面存在的异常的铁电极化位移。进一步地,STEM-EELS 的测量表明,这种铁电极化位移的异常来源于面内氧空位引起的局域晶体结构和电子结构的变化。理论计算解析了八种包含面内氧空位的缺陷结构及其中 Y 离子极化位移的变化情况。通过对比分析缺陷结构和完美单胞之间的电子态密度,发现当面内氧空位存在时,Y 4d-O$_P$ 2p 杂化强度发生明显降低。结合面内氧空位导致的极化位移变化的实验现象和理论计算结果,确定了 Y 4d-O$_P$ 2p 轨道杂化影响几何铁电性的作用机制。这澄清了 Y-O$_P$ 杂化机制对几何铁电极化的贡献。

虽然本章的研究工作是基于一种特定的材料体系开展的,但由于 h-YMnO$_3$ 是一种典型的单相多铁性材料和强关联体系,因此本章的研究结果可以拓展到其他相关的多铁性材料或强关联体系中,用于理解缺陷诱导的新奇的物理现象及利用缺陷实现新的材料功能。从本章的探究能够发现,氧空位应当被看作多铁性材料中铁电性与铁磁性之间耦合的桥梁,作为一种原子级别的调控元素,用于多铁性及其他类似的强关联体系物理性质的调控。

第6章 YMnO₃薄膜的反铁磁性能调控与电子显微学研究

第6章 $YMnO_3$ 薄膜的反铁磁性能调控与电子显微学研究

6.1 引　言

虽然多铁性材料是一类极具吸引力的强关联体系,并在传感器、换能器及存储器等方面具有良好的应用前景[28,241],但同时具备较强的铁电性、铁磁性和磁电耦合性的单相多铁性材料体系十分有限[5,242-243]。h-$YMnO_3$ 是少有的几种单相多铁性材料中的一种代表性材料体系[69,95,242]:前面章节中系统讨论的室温几何铁电性(转变温度远高于室温)、拓扑涡旋畴结构、晶格-电荷的强耦合性等是其极具优势的一面;而较弱的磁性质(远低于室温的转变温度、无净磁矩的反铁磁构型等)是 h-$YMnO_3$ 主要的短板,同时也是研究和应用中不可逃避的重要问题。

幸运的是,h-$YMnO_3$ 的巨磁弹耦合特性为其磁性质的调控提供了可能[95]:h-$YMnO_3$ 的磁构型受控于 Mn 离子的位置(参照 1.2.3 节)[79]。这指明了利用应力工程实现 h-$YMnO_3$ 磁性质改善的研究方向。前期的研究工作发现,Mn 离子在面内的位置受到氧空位的影响[83];理论计算验证了氧空位的位置(面内或顶点)能够影响和改变 h-$YMnO_3$ 最低能量的磁构型[82]。这构建了氧空位位置和 h-$YMnO_3$ 磁性质之间的关联(二者之间的桥梁是 Mn 离子的位置)。在以上理论研究和实验结果的基础上,本章中,将系统介绍利用应力工程实现不同位点的氧空位,进而调控 h-$YMnO_3$ 薄膜磁构型并实现丰富的磁性质的过程。

在第 5 章中,讨论了氧空位(V_{OP})对 h-$YMnO_3$ 几何铁电性的调控作用,本章内容是在第 5 章内容的基础上对氧空位调控作用的延伸:讨论氧空位对 h-$YMnO_3$ 反铁磁性的调控作用。第 5 章和第 6 章的研究结果展示了氧空位对多铁性材料调控作用的两个重要方面,同时也验证了第 5 章结束前提出的氧空位能够作为多铁性调控元素的观点。

6.2　YMnO₃薄膜的反铁磁性能调控

由 1.2.3 节的内容已经知道,h-YMnO₃ 是一种典型的自旋阻挫材料。这是由于在 Mn 离子排列的正三角形晶格中,假设其中两个三角形的顶点分别排列自旋向上和自旋向下,那么对于第三个三角形顶点,不论是自旋向上还是向下,体系的能量是简并的[244]。这种二维的自旋阻挫磁结构能够被 Mn 离子的位移打破[79]:Mn 离子位置的变化能够改变不同磁交互作用路径的相对长短,改变磁交互作用系数 J 的相对大小。因此,改变 Mn 离子的位置成为了调控 h-YMnO₃ 磁性质的关键。Mn 离子位置的改变可以简单地依赖于体系中氧空位情况进行调节[83]。前期的研究工作发现,氧空位能够调控 h-YMnO₃ 的磁结构[82]:当 h-YMnO₃ 中存在 V_{OP} 时,体系最稳定磁结构为 Γ1 或 Γ3,这两种磁构型不贡献宏观的净磁矩;有趣的是,当 h-YMnO₃ 中存在 V_{OT} 时,其磁构型能够稳定在 Γ2 或 Γ4 构型[82]。在这两种构型下,Mn 离子自旋会自发地向 c 方向倾转,从而产生了沿着 c 方向不为零的净磁矩(这与 h-REFeO₃ 单晶块体中的现象类似[84])。由 p-d 轨道杂化的哈里森规则(即杂化强度反比于键长的 7 次方($|V_{pd}|^2 \propto d^{-7}$)[213])可知,最易丢失的氧原子的位置(氧空位的位置)与 h-YMnO₃ 所处的应力状态直接相关。在不受应力或受到张应力作用时,由于面内的 Mn-O_P 键长(约 2.07 Å)较面外 Mn-O_T(约 1.86 Å)的长,因此 O_P 原子更容易丢失(产生 V_{OP})。而在压应力作用下,面内 Mn-O_P 键长缩短,同时面外的 Mn-O_T 键长被拉长,从而有可能产生 V_{OT}。这启发我们可以通过改变 h-YMnO₃ 的应力状态,调节其中氧空位的位置,进而调控体系的磁性质。基于此,可以总结出 h-YMnO₃ 磁性质的调控思路,如图 6.1 所示。

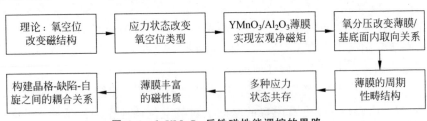

图 6.1　h-YMnO₃ 反铁磁性能调控的思路

进行的一系列改善 h-YMnO₃ 磁性质的理论和实验工作就是在图 6.1 所示的研究思路的指导下展开的:前期的工作中,实现了 h-YMnO₃/

c-Al_2O_3 薄膜中宏观的净磁矩(参看参考文献[82]);以此为基础,在下面的研究工作中充分发挥氧空位对 h-$YMnO_3$ 磁结构的调控作用,通过改变薄膜的应力状态和显微结构,进一步在 h-$YMnO_3$/c-Al_2O_3 薄膜体系中实现了更加丰富的磁性质。

6.2.1　$YMnO_3$/Al_2O_3 薄膜的生长

异质结薄膜的生长被认为是调控材料应力状态的有效方式,即所谓的应力工程[245]。异质结薄膜的生长方式大体可以分为三类[246]:①物理生长方式,包括脉冲激光沉积(pulsed laser deposition,PLD)、分子束外延(molecular beam epitaxy,MBE)、磁控溅射、热蒸镀和电子束蒸镀等[247];②化学生长方式,如金属有机物化学气相沉积(metal-organic chemical vapor deposition,MOCVD);③溶液法,典型的是溶胶凝胶法(sol-gel)和电镀。对于高质量复杂氧化物体系的外延异质结薄膜(如多铁性超晶格薄膜),一般要求良好的外延性、准确的化学计量比及精确地控制各个功能层的厚度及终结面,因此倾向于采用易于控制的物理气相沉积的方法。PLD 和 MBE 是两种常用而且十分有效的方法[247]。在这个工作中,采用 PLD 生长了 h-$YMnO_3$(薄膜)/c-Al_2O_3(基底,α-Al_2O_3)的异质结构。

PLD 的工作原理可以利用图 6.2 进行描述。在进行薄膜生长之前,需要将预处理(如退火)后的基底加热到生长所需的温度,同时调节腔室内的气氛(如氧分压)到需要的条件。薄膜的生长过程是由激光激发的等离子体羽辉在基底上的沉积过程,具体如下:①一束具有特定能量和频率的激

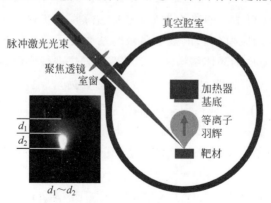

图 6.2　PLD 工作原理示意图[248]

插图为实际 h-$YMnO_3$ 薄膜生长时的羽辉情况

光通过一系列光学系统的调节后,穿过室窗并聚焦到靶材(与薄膜材料的成分一致或接近的多晶块体),激光轰击靶材产生等离子体羽辉(如图6.2左下角插图所示);②等离子体在具有一定气氛的腔室中扩散到特定温度的基底上;③在自身的成键方式与基底晶格尺寸、对称性等条件的共同作用下在基底上生长成膜。在这个过程中,靶材与基底都处于旋转状态,从而保证被轰击出和到达基底表面的等离子体尽量均匀。另外,为了尽可能地避免被激光轰击出的较大颗粒到达基底,造成薄膜质量的缺陷,一般要求基底在侧面或者最好位于靶材的正上方(本书的工作采用这种方式)。同时,羽辉的大小和形状也应当进行细致的控制,这是决定薄膜质量的关键因素。实验发现,当羽辉呈现为类似于蜡烛火焰的形状,而且羽辉的亮芯近似位于靶基距($d_{T-S} = d_1 + d_2$)的一半位置时($d_1 \approx d_2$),h-YMnO$_3$薄膜的质量最好,如图6.2插图所示。另外,利用反射式高能电子衍射(RHEED)附件,可以原位地监测薄膜的生长情况和控制薄膜生长的终结面。这在多层异质结薄膜的生长中尤其重要。

本章工作中,h-YMnO$_3$薄膜的生长条件如下:KrF激光波长为248 nm;激光能量密度为1.5 J·cm^{-2};频率为5 Hz;基底温度为900℃;生长氧压为50 mTorr;退火氧压为200 mTorr;退火时间为20 min。最终薄膜厚度约为30 nm。

6.2.2　YMnO$_3$薄膜的显微结构分析

对图6.1所示的研究思路进行分析能够发现,为了调控h-YMnO$_3$薄膜的磁状态,实现丰富的磁性性质,需要在薄膜中实现多种应力状态的共存。由于薄膜的应力状态依赖于薄膜与基底之间的失配度,因此,首先对h-YMnO$_3$和基底的晶体结构和可能的匹配方式进行分析。

h-YMnO$_3$(空间群:$P6_3cm$)的晶格常数为[70,237]$a = b = 6.14$ Å,$c = 11.40$ Å;α-Al$_2$O$_3$(空间群:$R\bar{3}c$)的晶格常数为$a = b = 4.76$ Å,$c = 12.99$ Å。二者的单胞结构分别如图6.3(a)和(b)所示。考虑h-YMnO$_3$和c-Al$_2$O$_3$在a-b面上原子的排列方式和对称性(图6.3(c)和(d)),二者之间可能存在的匹配模式有:①h-YMnO$_3$[100]//c-Al$_2$O$_3$[100];②h-YMnO$_3$相对于c-Al$_2$O$_3$在面内旋转30°,即h-YMnO$_3$[1$\bar{1}$0]//c-Al$_2$O$_3$[100]。计算晶格失配情况发现,两种匹配模式下,h-YMnO$_3$薄膜所受的应力状态不同:对于h-YMnO$_3$[100]//c-Al$_2$O$_3$[100]匹配模式(图6.3(c)),薄膜受到基底大小约为

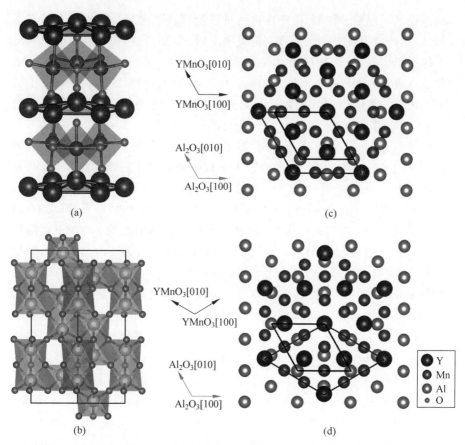

图 6.3　h-YMnO₃ 和 α-Al₂O₃ 的晶体结构及二者 a-b 面之间的可能匹配模式

(a) h-YMnO₃ 的晶体结构模型；(b) α-Al₂O₃ 的晶体结构模型；(c) h-YMnO₃[100]∥c-Al₂O₃ [100]匹配模式；(d) h-YMnO₃[1$\bar{1}$0]∥c-Al₂O₃[100]匹配模式

22.5%的压应力；而当 h-YMnO₃[1$\bar{1}$0]∥c-Al₂O₃[100]（图 6.3(d)）时，薄膜受到基底大小约为 19.7%的张应力。由于在这两种匹配模式下，薄膜所受的绝对应力大小接近，因此都能够在一定条件下稳定存在。典型地，Dho 等人[249]讨论了不同氧压下 h-YMnO₃ 薄膜的生长情况，发现 h-YMnO₃ 薄膜与 c-Al₂O₃ 基底之间的匹配方式依赖于生长过程中的氧分压：当氧分压改变时，h-YMnO₃ 薄膜虽仍能保持面外的 c 取向，但其面内的取向会发生相应的变化。尤其是在一些氧分压条件下（如 10 mTorr 和 50 mTorr），h-YMnO₃ 薄膜出现两种面内取向的共存（分别为 h-YMnO₃[100]∥c-Al₂O₃[100]和 h-YMnO₃[1$\bar{1}$0]∥c-Al₂O₃[100]）。这为调控薄膜的应力状态提供了思路。同时,由于在这两种匹配模式下薄膜所受的应力状态不同,因此薄膜中优先产生的氧空位类型不同:如前所述,薄膜在张应力状态下优先产生 V_{OP};而在压应力状态下倾向于产生 V_{OT}。我们已经知道,氧空位位点决定 h-YMnO$_3$ 最稳定的磁结构。这为调控薄膜的磁性质提供了机会。因此,尝试借助 PLD 生长得到压应力状态与张应力状态共存的 h-YMnO$_3$ 薄膜,以期获得丰富的、新奇的磁性质。

经过一系列生长条件的尝试后发现,生长在 c-Al$_2$O$_3$ 基底上的 h-YMnO$_3$ 薄膜的面内取向的确表现出对生长氧分压的敏感性。当生长氧分压约为 50 mTorr 时(其他生长参数见 6.2.1 节),薄膜中出现两种匹配模式的共存。利用 XRD 可以进行初步验证。XRD 的 2θ-ω 扫描结果(图 6.4(a))确定了薄膜为 h-YMnO$_3$ 纯相,无其他杂质存在。同时,除 h-YMnO$_3$ 薄膜的 $(002n)$ 衍射峰和 c-Al$_2$O$_3$ 基底的 $(003n)$ 衍射峰外,无其他晶面的衍射峰存在,这表明 h-YMnO$_3$ 薄膜为单一面外取向(面外 c 方向),与 c-Al$_2$O$_3$ 基底的面外取向一致。借助 Φ-扫描技术,确定了薄膜与基底之间的面内取向关系。Φ-扫描选用的衍射峰为 h-YMnO$_3$ 的 (112) 峰和 c-Al$_2$O$_3$ 的 (113) 峰,这是由于:① h-YMnO$_3$ 的 (112) 峰和 c-Al$_2$O$_3$ 的 (113) 峰具有相同的面内分量,这是确定二者面内取向关系所必需的条件;②二者均具有较强的衍射强度($I_{[h\text{-}YMnO_3\text{-}(112)]}=100$; $I_{[c\text{-}Al_2O_3\text{-}(113)]}=100$),这有利于获得良好的信噪比。$\Phi$-扫描的结果如图 6.4(b)所示:对于 c-Al$_2$O$_3$ 基底,其在 $0°\sim360°$ 范围内显现出六个尖锐的峰,与其 a-b 面的对称性一致;对于 h-YMnO$_3$ 薄

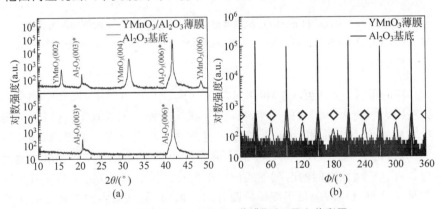

图 6.4　XRD 分析 h-YMnO$_3$ 薄膜取向(见文前彩图)

(a) 2θ-ω 扫描表明 h-YMnO$_3$ 薄膜为纯六方相,c-Al$_2$O$_3$ 基底和 h-YMnO$_3$ 薄膜均为面外 c 取向;(b) h-YMnO$_3$ 的 (112) 峰和 c-Al$_2$O$_3$ 的 (113) 峰的 Φ-扫描结果

膜,其在 $0°\sim360°$ 范围内显现出十二个峰,其中六个强度较高的主峰与 c-Al₂O₃ 基底的六个峰重合,表明其与基底之间存在六次对称的外延关系(对应 h-YMnO₃[100]//c-Al₂O₃[100]的匹配模式),另外强度较弱的六个峰出现在两个主峰的中间位置,即与 c-Al₂O₃ 基底峰之间的角度差为 30°(用菱形符号标记)。这表明薄膜中同时存在另外一种取向,对应于基底之间面内相差 30°的匹配模式。综合 Φ-扫描的结果可知,h-YMnO₃ 薄膜中存在两种畴,分别对应于 h-YMnO₃[100]//c-Al₂O₃[100]和 h-YMnO₃[1̄10]//c-Al₂O₃[100]两种取向关系。

　　进一步地,利用 TEM 衍射衬度成像的方式直观地确定了薄膜的面内结构。当 c-Al₂O₃ 基底处于[100]带轴时,实验获得的 h-YMnO₃ 薄膜的 EDP 如图 6.5(a)所示。分析可知,这种 EDP 是由 h-YMnO₃[100]带轴的 EDP(用白色箭头标记)和[1̄10]带轴的 EDP(用白色方框标记)叠加得到。分别选取[100]带轴 EDP 中的(030)衍射点(衍射点 1)和[1̄10]带轴 EDP 中的(112)衍射点(衍射点 2)进行暗场成像,可以得到如图 6.5(c)和(d)所示的衍射衬度像。两张暗场像均呈现出类似于钢琴琴键的周期性黑白相见的衬度,表明 h-YMnO₃ 薄膜在面内出现了周期性的畴结构。对比图 6.5(c)和(d)可以发现,在相同的区域,二者的衬度相反。根据衍射成像的条件可

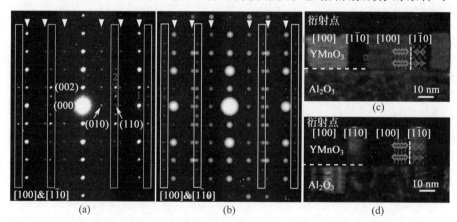

图 6.5　选区电子衍射花样和衍射衬度像确定 h-YMnO₃ 薄膜的面内
周期性结构(见文前彩图)

(a) h-YMnO₃ 薄膜 EDP 的实验图; (b) h-YMnO₃ 薄膜 EDP 的模拟图; (c) 利用衍射点 1 得到的衍射衬度像(红色方框区域的 HAADF-STEM 图像见图 6.6(a)); (d) 利用衍射点 2 得到的衍射衬度像

知,图 6.5(c)中较亮的区域(图 6.5(d)中较暗的区域)对应处于[100]带轴的畴,而图 6.5(c)中较暗的区域(图 6.5(d)中较亮的区域)对应处于[1$\bar{1}$0]带轴的畴。由于 c-Al$_2$O$_3$ 基底处于[100]带轴,因此 h-YMnO$_3$ 薄膜中处于[100]带轴的畴具有 h-YMnO$_3$[100]//c-Al$_2$O$_3$[100]的取向关系;处于[1$\bar{1}$0]带轴的畴具有 h-YMnO$_3$[1$\bar{1}$0]//c-Al$_2$O$_3$[100]的取向关系。两种畴之间的面内夹角为 30°。利用 CrystalKit 软件,构建了面内取向夹角为 30°的孪晶结构,利用 MacTempas 软件对该结构进行了衍射模拟计算,得到如图 6.5(b)所示的模拟衍射花样。模拟衍射花样与实验结果基本一致,进一步验证了薄膜中两种畴结构共存的状态。另外,结合上文中对图 6.3 的分析可以推断,h-YMnO$_3$[100]//c-Al$_2$O$_3$[100]畴处于受压应力状态,h-YMnO$_3$[1$\bar{1}$0]//c-Al$_2$O$_3$[100]畴处于受张应力状态。

为了进一步探究薄膜的显微结构,同时定量确定薄膜的应力状态,利用球差校正的 STEM 对图 6.5(c)中的红色方框区域进行了原子级别的研究。图 6.6(a)为该区域的 HAADF-STEM 图像。HAADF-STEM 图像直观地证明了图 6.5(c)暗场像中衬度较暗的区域处于[1$\bar{1}$0]正带轴(h-YMnO$_3$[1$\bar{1}$0]//c-Al$_2$O$_3$[100]畴),较亮的区域处于[100]正带轴(h-YMnO$_3$[100]//c-Al$_2$O$_3$[100]畴)。二者之间存在约 2 nm 宽度的界面区域。值得注意的是,h-YMnO$_3$[100]//c-Al$_2$O$_3$[100]畴中 Y 离子具有明显的 c 方向的位移,表明该薄膜中的铁电极化仍然保持。由于[100]带轴与[1$\bar{1}$0]带轴之间的夹角为 30°,因此,HAADF-STEM 的结果与 Φ-扫描的结果一致。另外,分别对界面区域左侧、界面区域和界面区域右侧做快速傅里叶变换(fast Fourier transform,FFT),可以得到倒空间的频率信息,如图 6.6(c)~(e)所示。图 6.6(c)与(e)的叠加与图 6.5(a)中的 EDP 结果一致。界面区域的 FFT 接近于[100]带轴与[1$\bar{1}$0]带轴 EDP 的混合,说明界面区域是两个畴区之间的过渡。

进一步地,选取图 6.6(a)中定界符所围的区域进行了定量分析。利用二维高斯函数,可以拟合图 6.6(a)中所有 Y 原子和 Mn 原子的强度和位置,进而能够计算薄膜中每个单胞的晶格常数 a_s。与不受应力的单胞的晶格常数 a_0(a_0=6.14 Å)进行对比,可以得到:h-YMnO$_3$[1$\bar{1}$0]//c-Al$_2$O$_3$[100]畴受到基底大小约为 5.6% 的张应力,而 h-YMnO$_3$[100]//c-Al$_2$O$_3$[100]畴受到基底大小约为 8% 的压应力。应力分布如图 6.6(b)所示。这与图 6.3 中基于结构模型的分析结果一致,但应力的绝对值较基于模型的

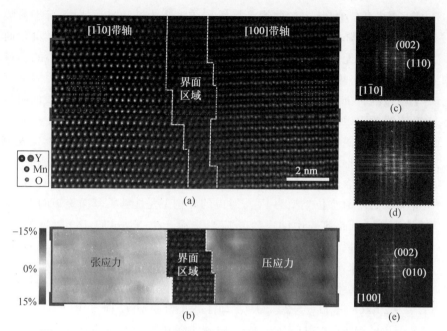

图 6.6　HAADF-STEM 图像表征薄膜显微结构和应力状态（见文前彩图）

(a)［100］带轴畴和［1Ī0］带轴畴及二者界面区域的 HAADF-STEM 图像；(b) 图(a) 定界符
所围区域的应力状态分析；(c)［1Ī0］带轴区域的 FFT 结果；(d) 界面区域的 FFT 结果；
(e)［100］带轴区域的 FFT 结果

计算值偏小。这可能来源于薄膜中 h-YMnO₃［1Ī0］∥c-Al₂O₃［100］畴和
h-YMnO₃［100］∥c-Al₂O₃［100］畴之间的界面区域的贡献。Pompe 等
人[250]报道，薄膜中压应力与张应力交替出现的构型有利于应力的释放，其
中的界面区域能够充当应力的"吸收器"。

　　至此，在 h-YMnO₃ 薄膜中实现了一种具有张应力状态与压应力状态
共存的特殊面内周期性结构。考虑到应力状态与 h-YMnO₃ 磁结构之间的
紧密联系，该薄膜体系的磁性质应当与 h-YMnO₃ 单晶体系和具有单一应
力状态的 h-YMnO₃ 薄膜体系均不相同。下面，对该体系的磁性状态进行
了系统探究。

6.2.3　YMnO₃ 薄膜的磁性表征

　　借助 SQUID，对这种具有复杂应力状态的 h-YMnO₃/c-Al₂O₃ 薄膜进
行了宏观磁性的表征。图 6.7(a) 为薄膜的 M-T 曲线，包含场冷曲线（FC）

和零场冷(ZFC)曲线：FC 曲线是将样品在大小为 2 kOe、方向平行于薄膜表面的磁场中降温至 5 K，然后在 500 Oe 的测量磁场中升温测得；ZFC 曲线是将样品在无外加磁场条件下降温至 5 K，然后在升温时施加小的测量磁场(为了减小热扰动的影响)测得。观察 FC 曲线发现，其在 50 K 附近有一个明显的转折点(对应于薄膜的磁性转变温度)，低于 50 K 时曲线的明显上升表明薄膜中净磁矩的产生。通过对 FC 曲线求一阶导数(图 6.7(a)插图)，能够得到磁转变温度约为 46 K。此外，M-H 曲线在 46 K 以下也表现出明显的滞回性，如图 6.7(b)所示。这表明低温下薄膜中存在磁性相。考虑到薄膜中包含处于压应力状态的 h-YMnO$_3$[100]$/\!/c$-Al$_2$O$_3$[100]畴，而压应力状态下氧空位类型为 V_{OT}，对应的磁构型是能够贡献净磁矩的 $\Gamma 2$ 或 $\Gamma 4$ 构型[82]，因此薄膜中的净磁矩应当来源于 h-YMnO$_3$[100]$/\!/c$-Al$_2$O$_3$[100]畴。另外，观察零磁场附近的 M-H 曲线(图 6.7(b)插图)可以发现，M-H 曲线与水平轴的交点并不关于纵轴对称(曲线沿着磁场强度轴向一侧偏移)，存在交换偏置现象(exchange bias，EB)[251]。通过在方向相反的磁场中($H=+20$ kOe 和 $H=-20$ kOe)冷却样品并测量 M-H 曲线(图 6.7(c))，可以进一步证明 EB 现象的存在[252]：两条曲线在水平方向和垂直方向(来源于未补偿的磁矩[253-254])均不重合。图 6.7(c)插图给出了交换偏置场(H_{EB})随温度的升高而降低的趋势。这种交换偏置现象来源于薄膜中反铁磁相对铁磁相的钉扎作用[251]。考虑到薄膜中包含处于张应力状态的 h-YMnO$_3$[1$\bar{1}$0]$/\!/c$-Al$_2$O$_3$[100]畴，而张应力状态下氧空位类型为 V_{OP}，对应的稳定磁构型为无宏观净磁矩存在的 $\Gamma 1$ 或 $\Gamma 3$ 构型。由此可以推断，薄膜中的反铁磁相来源于处于张应力状态的 h-YMnO$_3$[1$\bar{1}$0]$/\!/c$-Al$_2$O$_3$[100]畴。基于结构表征知道，薄膜中 h-YMnO$_3$[100]$/\!/c$-Al$_2$O$_3$[100]畴和 h-YMnO$_3$[1$\bar{1}$0]$/\!/c$-Al$_2$O$_3$[100]畴在面内呈周期性排列，因此，基于以上分析可知，薄膜的磁性状态为铁磁相在反铁磁相中镶嵌的特殊结构。在这种镶嵌结构中，由于存在铁磁相与反铁磁相之间的界面，磁畴壁的运动在界面处受到反铁磁相的钉扎，因此外加磁场诱导磁畴的翻转(磁畴的翻转伴随着磁畴壁的运动)变得困难。这也是薄膜低温下的磁滞回线具有大的矫顽场($T=20$ K，$H_c=9940$ Oe)的可能原因。

　　M-T 曲线中另外值得注意的特征是：在温度 T_{irr}(不可逆转变温度)以下，ZFC 曲线与 FC 曲线分叉，同时 ZFC 曲线在低于 T_{irr} 的温度范围内出现明显的峰(对应于自旋冻结温度 $T_F \approx 38$ K)。这些特征来源于反铁磁相对铁磁相的钉扎作用，进一步印证了铁磁相在反铁磁相中镶嵌的特殊结

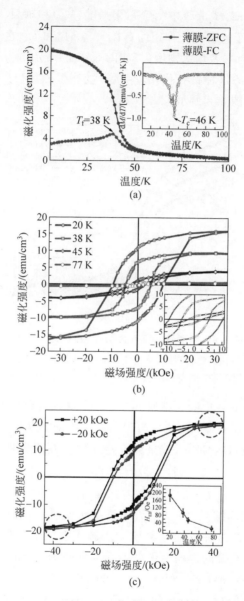

图 6.7　h-YMnO₃/c-Al₂O₃ 薄膜的磁性表征（见文前彩图）

（a）FC 曲线（红色）和 ZFC（绿色）曲线（插图为 FC 曲线的一阶导数）；（b）不同温度下测
量得到的 M-H 曲线（温度低于 46 K 时表现出明显滞回性。插图为 M-H 曲线零场附近
的局部放大图）；（c）交换偏置现象的表征

构[252,255]。同时,M-H 曲线中剩余磁化强度(M_r)和矫顽场(H_c)的行为特征也从侧面反映了这种钉扎作用的存在[256]:M_r 和 H_c 在 T_F 以上较小,而在温度低于 T_F 时二者均急剧增大,如图 6.7(b)所示。为了进一步探究反铁磁相对铁磁相的这种钉扎作用,测量了变测量磁场($H = 1 \sim 10$ kOe)下的 M-T 曲线,如图 6.8 所示。

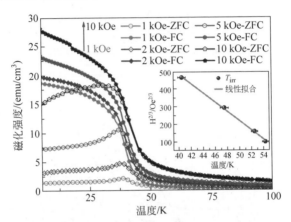

图 6.8　变测量磁场下的 M-T 曲线(见文前彩图)

实心符号对应 FC 曲线,空心符号对应 ZFC 曲线。插图表明 T_{irr} 与 $H^{2/3}$ 之间符合 A-T 线性关系。误差棒是数据的标准差

对比观察图 6.8 中的一系列 FC 和 ZFC 曲线可以发现:ZFC 曲线的峰形及 T_F 峰的位置随着测量磁场(H)的变化而发生改变;同时,T_{irr} 随着测量磁场的增大而单调减小。定量分析发现,T_{irr} 与测量磁场 $H^{2/3}$ 之间符合 Almeida-Thouless(A-T)线性关系[252,255]:

$$H(T_{irr})/\Delta J \propto (1 - T_{irr}/T_F)^{3/2} \tag{6-1}$$

其中,T_F 为自旋冻结温度;T_{irr} 为不可逆转变温度;ΔJ 为磁交换作用常数。T_{irr} 对外场的这种依赖性本质上来源于自旋交互作用对外场的依赖性:在高磁场下自旋的排列会更多地受到外磁场的调控,从而抑制固有的磁相互作用,因此导致 T_{irr} 和 T_F 均向低温移动。

至此,系统的磁性表征揭示了 h-YMnO$_3$/c-Al$_2$O$_3$ 薄膜中铁磁相在反铁磁相中镶嵌的特殊结构。对于前期工作中对无周期性畴结构的 h-YMnO$_3$ 薄膜的表征发现,随着外加磁场的变化,ZFC 曲线峰位置和峰形均无明显变化[82]。这从另外一个角度印证了这种特殊的磁性状态存在的合理性。这种特殊的磁性状态与薄膜中形成的面内周期性畴结构及其对应

的不同应力状态和不同位点的氧空位直接相关。因此,本章工作不仅展示了在 h-YMnO₃ 薄膜中实现丰富磁性质的可行性,而且实验建立了 h-YMnO₃ 薄膜中的磁性状态-应力状态-缺陷状态的对应关系。

6.3　小　　结

本章介绍了利用应力工程调控 h-YMnO₃ 薄膜磁性能的结果。在前期的理论计算和实验探索的基础上,基于脉冲激光沉积的薄膜生长方式,通过控制氧分压等生长条件,在 c-Al₂O₃ 基底上外延生长了 h-YMnO₃ 薄膜,并实现了受压应力畴-界面区域-受张应力畴周期性排列的自组装结构。这种生长条件的改变带来的结构变化源于应力状态和热振动对氧分压的依赖性[257]。基于衍射衬度像、HAADF-STEM 原子分辨图像等实验结果,对薄膜的显微结构和应力状态进行了定量分析。磁性测量结果确定了薄膜中铁磁相在反铁磁相中镶嵌的磁性状态。铁磁转变温度约为 46 K,自旋冻结温度 $T_F \approx 38$ K。多种磁性状态的共存使薄膜中存在丰富而又复杂的磁交互作用。另外,实验发现 h-YMnO₃ 薄膜中铁电极化仍然保持,极化方向沿着面外 c 方向。这为材料中的铁电极化与铁磁自旋之间的耦合创造了条件。这种基于应力工程,通过改变薄膜显微结构和应力状态进而调控薄膜磁性质的研究思路,可以拓展应用到其他类似的多铁性材料体系中,尤其是具有强磁弹耦合的体系。

第7章　电荷有序铁氧化物的新型晶格-电荷二次调制结构

7.1　引　　言

在第 5 章和第 6 章中,系统讨论了氧空位(V_O)对锰氧化物单相多铁性材料的几何铁电性和反铁磁性的影响。除了氧空位以外,材料中另外一种常见的点缺陷是间隙氧原子(O_i)。与 V_O 类似,O_i 也能够引起材料局部的晶格畸变,进而影响相关序参量之间的交互耦合作用。与此同时,V_O 和 O_i 可以分别作为电子和空穴掺杂元素导致材料电学性质的改变。例如,O_i 能够充当一种高迁移率的氧离子贡献 h-$YMnO_3$ 的 p 型导电性,同时不影响材料的铁电极化[258]。综上可知,V_O 和 O_i 都能作为原子级别的调控元素,改变材料的晶体结构、电子结构和磁性质。本章将重点讨论 O_i 对一种电荷有序材料的调控作用。

量子材料中的量子态是凝聚态物理领域研究的重点方向。量子态中的对称性破缺往往能够诱导一系列新奇的现象,如高温超导(high-temperature superconductivity,HTSC)和庞磁阻效应(colossal magnetoresistance,CMR),因此是现代凝聚态物理领域研究的关键问题[259-264]。这种量子态的对称性破缺经常诱导材料电子结构和晶格的调制,如电荷密度波(charge density wave,CDW)、自旋密度波(spin density wave,SDW)[265-266]、电荷有序(charge order,CO)[267] 及周期性原子位移(periodic lattice displacements,PLDs)[268]等。在强关联体系中,电荷、自旋、轨道和晶格往往紧密地耦合在一起,这决定了这种调制结构的复杂性,从而挑战目前已有的探究和理解其本质特征的方法论[259,262]。同时,由于对调制结构的认识程度决定了对材料新奇性能来源的理解和调控[268-269],缺乏对这种调制结构的准确表征和描述会阻碍对材料物理性质的理解。

$LuFe_2O_4$ 是一种电荷有序的量子材料体系,其中存在晶格、电荷和自旋的强关联耦合[31,270-271]。本章将以该材料为基础,对其进行空穴掺杂,探究晶体结构、电子结构和电荷有序性的调制。通过本章内容的研究,明确了 O_i 对 $LuFe_2O_4$ 结构和性能的调控作用。更重要的是,发现并系统研究了一种新型的晶格-电荷调制结构——二次调制结构(second-order modulation,SOM)。通过系统的电子显微学的实验探究和 DFT 计算,给出了 SOM 的正空间、倒空间和能量空间的特征及数学表达,构建了 SOM 模型并定义了一种更加完善、更加普适的调制结构序参量。本章将按照如下方式组织展开:7.2 节介绍传统的调制结构及缺陷态对调制结构的影响;7.3.1 节介绍 $LuFe_2O_4$ 的基本结构和电荷有序性能,作为本章相关内容展开的背景知识;7.3.2 节到 7.5 节是本章的重要章节,系统给出了晶格-电荷二次调制结构的实验结果、理论模拟计算结果及二次调制结构模型,同时讨论了二次调制结构模型的普适性并和传统调制结构进行了比较;7.6 节对二次调制结构进行了延伸和拓展;7.7 节对本章做了总结。

7.2　传统调制结构

7.2.1　调制结构的定义和超空间处理

　　材料中的调制结构被认为是一种相对于具有一定空间群对称性的基本结构的周期性畸变[272]。一般地,如果调制结构的周期性不契合基本结构的周期性,即调制结构的布拉格峰不能用整数指数进行指标化,则这种调制结构被称为非公度调制结构(incommensurate modulation,ICM),反之则为公度调制结构(commensurate modulation,CM)[273]。这种表达是基于对倒空间衍射花样特征的描述。调制结构的衍射花样包含位于倒易点阵的主要衍射峰和一般强度较弱的多余衍射峰,也叫做卫星峰。能够贡献卫星峰的因素包含原子位移的调制[269]、占位有序的调制等[274]。如果定义倒空间基本矢量为 a^*,b^* 和 c^*,那么卫星峰可以用调制矢量 $q_j(j=1,2,\cdots,d)$ 的线性组合表示。其布拉格衍射峰可以表示为[272]

$$\boldsymbol{H} = h\boldsymbol{a}^* + k\boldsymbol{b}^* + l\boldsymbol{c}^* + m_1\boldsymbol{q}_1 + m_2\boldsymbol{q}_2 + \cdots + m_d\boldsymbol{q}_d \tag{7-1}$$

对于 ICM,至少有一个组员 q_j 相较于基本晶格的主要衍射峰是无理的。公式(7-1)给出的布拉格峰的位置表述是一种特殊形式,更加一般地,可以写作

$$\boldsymbol{H} = \sum_{i=1}^{n} h_i \boldsymbol{a}_i^* \tag{7-2}$$

其中,h_i 为整数。在公式(7-2)的定义下,一个理想的晶体可以被看作一系

列具有傅里叶波矢的物质分布,并且可以被表征为有限个(比如 n)傅里叶波矢的线性组合。因此,其衍射花样可以表征为一组分立的布拉格峰,对应地,可以用 n 个整数($h_1, h_2, \cdots, h_n$)指数化。对于一般的晶体,$n=3$,对应有 a_1^*, a_2^* 和 a_3^* 三个矢量。通常,a_1^*, a_2^* 和 a_3^* 写作 a^*, b^* 和 c^*,指数 h_1, h_2 和 h_3 写作 h, k 和 l。对于具有一维调制结构的晶体,可以描述为一个具有周期性平面波畸变的一般晶体,因此 $n=4$,对应有 a_1^*, a_2^*, a_3^* 和 a_4^* 四个矢量。习惯性地将 a_1^*, a_2^* 和 a_3^* 分别定义为 a^*, b^* 和 c^*,对应于主衍射斑;定义 $a_4^* = q$,对应于调制结构的波矢。拓展到二维和三维调制结构时,n 分别等于 5 和 6。

处理调制结构时,一般借用 n 维空间群的概念[272]。首先需要引入劳埃点群 P_L:一个晶体的劳埃点群是指其衍射花样的点对称群,即正交群 $O(3)$ 的有限阶的子群。劳埃点群具有如下性质:①P_L 与 n 维的晶体点群同构型;②存在一组 n 维的、可以投影到傅里叶波矢 $a_1^*, a_2^*, \cdots, a_n^*$ 的欧几里得空间(倒空间)晶格基 $a_{s1}^*, a_{s2}^*, \cdots, a_{sn}^*$;③三维的晶体密度函数 $\rho(r)$ 的傅里叶组元 $\hat{\rho}(h_1, h_2, \cdots, h_n)$ 依附于对应的 n 维倒空间晶格,并被看作是在更高维空间中具有晶格周期性的密度函数 $\rho_s(r_s)$ 的傅里叶组元(r_s 是 n 维空间的位置矢量)。这种处理方式被称为晶体的超空间嵌入。晶体的对称群被定义为嵌入超空间的晶体结构的欧几里得对称群。对应地,如果晶体的衍射花样可以标记为 n 个指数,则该晶体对称性属于 n 维空间群。在这种框架下,具有调制结构的三维晶体可以利用 $(3+d)$ 维超空间群(superspace group)的概念进行表达。

对于位移型晶体调制结构(原子被近似看作一个质点),晶体的整体结构被描述为基本结构与调制结构的叠加:原子相较于具有三维空间群对称性的基本结构,按照调制波的形式发生周期性的位移。对于第 μ 个原子,在基本结构中的位置可以表达为

$$r^0(n, \mu) = n + r^\mu \tag{7-3}$$

其中,n 为晶格矢量。同一原子,在调制结构中的位置可以写作

$$r(n, \mu) = n + r^\mu + U^\mu \sin[2\pi q \cdot (n + r^\mu) + \phi^\mu] \tag{7-4}$$

其中,q 是调制结构波矢;U^μ 为表征第 μ 个原子调制的极化矢量。对应地,晶体的结构因子可以写作

$$S_H = \sum_{n, \mu} f^\mu \exp[2\pi i H \cdot r(n, \mu)]$$

$$= \sum_{n,\mu} f^{\mu} \exp[2\pi i \boldsymbol{H} \cdot \boldsymbol{r}(n + \boldsymbol{r}^{\mu})] \times$$

$$\exp\{2\pi i \boldsymbol{H} \cdot \boldsymbol{U}^{\mu} \sin[2\pi \boldsymbol{q} \cdot (n + \boldsymbol{r}^{\mu}) + \phi^{\mu}]\} \tag{7-5}$$

其中，f^{μ} 为原子的散射因子(一般仍与 $\boldsymbol{H}$ 有关)，计算方法参照公式(2-6)。利用 Jacobi-Anger 关系，可以将公式(7-5)变形为

$$S_{\boldsymbol{H}} = \sum_{n} \sum_{\mu} \sum_{m=-\infty}^{\infty} \exp[2\pi i(\boldsymbol{H} - m\boldsymbol{q}) \cdot (n + \boldsymbol{r}^{\mu})] \times$$

$$f^{\mu} \exp(-im\phi^{\mu}) J_m(2\pi \boldsymbol{H} \cdot \boldsymbol{U}^{\mu}) \tag{7-6}$$

其中，$J_m(x)$ 是 m 阶的贝塞尔(Bessel)函数。关于 n 的求和可以得到一个关于倒空间晶格位置的 δ 函数的求和，即

$$\Delta(\boldsymbol{H} - m\boldsymbol{q}) = \sum_{h,k,l} \delta(\boldsymbol{H} - m\boldsymbol{q} - h\boldsymbol{a}^* - k\boldsymbol{b}^* - l\boldsymbol{c}^*) \tag{7-7}$$

因此，当存在一组整数 h,k,l 和 m 使得下式成立时，结构因子 $S_{\boldsymbol{H}}$ 不消光。

$$\boldsymbol{H} = h\boldsymbol{a}^* + k\boldsymbol{b}^* + l\boldsymbol{c}^* + m\boldsymbol{q} \tag{7-8}$$

基于以上处理方式，以最简单的一维位移型 ICM 为例，具体讨论其倒空间和正空间的表达。在四维空间群($n=3+d$，$d=1$)中，主衍射斑可以指数化为 $(hkl0)$，卫星峰可以用 $(hklm)$ 表达，于是有

$$\boldsymbol{H} = h\boldsymbol{a}^* + k\boldsymbol{b}^* + l\boldsymbol{c}^* + m\boldsymbol{q} \tag{7-9}$$

其中，$\boldsymbol{q}$ 为调制结构波矢，对应 $\boldsymbol{a}_4^*$。正空间中，调制结构的原子位移可以展开为一系列分立的傅里叶级数的形式，于是有

$$\boldsymbol{u}(\mu, \boldsymbol{r}^{\mu}) = \boldsymbol{A}_0^{\mu} + \sum_{n=1}^{\infty} \boldsymbol{A}_n^{\mu} \sin\{2\pi[\boldsymbol{q} \cdot (n + \boldsymbol{r}^{\mu}) + \phi^{\mu}]\} + \boldsymbol{B}_n^{\mu} \cos\{2\pi[\boldsymbol{q} \cdot (n + \boldsymbol{r}^{\mu}) + \phi^{\mu}]\}$$

$$\tag{7-10}$$

为了简单起见，可以只写出第一项正弦波项，则有

$$\boldsymbol{u}(\mu, \boldsymbol{r}^{\mu}) = \boldsymbol{A}^{\mu} \sin\{2\pi[\boldsymbol{q} \cdot (n + \boldsymbol{r}^{\mu}) + \phi^{\mu}]\} \tag{7-11}$$

基于公式(7-11)，如果增加调制结构的维数(如 $d=2$)，则独立的调制波矢量个数增加(对于二维调制结构为 $\boldsymbol{q}_1$ 和 $\boldsymbol{q}_2$)。正空间原子位移中表现为增加独立的傅里叶级数的组元。例如，对于二维调制结构，原子位移可以写作

$$\boldsymbol{u}(\mu, \boldsymbol{r}^{\mu}) = \boldsymbol{A}_1^{\mu} \sin\{2\pi[\boldsymbol{q}_1 \cdot (n + \boldsymbol{r}^{\mu}) + \phi_1^{\mu}]\} +$$

$$\boldsymbol{A}_2^{\mu} \sin\{2\pi[\boldsymbol{q}_2 \cdot (n + \boldsymbol{r}^{\mu}) + \phi_2^{\mu}]\} \tag{7-12}$$

其中，$\boldsymbol{A}_1^{\mu}$ 和 $\boldsymbol{A}_2^{\mu}$ 分别为与 $\boldsymbol{q}_1$ 和 $\boldsymbol{q}_2$ 波矢对应的振幅；ϕ_1^{μ} 和 ϕ_2^{μ} 分别为与 $\boldsymbol{q}_1$ 和 $\boldsymbol{q}_2$ 波矢对应的相位；振幅和相位均为常数。更高维度的调制结构的倒

空间和正空间表达可以以此类推。

7.2.2　调制结构中的异常

在实际材料中,往往比以上讨论(材料均为完美晶体)的情况更为复杂。由于实际材料中不可避免地会出现缺陷、杂质或者局部应力等不完美因素,因此长程有序的调制结构很容易被破坏,进而形成各种拓扑缺陷,如相位位错、孤立子(soliton)等[269,275-277]。典型的例子包括铜氧化物超导体系 $Bi_2Sr_{2-x}La_xCuO_{6+\delta}$ 中 O_i 引入的相位孤立子[276],以及电荷有序的 Mn 氧化物($Bi_{0.35}Sr_{0.18}Ca_{0.47}MnO_3$,BSCMO)中周期性离子位移相位的不连续导致的相位位错[269]。在铜氧化物超导体系 $Bi_2Sr_{2-x}La_xCuO_{6+\delta}$ 中,O_i 原子分布在 CuO_2 面附近,使得局部的晶格平移对称性发生改变,引起原有的结构调制出现异常,形成所谓的孤立子[276]。这种孤立子的存在导致调制波的相位出现 $\pi/3$ 的移动,进而改变了调制结构的相位空间,如图 7.1(a)所示。同时,这种孤立子也影响着材料局部的电荷分布,从而改变体系的超导性能[276]。对于电荷有序的 Mn 氧化物(BSCMO),电荷有序结构能够引起周期性的原子位移,但长程的电荷有序结构和周期性原子位移很容易被图 7.1(b)所示的缺陷结构打破[269]。这种缺陷结构本质上是调制结构的相位缺陷。图 7.1(b)展示的是一种典型的相位位错,即在周期性原子位移的波前出现相位的畸变。这种行为非常类似于晶格的刃位错中一列原子面的突然消失(多余半原子面),从而引起局部的晶格变形。相位位错表征了相位的突变及其引起的相位空间的变形。相位位错产生的位置,晶格中其实并不存在多余半原子面[269]。

这些调制结构中的拓扑缺陷能够改变调制结构的相位(有时也会改变振幅,如相位位错的核心处,原子位移的振幅降低),从而在相位空间(或振幅空间)产生异常。这种相位空间的改变可以通过相位应力(ε_c)的定义帮助理解,如公式(7-13)所示[86]:

$$\varepsilon_c = \boldsymbol{q}/q \cdot \nabla\phi(\boldsymbol{r}) \tag{7-13}$$

其中,$\boldsymbol{q}$ 为调制波波矢;$\nabla\phi(\boldsymbol{r})$ 为相位梯度。相位应力可以在一定程度上给出调制波相位的演化方式,表征调制波相位空间的畸变。

以一维调制结构为例,利用图 7.2 中的模型示意图,简单对比了三种不同类型调制结构(包括传统调制结构、具有相位和振幅空间畸变的调制结构和二次调制结构)的特征。如前所述,调制结构可以用一个复序参量表征,

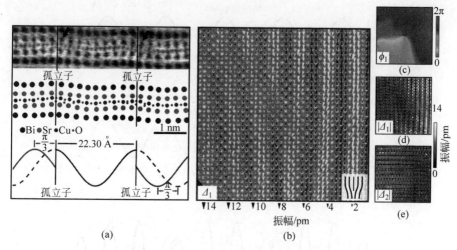

图 7.1　两种典型的调制结构异常[269,276]

(a) 铜氧化物超导体系中由 O_i 引入的孤立子导致调制结构相位改变 $\pi/3$[276]；(b) 电荷有序锰氧化物中存在的调制结构的相位位错（图中展示了对应于波矢 $\boldsymbol{q}_1$ 的周期性原子位移 Δ_1 的分布图，其中相位位错的伯格斯矢量为 $\lambda_{PLD}\hat{\boldsymbol{q}}_1$）；(c) 图(b)所示区域内的相位 ϕ_1；(d) 图(b)所示区域内的 $|\Delta_1|$；(e) 图(b)所示区域内的 $|\Delta_2|$

在数学上可以展开为傅里叶级数的形式。一般地，不管是 CM 或者 ICM，对于每个傅里叶组元，其相位和振幅均为常数[272-273,278-279]。对于最简单的传统的一维调制结构，如图 7.2(a)所示，其中调制波波矢为 $\boldsymbol{q}$，振幅 $A=A_0$，相位 $\phi=\phi_0$，相位和振幅均为常数。增加维度，只会增加独立的波矢的个数和傅里叶组元的个数，而对于每一个波矢，其相位和振幅仍保持为常数[272]，如对于二维调制结构，$\boldsymbol{q}=\boldsymbol{q}_1,\boldsymbol{q}_2$，$A=A_1,A_2$，$\phi=\phi_1,\phi_1$。而在实际材料中，当长程有序的调制结构被上述提到的缺陷结构影响时[269,275-277]，传统的一维调制结构中往往会存在相位的异常（如相位孤立子），如图 7.2(b)所示。这种情况下，调制结构的相位不再为常数，而是关于位置矢量 $\boldsymbol{r}$ 的函数，即有 $\phi=\phi(\boldsymbol{r})$。这对于振幅空间同样适用（$A=A(\boldsymbol{r})$）。这种相位空间和振幅空间的改变暗示相位空间和振幅空间可能存在附加的自由度，即存在相位空间和振幅空间的调制波，或称作二次调制波（波矢为 $\boldsymbol{q}_s$），如图 7.2(c)所示。此时，调制波的相位和振幅不仅与位置矢量（$\boldsymbol{r}$）有关，也同时是二次

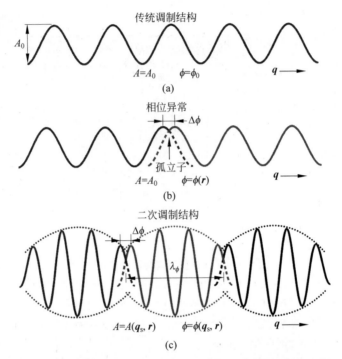

图 7.2 不同种类调制结构的模型示意图(以一维调制结构为例)

(a) 传统一维调制结构(调制结构波矢为 q,相位 ϕ 和振幅 A 均为常数);(b) 在一维调制结构中存在相位的异常(如相位的不连续($\Delta\phi$),这导致了调制结构的相位成为位置矢量(r)的函数);(c) 二次调制结构(相位和振幅均被一个二次调制波调控,从而成为二次调制波矢(q_s)和位置矢量(r)的函数

调制波矢 q_s 的函数,即有 $A=A(q_s,r)$ 和 $\phi=\phi(q_s,r)$。本章工作在空穴掺杂的 $LuFe_2O_{4+\delta}$ 体系中发现并系统研究了这种二次调制结构(SOM),在下文中进行展开介绍。

7.3 空穴掺杂 $LuFe_2O_{4+\delta}$ 的晶格-电荷二次调制结构

7.3.1 $LuFe_2O_4$ 的结构和电荷有序性

$LuFe_2O_4$ 是一种室温下的电荷有序体系,空间群为 $R\bar{3}m$(No. 166),具有沿 c 方向的层状结构[31,47,280],如图 7.3(a)所示。两层 Lu-O 层之间夹着两层 FeO_5 三角双锥体层,构成三明治类型的结构。从 c 方向观察,每一层

Fe 离子的晶格均为三角形,两层 Fe 离子的三角形晶格构成蜂窝状。计算化学计量比的 $LuFe_2O_4$ 中 Fe 的价态容易发现,Fe 离子的名义价态为 +2.5 价。结合宏观的莫斯堡尔(Mössbauer)谱的测量结果可知,Fe 离子一半为 +2 价离子(Fe^{2+} 离子),一半为 +3 价离子(Fe^{3+} 离子)[281]。对于每一层 Fe-O 层,当等量的 Fe^{2+} 离子和 Fe^{3+} 离子排布在三角形晶格中时,会引入电荷排布的阻挫行为[244]。这种电荷的二维阻挫行为类似于三角形晶格中的反铁磁 Ising 自旋或自旋阻挫(参看 1.2.3 节):电荷的二维阻挫中,第三个三角形顶点不论是电子过量还是空穴过量,体系能量均相同,如图 7.3(a) 所示。这决定了 $LuFe_2O_4$ 晶体结构和电子结构对外界电荷的敏感性:如在晶体结构方面,Hervieu 等人[282]报道了在氧气气氛中退火可以得到一系列晶体结构的演变及不同的调制结构;在电学性质方面,Cao 等人[283]报道了 $LuFe_2O_4$ 的化学敏感性,其输运性质敏感地受控于环境气氛和其化学组成。以上实验结果暗示了该体系中存在多种可能的调制结构,这也是选择该体系进行晶格、电荷调制结构研究的原因。

对于 $LuFe_2O_4$ 的电荷有序结构,考虑到其中的电荷阻挫,Yamada 等人[284]提出了可能的电荷有序结构构型,即 Fe^{2+} 和 Fe^{3+} 排列的超结构,称为 $\sqrt{3} \times \sqrt{3}$ 超结构,即在 a-b 平面沿着 [110] 方向扩大三倍。这种结构被中子衍射的实验结果证实。中子衍射的实验结果表明[285],在 330~500 K 范围内,$LuFe_2O_4$ 的衍射花样中存在沿着 $(h \pm 1/3, k \pm 1/3, l)$ 方向延伸的超衍射弥散条纹,表明体系为二维的电荷有序;而在温度低于 330 K 时,弥散的条纹凝结成布拉格衍射斑点,这表明体系为三维电荷有序。一组衍射斑点的指数为 $(1/3+\delta, 1/3+\delta, l+1/2)$,其中 $\delta = 0.0027$,另外一组衍射斑点位于 $(\pm\delta', \pm\delta', 3l/2)$,其中 $\delta = 0.030$,二者随温度不同发生相应的变化。

电荷有序结构通过电子关联效应(而不是共价键)能够形成长程有序排列的电偶极矩,从而贡献自发的铁电极化。具有电荷有序结构的材料也被称为电子铁电体[286]。而对于 $LuFe_2O_4$ 中是否存在电荷有序贡献的宏观自发铁电极化,研究者们持有不同的观点。Ikeda 等人[31]通过观测热电流的方式检验到了 $LuFe_2O_4$ 中铁电极化强度(通过积分热电流获得)随温度的变化:自发极化强度在磁转变点(250 K)和电荷有序转变点(330 K)附近有明显转折,因此认为体系中存在由 Fe^{2+} 和 Fe^{3+} 的有序性贡献的自发极化。Angst 等人[287]通过探究同步辐射 X 射线的实验结果并结合 DFT 计算认为,体系的基态是反铁电与磁性的耦合,而非铁电极化态。de Groot 等人[33]通过 X 射线结构精修,并利用键价求和(bond-valence-sum,BVS)的方式确定了 Fe^{2+} 和 Fe^{3+} 的位置,报道了一种新型的电荷有序结构,认为其中 Fe-O 双层为带电的非极性层。考虑到 $LuFe_2O_4$ 的结构和性能对氧化学计量比强烈敏感的依赖性,这种不同研究组之间研究结果的差异可能源于所使用材料的氧化学计量比的微小差异。另外,不同的实验结果也可能与体系不同状态(如铁电或反铁电)之间较小的能量势垒有关:体系能够在热扰动或外界电场的诱导作用下轻易地从一种状态转变到另一种状态。考虑到 $LuFe_2O_4$ 电荷有序的复杂性和多样性,其电荷有序的结构和可能的自发铁电极化仍是一个值得深入探究的课题。本章的研究工作就是在这样的背景下展开的。

7.3.2 晶格二次调制结构

研究采用的体系为适量空穴掺杂的 $LuFe_2O_{4+\delta}(\delta \approx 0.15)$ 体系。利用高分辨扫描透射电子显微术,系统探究了该体系中的新型晶格-电荷调制。倒空间的 EDP 如图 7.3(b)所示,其中包含一系列明显的卫星峰(或称超衍射斑)。这种 EDP 与化学计量比样品的 EDP 有明显不同(在图 7.4 中进行详细对比),表明掺杂后体系中出现了新型的调制结构。图 7.3(e)为 $LuFe_2O_{4+\delta}$ 体系沿着[100]带轴的 HAADF-STEM 图像。图中较亮的原子柱为原子序数较大的 Lu 原子柱,较暗的双层原子柱为原子序数相对较小的 Fe 原子柱(由于 HAADF-STEM 图像为 Z 衬度像),与图 7.3(e)右上角插图中的原子投影模型一致。

在定量分析新型的 EDP(图 7.3(b))之前,将空穴掺杂体系的 EDP 与化学计量比体系的 EDP 进行对比,如图 7.4 所示。对于化学计量比的样品,其[210]带轴的 EDP(图 7.4(a))中主衍射斑遵从 $R\bar{3}m$ 的对称性,三角形箭头标记出的弥散衍射强度来源于室温下的电荷有序结构,与文献报道的 X 射线衍射花样一致[244];[100]带轴的 EDP(图 7.4(b))中并未观察到明显的卫星峰。对于空穴掺杂的 $LuFe_2O_{4+\delta}$,其[210]带轴的 EDP(图 7.4(c))中卫星峰较弥散,强度较弱;而在[100]带轴的 EDP(图 7.4(d))中,除了具有 $R\bar{3}m$ 对称性的主衍射斑以外,能够观察到明显的与化学计量比样品不同的卫星峰。综上可知,空穴掺杂的 $LuFe_2O_{4+\delta}$ 体系的[210]和[100]带轴的 EDP 具有与化学计量比样品明显不同的特征,这表明 $LuFe_2O_{4+\delta}$ 体系中存在一种新型的调制结构。下面对这种新型调制结构在倒空间和正空间的特征进行分析。

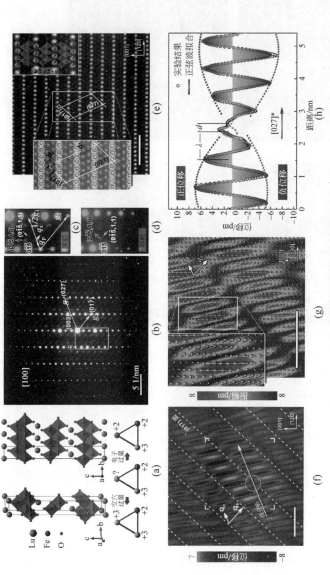

图 7.3 二次非公度调制结构（见文前彩图）

（a）上图为菱方晶系 LuFe₂O₄ 的结构模型（空间群，$R\bar{3}m$）及沿 a 轴的投影模型，下图表征体系中存在的电荷阻挫结构；（b）[100]带轴的 EDP（包含一系列多余的衍射卫星峰）；（c）图（b）中白色实线框部分的局部放大图（矢量 q_p 和 q_s 分别为主要调制结构（primary modulation，PM）和二次调制结构（SOM）的波矢。q_p 沿 $g_1=[027]^*$ 方向，q_s 沿 $g_2=[01\bar{7}]^*$ 方向，q_p 和 q_s）；（d）基于公式（7-16）的模型模拟的 EDP（与实验结果具有很好的一致性。第四个（m_1）和第五个指数（m_2）分别对应图 q_p 和 q_s）；（e）[100]带轴的 HAADF-STEM 图像（左侧的局部放大图显示了（027）面和（017）面（相位在（017）面的面间距一致的。分别用 d_1 和 d_2 表示。菱形框的间距对应图（c）中 q_p 和 q_s 中定界符划定的区域内提取出的 Lu 原子周期性位移（相位在（017）面（用白色虚线表示出现周期性的移动）；（g）从图（f）中定界符划定的区域内提取出的 Lu 原子位移矢量图（箭头的方向表征原子位移的方向，箭头的大小及背景颜色表征位移的振幅）；（h）在图（f）中箭头位置沿着 q_p 方向进行的原子位移线分析表明相位的移动（$\Delta\phi=2\pi d/\lambda$）和振幅的波动，其中振幅的波动可以用虚线包络线表示。所有的标尺均为 2 nm

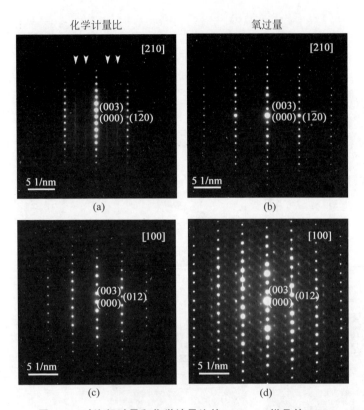

图 7.4 对比氧过量和化学计量比的 LuFe₂O₄ 样品的 EDP

(a) 化学计量比样品的[210]带轴的 EDP；(b) 氧过量的 $LuFe_2O_{4+\delta}$ 的[210]带轴的 EDP；(c) 化学计量比样品的[100]带轴的 EDP；(d) 氧过量的 $LuFe_2O_{4+\delta}$ 的[100]带轴的 EDP

图(a)和(b)中白色箭头指示的卫星峰来自于室温下的电荷有序。这种位于($h\pm1/3$,$k\pm1/3$,l)并被锯齿形的、弥散的衍射线连接的衍射峰特征与之前 X 射线衍射的实验结果一致[244]；图(c)和(d)具有与化学计量比的样品明显不同的特征,表明体系中存在一种迥然不同的调制结构

　　仔细观察 $LuFe_2O_{4+\delta}$ 体系 EDP 的局部放大图(图 7.3(c))能够发现,每一个强的、锐利的超衍射斑(对应主要调制 PM 波矢,q_p)周围都伴随着一个较弱的超衍射斑(对应二次调制 SOM 波矢,q_s)。这种构型与传统的二维调制结构的 EDP 有明显不同,后者的两套超衍射斑均分布在主衍射点附近[272,278-279]。定量测量两组超衍射斑对应的倒空间长度与角度可知:明锐的超衍射斑的方向沿 $g_1=[027]^*$ 方向,数量关系满足 $q_p\approx0.135g_1$;较弱的超衍射斑沿 $g_2=[01\bar{7}]^*$ 方向,满足 $q_s\approx0.110g_2$。将(027)和(01$\bar{7}$)面绘制到正空间的 HAADF-STEM 图像中可以发现,(027)和(01$\bar{7}$)面分别对应

[100]带轴投影下 Fe 原子和 Lu 原子排列的两个晶面,如图 7.3(e)中左侧局部放大图所示。由于倒空间新的衍射斑点的出现表示实空间对应的晶面出现了新的周期(晶格的调制),因此 EDP 的实验结果暗示了(027)和(0$\bar{1}$7)晶面的变化。基于对实空间的原子位置的定量分析,进一步解析了晶格的调制结构。

　　基于峰对算法(peak-pair algorithm,PPA)对实空间中 Lu 原子和 Fe 原子的位置进行了测量并分析其相对于平衡位置的位移。PPA 算法是 Galindo 等人[288-289]开发的内嵌于 Digital Micrograph 软件中的算法程序。PPA 工作在实空间,基于一系列原子分辨图像(HRSTEM 或 HRTEM 图像)中寻得的原子位置,在各个节点计算局域的、分立的原子位移场,具体如下[288]:①算法第一步首先确定原子柱的位置。对于每个原子柱,通过计算和对比每个像素点及其周围 8 个相连的像素点的强度,得到像素点强度的局部最大值,以此作为该原子柱的位置(周围 8 个像素点的强度均小于该像素点)。因此,容易推断,该种方法的最大分辨率为 1×1 像素点。利用二维(2D)插值法,也能得到亚像素点的分辨率;②选取参考区域内的两个非共线的矢量作为基矢,利用该基矢和图像中原子强度最大值确定图像中的峰对(pairs of peaks);③通过对比峰对和两个非共线基矢及求解一系列线性方程,获得精确的位移场。

　　图 7.3(f)和(g)分别展示了 Lu 原子周期性位移大小和位移矢量的分布。图中最明显的特征是沿着 $\boldsymbol{q}_p$ 方向(即[027]* 方向),原子的正位移(红色表示)和负位移(蓝色表示)条纹区域周期性地间隔分布。这使得(027)晶面出现新的周期,从而贡献了倒空间沿 $\boldsymbol{q}_p$ 方向的强的超衍射斑。值得注意的是,位移分布图中一个重要特征是正位移与负位移的条纹并不是连续分布的,而是在(0$\bar{1}$7)面上出现周期性的错动,如图 7.3(f)中白色虚线位置所示。这导致了 Lu 原子的位移呈现蛇形曲线的分布,如图 7.3(g)局部放大图所示。这种周期性的错动导致(0$\bar{1}$7)面出现了新的周期,这与倒空间 $\boldsymbol{q}_s$ 方向([0$\bar{1}$7]* 方向)产生的弱的超衍射斑相对应。沿主要调制结构波矢 $\boldsymbol{q}_p$ 方向做原子位移的线分析,可得到图 7.3(h)所示的结果。对比分析图 7.3(f)和(h)的结果能够发现,(0$\bar{1}$7)面上的错动(图 7.3(f)中圆圈位置)来源于调制波中的相位不连续($\Delta\phi = 2\pi d/\lambda$)。进一步对线分析的实验结果进行拟合发现(图 7.3(h)),实验中测量得到的原子位移结果可以用两个相位不同、振幅周期性振荡的正弦波拟合,这表明了该调制结构中相位和振幅非恒定的特征。同时,在相位发生异常间断的位置,调制结构的振幅出现

最小值。这种情况与之前理论工作预测的结果一致[290-291]：调制结构的振幅在相位畸变的位置坍塌，从而能够避免体系能量的发散。这种相位和振幅的异常在体系中形成了新的周期结构，即产生了新的调制。其本质是在调制结构的相位和振幅空间中引入了二次调制波矢 q_s。因此，这种调制结构可称作二次调制结构（SOM）。

除了以上展示的相对和谐、整齐的 SOM 外，对较大范围的区域进行了进一步的分析发现，在体系中也存在随机分布的拓扑缺陷（如相位位错）。较大范围的 HAADF-STEM 图像如图 7.5（a）所示。同样地，利用 PPA 算法可以得到如图 7.5（b）所示的周期性原子位移大小的分布。与之前的结果一致，沿着主要调制波矢 q_p 方向存在正位移与负位移交替排列的周期性结构。同时，沿着二次调制波矢 q_s 方向存在相位和振幅周期性的调制。在此基础上，值得注意的是，该区域内存在相位和振幅调制的缺陷结构，如图 7.5（b）所示，如位错、变形、旋转等。类似的相位位错在电荷有序的锰氧化物体系中也有过报道[269,277,292]。这种缺陷结构可能来源于杂质、弹性形变或电子结构的不连续性，从而作为钉扎中心，打破相位和振幅调制的长程有序[290,293]。这种缺陷结构的存在同时也解释了实验中与二次调制波矢 q_s 对应的衍射峰的弥散性。

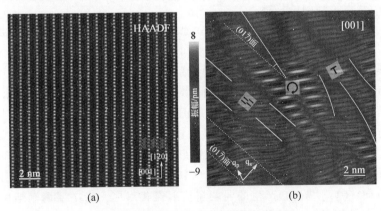

(a)　　　　　　　　　　　　　　(b)

图 7.5　不同类型的调制结构拓扑缺陷

（a）［100］带轴的 HAADF-STEM 图像；（b）与图像（a）对应的周期性原子位移分布图
沿着 q_p 方向交替出现的正原子位移和负原子位移贡献了 PM。同时也存在沿着 q_s 方向的
SOM。但更重要的是，该区域内显示了不同种类的调制结构拓扑缺陷，如剪切变形和类似于
晶格刃位错的相位位错（用 ⊥ 表示）

7.3.3　电荷二次调制结构

周期性原子位移(PLDs)本质上是由电荷密度的调制结合电荷-晶格的耦合(电荷有序体系中往往存在紧密的电荷-晶格耦合)贡献的。考虑到 $LuFe_2O_4$ 电子结构的敏感性及 $LuFe_2O_{4+\delta}$ 体系的空穴掺杂特性,这种新型的调制结构很有可能与异常的电荷调制密切相关。因此,借助高空间分辨的 STEM-EELS 对体系的电荷调制进行了分析。

在此之前,首先确定了体系的空穴掺杂特性。图 7.6 展示了空穴掺杂 $LuFe_2O_{4+\delta}$ 体系(实线)和化学计量比 $LuFe_2O_4$ 体系(虚线)的 O-K 边和 Fe-$L_{2,3}$ 边的 EELS 谱。此处展示的 EELS 谱经过了零峰漂移校正、背底扣除和去除多重非弹性散射等一系列处理[162]。对于 O-K 边,可见的、能够区分的主要有三个峰,包含一个前置峰 a(约 533 eV)、b 峰和 c 峰:前置峰 a 主要来源于 O 2p 轨道与 Fe 3d 轨道的杂化;b 峰和 c 峰主要来源于 Lu d 轨道与 O p 轨道的耦合[179]。因此,对比空穴掺杂体系($LuFe_2O_{4+\delta}$)和化学计量比体系($LuFe_2O_4$)能够发现:$LuFe_2O_{4+\delta}$ 体系的 O-K 边的前置峰 a 相对于 $LuFe_2O_4$ 体系强度有明显增强,同时,相较于 $LuFe_2O_4$ 体系,$LuFe_2O_{4+\delta}$ 体系的 Fe-$L_{2,3}$ 边向高能量损失方向移动。这均表明了 $LuFe_2O_{4+\delta}$ 体系的空穴掺杂性质。O-K 边和 Fe-$L_{2,3}$ 边的强度和形状的改变证明了空穴掺杂导致的 Fe 和 Lu 原子的化学环境(尤其是氧环境)的改变。

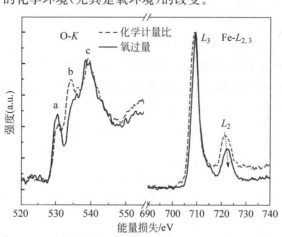

图 7.6　$LuFe_2O_{4+\delta}$ 体系和 $LuFe_2O_4$ 体系的 O-K 边和 Fe-$L_{2,3}$ 边

氧过量体系 O-K 边的前置峰强度相对于化学计量比体系有明显上升,同时 Fe-$L_{2,3}$ 边向高能量损失方向移动,这均表明了氧过量体系中的空穴掺杂状态由 2.4.6 节内容可以知道,过渡金属元素的 $L_{2,3}$ 边的强度与 3d 轨道的占据状态直接相关,$L_{2,3}$ 边的特征,如峰的形状[294]、位置[168,295]和 L_3/L_2 强度比[234,296],均可作为过渡金属价态的指示剂,从而能够用于定量分析过渡金属的价态情况和电荷分布情况。因此,借助 $LuFe_2O_{4+\delta}$ 体系中 Fe-$L_{2,3}$ 边的变化来表征体系的电荷调制状态。为了获取高空间分辨率的信息,在该体系中采集了原子分辨的 EELS 面分布图。图 7.7(a)展示了采集区域的 HAADF-STEM 图像。在图 7.7(a)中的绿色方框内逐像素点地采集了原子分辨的 Fe-$L_{2,3}$ 边的 EELS 谱,如图 7.7(b)所示(图中每个像素点为一个 EELS 谱)。同时逐像素点地采集了与其一一对应的 HAADF-STEM 图像,展示在图 7.7(c)的插图中。得益于样品台和损失谱仪的高稳定性,HAADF-STEM 图像和 EELS 面分布图均显示出了清晰的 Fe 原子的晶格,同时 EELS 面分布图与 HAADF-STEM 图像具有良好的对应性。这允许我们对每一列 Fe 原子柱进行单独的分析。代表性地,图 7.7(c)展示了来自于位置 A~C 经过处理的三个 Fe-$L_{2,3}$ 谱曲线(处理方式与图 7.6 一致)。由于外层电子对内层电子的屏蔽作用随着价态的升高而减弱,因此高的能量损失(向高能量方向化学位移)对应元素的价态较高;同时,过渡金属的 $L_{2,3}$ 比在 3d^5 构型下(对于 Fe 离子为 Fe^{3+})达到最大值。综合化学位移和 $L_{2,3}$ 比可知,对于 Fe 离子,高能量损失和大的 $L_{2,3}$ 比对应高的化学价态(价态低于+3 价时)[168,234,296]。分析图 7.7(c)发现,从位置 C 到位置 A,峰位和 $L_{2,3}$ 比均单调增加,表明 Fe 离子价态单调增加。

进一步地,提取出图 7.7(b)中每一个 Fe 原子柱的 $L_{2,3}$ 比,用颜色梯度表示其数值并叠加在 Fe 原子的晶格模型上,如图 7.7(d)所示。观察图中价态分布能够发现清晰的电荷密度的调制。利用一系列(027)面(灰色虚线)和($01\bar{7}$)面(蓝色和黄色虚线,表征不同相位),能够很好地表示和拟合这种电荷的调制(沿着[027]* 和[$01\bar{7}$]* 方向的虚线间隔分别对应 $\boldsymbol{q}_p$ 和 $\boldsymbol{q}_s$ 正空间的距离):电荷分布沿[027]* 方向($\boldsymbol{q}_p$ 方向)出现周期性的调制,同时在($01\bar{7}$)面上,电荷的分布出现周期性的不连续($\Delta\phi$),导致沿 $\boldsymbol{q}_s$ 方向出现新的周期。为了更清晰地表达和解析这种周期性的电荷不连续,沿 $\boldsymbol{q}_p$ 方向做了积分线分析,结果如图 7.7(e)所示。图中每个实验点来源于一个(027)面中所有原子 $L_{2,3}$ 比的积分平均,曲线以 $\boldsymbol{q}_p$ 方向的距离(单位为(027)面的面间距)作为自变量。多次尝试发现,积分线分析结果只能用两个相位相异的正弦波函数进行拟合,二者之间的相位差为 $\Delta\phi \approx 0.20 \times 2\pi$。这与

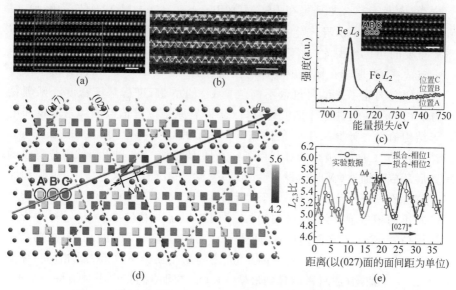

图 7.7   原子分辨的 EELS 表征电荷的调制结构（见文前彩图）

(a) [100]带轴的 HAADF-STEM 图像；(b) 原子分辨的 Fe-$L_{2,3}$ 边（从图(a)绿色方框内采集得到）；(c) 从位置 A~C 提取的 EELS 谱（谱峰形状和位置的不同表明不同位置的原子价态的不同。逐像素点采集的 HAADF-STEM 图像（右上角插图）显示出原子分辨率）；(d) 从图(b)中每个 Fe 原子柱采集、计算的 Fe-$L_{2,3}$ 比（用颜色梯度表示。从图中可以观察到明显的价态波动。虚线网格间距对应 q_p 和 q_s 正空间的长度）；(e) 沿着 q_p 方向，对每个(027)面的 $L_{2,3}$ 比的积分平均（对应于图(d)的箭头位置，实验结果可以被两个周期相同、相位不同的正弦曲线拟合，表明相位的不连续($\Delta\phi$)。标尺为 1 nm）

上文中正空间 PLDs 及倒空间 EDP 的分析结果一致（图 7.3(h)，$\Delta\phi \approx 0.17 \times 2\pi$）。另外，注意到，对 $L_{2,3}$ 比的测量存在一定程度的误差（图 7.7(e)），这可能来源于一些广泛认可的因素，如非弹性散射的离域效应、谱线展宽效应和电子束能量展宽效应等[297-299]。以上的实验测量和分析结果表明了电荷调制结构中存在准周期的电荷调制的不连续，这是周期性原子位移（PLDs）中相位异常和振幅波动的内在原因。同时，这种电荷的调制结构也可以用二次调制结构（SOM）来很好地描述。

7.4   第一性原理计算

为了进一步探究晶格-电荷二次调制的本质来源，进行了第一性原理计算。考虑到 HTSC 体系中，局部结构和载流子的密度敏感地受控于 O_i 的位置、浓度等[268]，尤其是在 BSCMO($Bi_{0.35}Sr_{0.18}Ca_{0.47}MnO_3$)体系中，$O_i$ 能够在结构调制中诱导产生相位孤立子[276]。这表明 O_i 在调制结构中扮演着重要的角色。因此，对于氧原子过量的 $LuFe_2O_{4+\delta}$ 体系，将研究关注的重点放在 O_i 原子在体系中发挥的作用方面。

　　研究构建了一系列包含不同位置 O_i 的单胞，进行基于密度泛函理论 (DFT) 的第一性原理平面波计算，以获得氧原子位置依赖的体系能量和电子结构信息。计算采用的条件如下：采用的计算包为 Quantum Espresso 计算包[300]；自旋-极化计算利用了广义梯度近似[301]；利用超软赝势将波函数展开成平面波（截断能设定为 600 eV）[302]；所有单胞构型中，单胞和原子位置同时进行优化，直到原子力小于 0.025 eV/Å。值得注意的是：①对于较小的超单胞，周期性排列的 O_i 之间的相互作用不可忽略；②对于位于不同位置（指 a-b 平面内位置，即图 7.8(a) 中位置 A~E）的 O_i，其周期性排列后具有相同的 O_i-O_i 距离，因此 O_i 之间的相互作用力相似或相同。综上可知，为了消除（或将影响降到最低）O_i-O_i 之间的耦合作用对结果的影响，可以采用相对的体系总能量（即具有不同 O_i 构型的体系的能量差值；最低的能量作为参考基准能量）作为比较标准。

　　根据 $LuFe_2O_4$ 体系的对称性可知，在 a-b 平面内 O_i 可能的位置有 A~E 五个位置，如图 7.8(a) 左图所示。由于 $LuFe_2O_4$ 的层状结构是通过在 c 方向重复地堆叠堆垛单元（图 7.7(a) 右图）获得的，因此，通过在 c 方向上搜寻 O_i 在一个堆垛单元中的所有可能位置而获得的能量最小值位置，即为全局的最低能量位置。图 7.8(a) 右图中的竖直彩色实线（分别与 a-b 平面内的位置 A~E 相对应）表示了 O_i 在离开 a-b 平面时连续变化的 z 坐标位置。对于每一个面内位置（A~E），都以 z 坐标为自变量，计算了体系的基态能量与其 z 坐标的关系曲线，从而获得了势能表面，如图 7.8(b) 左图所示。如上所述，为了减小 O_i-O_i 耦合作用的影响，将最低能量作为基准能量，计算获得了其他体系能量相对于该能量的相对值（图 7.8(b) 左图纵轴为相对能量）。仔细观察图 7.8(b) 左图可知，在所有的 z 坐标中，位置 A 都是能量最低的位置。这是由于位置 A 具有最大的空隙空间。在所有的位置 A 中（相同的 x-y 坐标，不同的 z 坐标），一个特殊位置的能量具有最低值：将该位置标记为位置 A_0，$z/c = 0.7816$。对于位置 A_0，其具有最短的 Fe-O_i 键长。更重要的是，位置 A_0 恰好位于两个过 FeO_5 六面体共有棱的平面的交界处，即为 (027) 面和 (01$\bar{7}$) 面的交点处，如图 7.8(b) 右图所示。值得注意的是，(027) 面和 (01$\bar{7}$) 面的法线方向恰好分别为主要调制波矢 $\boldsymbol{q}_p$

和二次调制波矢 q_s 的方向。这表明了 O_i 对于调制结构的贡献。

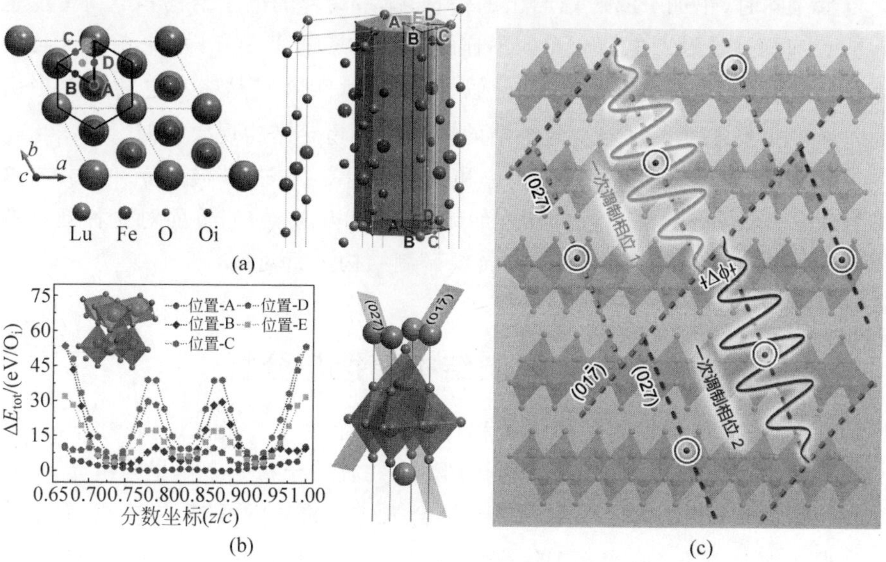

图 7.8　利用 DFT 计算 SOM 的来源（见文前彩图）

(a) 计算中考虑的五个独立的间隙位置（分别标记为位置 A～E。每个位置包含一系列 z 方向的位置，即其 z 坐标可在右图对应的垂直线上连续变动）；(b) 对于五个独立的位置，以分数坐标 (z/c) 为自变量的体系的相对总能量 (eV/O_i)（插图的多面体展示了具有最低能量的位置 A_0。右图展示了位置 A_0 在单胞中的相对位置：位于 (027) 面和 $(01\bar{7})$ 面的交界处）；(c) 表征晶格-电荷二次调制结构机制的模型（O_i（红色球体）位于最低能量的位置 A_0。为了清晰起见，略去了 Lu 原子。PLDs 的振幅以 O_i 为中心呈现出衰减曲线的行为，用黄色和蓝色曲线表示。位移振幅衰减曲线的不连续是相位移动（用 $\Delta\phi$ 表示）和振幅波动的原因）

综合实验结果和理论计算结果，提出了一种可能的二次调制结构机制，如图 7.8(c) 所示。基于周期性原子位移和电荷分布的实验测量结果，绘制了一个包含一系列 (027) 面和 $(01\bar{7})$ 面的网格，网格间距分别对应于 q_p 和 q_s 的正空间距离。同时，平移网格使其穿过 O_i。由于原子的位移本质上来源于 O_i 的作用，因此位移的振幅在 O_i 处达到最大值，并随着离开 O_i 距离的增大而衰减。因此，可以在 O_i 附近，沿着 (027) 面绘制位移的振幅衰减曲线，如图 7.8(c) 中的黄色（相位 1）和蓝色（相位 2）曲线所示。由于两条衰减曲线在 $(01\bar{7})$ 面处不能汇合，因此能够产生类似于滑移行为的错动，这种错动导致了 PM 相位的异常和振幅的振荡。这种 PM 相位和振幅变化本身的周期有序性贡献了 SOM，对应于调制波矢 q_s。这使得 $(01\bar{7})$ 面产生了新的周期,从而贡献了倒空间的卫星峰。以上讨论阐明了 O_i 对晶格 SOM 的贡献。同时,正如 EELS 谱给出的信息,体系局部的电子结构和电荷密度也被 O_i 改变,导致了电荷分布的不连续(O_i 也是电荷 SOM 的来源)。因此,在这种情况下,O_i 起到的作用类似于孤立子,能够在晶格和电荷调制中引入异常和不连续。这与空穴掺杂的铜基高温超导体的现象类似[276]。

从以上分析可知,PM 的相位和振幅空间受到 SOM 波矢 q_s 的调控,这导致了 PM 和 SOM 之间的相互纠缠(而非相互独立)。下面对这种新型的调制结构进行细致的分析,并与传统调制结构进行对比。

7.5   调制结构模拟与分析

一般来讲,周期性的原子位移可以用一个复序参量描述,在数学上,这种序参量可以展开为傅里叶级数的形式,并且对于每一个傅里叶组元,均具有恒定的相位和振幅[272-273,278-279]。结合 7.2 节的分析可知,传统地,对于包含两个调制波矢(q_1 和 q_2)的调制结构(二维调制结构),第 μ 个原子的原子位移(u)可以用下式表示(为了方便分析,在这里重复给出了二维调制结构的原子位移表达式,即公式(7-12)):

$$u(\mu, r^\mu) = A_1^\mu \sin\{2\pi[q_1 \cdot (n + r^\mu) + \phi_1^\mu]\} + A_2^\mu \sin\{2\pi[q_2 \cdot (n + r^\mu) + \phi_2^\mu]\}$$

$$(7\text{-}14)$$

其中,n 为晶格矢量;r^μ 表示原子 μ 在基本结构中的位置,因此 $(n + r^\mu)$ 的含义为位置矢量;A_1^μ 和 A_2^μ 分别为与 q_1 和 q_2 波矢对应的振幅;ϕ_1^μ 和 ϕ_2^μ 分别为与 q_1 和 q_2 波矢对应的相位,这两套相位和振幅相互对立,并且均为常数。

基于布洛赫波(Bloch-wave)的方式,对不同类型的调制结构进行了模拟,展示在图 7.9 中。图 7.9(a)为只有一个调制矢量 q(为了便于对比,设定为 $q = q_p$)的传统一维调制结构的倒空间和正空间信息,将其作为对照组。由图 7.9(a)可知,倒空间中,传统一维调制结构在 $g_1 = [027]^*$ 方向上出现卫星峰,指数为 $(hkl, \pm 1)$。相应地,在正空间,原子位移在 q_p 方向出现周期性的调制,表现为正位移与负位移有序间隔排列。图 7.9(b)为具有两个调制波矢的传统二维调制结构,调制结构波矢设定为 $q_1 = q_p, q_2 = q_s$。基于公式(7-14)给出的原子位移,可以模拟得到倒空间的衍射信息:倒空间中,沿着 q_p 和 q_s 方向,分别出现两套卫星峰,指数可以用 (hkl, m_1, m_2)

表示。其中，m_1 对应 $\boldsymbol{q}_1$，m_2 对应 $\boldsymbol{q}_2$。观察能够发现，只有一次调制卫星峰（满足 $|m_1|+|m_2|=1$）有足够的强度且是可见的，而二次调制卫星峰（满足 $|m_1|+|m_2|=2$）基本不可见。同时，一次调制卫星峰均围绕在主衍射斑附近。正空间中，原子位移表现为两个方向位移（分别对应于 $\boldsymbol{q}_1$ 和 $\boldsymbol{q}_2$ 调制波矢）的矢量叠加，并未出现相位的不连续。这些特征与实验观察到的现象不一致。因此，虽然实验中同样存在两个调制矢量（$\boldsymbol{q}_{\mathrm{p}}$ 和 $\boldsymbol{q}_{\mathrm{s}}$），但并不能用传统二维调制结构模型进行表征。

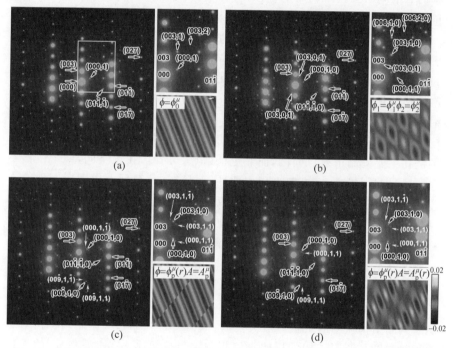

图 7.9 **不同类型调制结构的布洛赫波动力学衍射模拟及原子位移模拟**（见文前彩图）
（a）传统一维调制结构，波矢 $\boldsymbol{q}=\boldsymbol{q}_{\mathrm{p}}$（基本结构的衍射点和调制结构衍射点分别用蓝色和黑色箭头表示）；（b）基于公式（7-14）模拟计算的传统二维调制结构（设定 $\boldsymbol{q}_1=\boldsymbol{q}_{\mathrm{p}}$，$\boldsymbol{q}_2=\boldsymbol{q}_{\mathrm{s}}$。第四个（$m_1$）和第五个（$m_2$）指数分别对应调制结构波矢 $\boldsymbol{q}_1$ 和 $\boldsymbol{q}_2$。注意到只有一次调制衍射点（满足 $|m_1|+|m_2|=1$）具有一定强度，分布在主衍射点周围，而二次调制衍射点（满足 $|m_1|+|m_2|=2$）基本不可见）；（c）只具有相位调制的二次调制结构（两个二次调制衍射点（$m_1,m_2=\pm1$）对称地出现在主要调制衍射点（$m_1=\pm1$，$m_2=0$）周围，如图中白色箭头所示。而一次调制衍射点（$m_1=0$，$m_2=\pm1$）变得基本不可见）；（d）基于公式（7-16）模拟计算的二次调制结构（对比图（c），增加了振幅的调制，这使得两个二次调制衍射点的强度出现强烈的不对称）
　　在每个小图中，右上角是图（a）中白色实线框部分的局部放大图，右下角是模拟的 PLDs 图

　　考虑到实验观察到的晶格调制和电荷调制中均存在的相位不连续性，在调制结构的表达式中加入了这种周期性的相位不连续，并将其与 $\boldsymbol{q}_\mathrm{s}$ 对应。因此，可以定义如下调制结构波函数：

$$\boldsymbol{u}(\mu,\boldsymbol{r}^\mu)=\boldsymbol{A}_\mathrm{p}^\mu\sin\{2\pi[\boldsymbol{q}_\mathrm{p}\cdot(\boldsymbol{n}+\boldsymbol{r}^\mu)+\phi_\mathrm{p}^\mu(\boldsymbol{q}_\mathrm{s},\boldsymbol{r}^\mu)]\} \qquad (7\text{-}15)$$

其中，$\boldsymbol{A}_\mathrm{p}^\mu$ 为主要调制矢量 $\boldsymbol{q}_\mathrm{p}$ 的振幅，为常数；$\phi_\mathrm{p}^\mu(\boldsymbol{q}_\mathrm{s},\boldsymbol{r}^\mu)=0.17\times$ Integer$(\boldsymbol{q}_\mathrm{s}\cdot\boldsymbol{r}^\mu)$。周期性的相位不连续反映在相位项 $\phi_\mathrm{p}^\mu(\boldsymbol{q}_\mathrm{s},\boldsymbol{r}^\mu)$ 上。与传统的二维调制结构不同的是，该调制结构中相位不为常数，而是关于位置矢量 $\boldsymbol{r}$ 和 SOM 波矢 $\boldsymbol{q}_\mathrm{s}$ 的函数。基于该种调制结构模型，模拟了倒空间的 EDP 和正空间的 PLDs，如图 7.9(c) 所示。同样地，除了主衍射斑以外，EDP 中出现两套卫星峰：一套对应 PM 波矢 $\boldsymbol{q}_\mathrm{p}$，指数满足 $m_1=\pm1,m_2=0$；另一套对应 SOM 波矢 $\boldsymbol{q}_\mathrm{s}$，指数满足 $m_1,m_2=\pm1$。不同于传统二维调制结构的是二次调制衍射峰($m_1,m_2=\pm1$)变得清晰可见，而一次调制衍射峰($m_1=0,m_2=\pm1$)的强度明显下降。另外一个重要的特征是传统调制结构中卫星峰均围绕在主衍射点周围，在该种情况下，二次调制的衍射峰围绕在主要调制衍射点周围，而非主衍射点。同时，在正空间，原子位移不仅在主要调制矢量 $\boldsymbol{q}_\mathrm{p}$ 方向出现周期性，而且在 (017) 面上出现周期性的不连续，从而在 SOM 矢量 $\boldsymbol{q}_\mathrm{s}$ 方向出现新的周期。这些特征与实验观察的结果基本一致。但值得注意的是，在该种模型中，主要调制结构衍射点周围对称地分布着两个强度基本一致的二次调制结构衍射点。而实验结果中只在主要调制结构衍射点一侧存在二次调制结构衍射点。因此，该种情况与实验结果仍不一致。

　　进一步的探究发现，图 7.9(c) 所示模拟结果与实验结果的不一致性来源于调制结构振幅的贡献。多次模拟尝试发现，两个二次调制结构衍射点的相对强度与调制结构的振幅直接相关。当振幅是 SOM 波矢 $\boldsymbol{q}_\mathrm{s}$ 的函数并按照正弦函数波动时(基于图 7.3(h) 中的结果)，一侧的二次调制衍射点强度明显减弱，如图 7.9(d) 中的 EDP 所示。基于此，将这种振幅的变化加入公式(7-15)，可以定义如下的调制结构函数：

$$\boldsymbol{u}(\mu,\boldsymbol{r}^\mu)=\boldsymbol{A}_\mathrm{p}^\mu(\boldsymbol{q}_\mathrm{s},\boldsymbol{r}^\mu)\sin\{2\pi[\boldsymbol{q}_\mathrm{p}\cdot(\boldsymbol{n}+\boldsymbol{r}^\mu)+\phi_\mathrm{p}^\mu(\boldsymbol{q}_\mathrm{s},\boldsymbol{r}^\mu)]\} \qquad (7\text{-}16)$$

根据实验测量结果，其中的变量可以做如下规定：

$$\begin{cases}\boldsymbol{A}_\mathrm{p}^\mu(\boldsymbol{q}_\mathrm{s},\boldsymbol{r}^\mu)=\boldsymbol{B}_\mathrm{s}^\mu+\boldsymbol{A}_\mathrm{s}^\mu\sin[2\pi(\boldsymbol{q}_\mathrm{s}\cdot\boldsymbol{r}^\mu+\phi_\mathrm{s}^\mu)]\\[2mm]\phi_\mathrm{p}^\mu(\boldsymbol{q}_\mathrm{s},\boldsymbol{r}^\mu)=0.17\times\text{Integer}(\boldsymbol{q}_\mathrm{s}\cdot\boldsymbol{r}^\mu)\end{cases} \qquad (7\text{-}17)$$

其中 $\boldsymbol{B}_\mathrm{s}^\mu,\boldsymbol{A}_\mathrm{s}^\mu$ 和 ϕ_s^μ 均为常量。与传统二维调制结构(公式(7-14))对比可知：

传统二维调制中含有独立的、分别与两个调制矢量 q_1 和 q_2 对应的傅里叶项，同时，相位和振幅均为常数；而在二次调制结构的定义中（公式(7-16)），只含有包含 PM 矢量 q_p 的傅里叶项。更重要的是，q_p 傅里叶项的相位和振幅受到 SOM 波矢 q_s 的调节，同时与位置矢量 r 相关。因此，在公式(7-16)的定义中，主要调制结构（PM，q_p）和二次调制结构（SOM，q_s）之间相互纠缠而非相互独立，表现出了与传统二维调制结构的本质不同。

基于公式(7-16)定义的调制结构模型，对调制结构的倒空间和正空间的特征进行了系统的模拟，结果如图 7.9(d) 所示。倒空间中，沿着 $g_1 =$ [027]* 和 $g_2 = [01\bar{7}]^*$ 方向分别出现两套卫星峰，对应 PM 波矢 q_p 和 SOM 波矢 q_s。q_s 对应的衍射点分布在 q_p 对应的衍射点周围（而非主衍射点附近），同时其强度相对于仅有相位调制的情况（图 7.9(c)）出现明显的不对称性，如(003,1,1)衍射点的强度远大于(003,1,$\bar{1}$)衍射点的强度。正空间中，原子位移在[027]* 方向出现周期性的同时，PLDs 的相位在(017)面附近出现异常，并伴随着相应的振幅调制。以上模拟结果的特征与实验中观察到的现象一致。因此公式(7-16)定义的调制结构模型是对 SOM 最恰当的表达。

至此，通过系统的模拟和对比分析，给出了晶格-电荷二次调制结构模型的数学表达，这是一种区别于传统二维调制结构的新型调制结构模型。

7.6　讨论与拓展

事实上，相位和振幅的异常在调制结构中的分布可以是无序的[269,277] 或者呈现出周期性结构（本研究中的情况），这取决于体系能量竞争的结果。而相位和振幅的调制本质上是对相位空间和振幅空间的描述和定义。基于系统的实验观察和测量分析、DFT 计算结果和模拟计算结果，本章研究实际上给出了利用二次调制波调节相位和振幅空间的范例。进一步延伸考虑公式(7-16)，可以将其抽象化为如下概念：可以引入一个波矢 q（如 q_2）到相位和振幅空间，即有 $u = u_1[q_1, A_1(q_2), \phi_1(q_2)]$，而不仅仅将波矢 q 作为单独一个傅里叶项（$u = u_1(q_1) + u_2(q_2)$）。这种观念可以很自然地拓展到多重 q 矢量的情况中：每个傅里叶项都可以独立地被一个二次调制波矢（q_s^j）调控，进而改变相位和振幅空间，于是有

$$u = \sum_{i,j} u_i [q_i, A_i(q_s^j), \phi_i(q_s^j)] \tag{7-18}$$

在这样的框架下,相位和振幅空间被赋予了额外的自由度。这种包含对相位和振幅空间描述的调制结构的表达方式是一种更为普适的调制结构序参量形式,可以广泛地用于对众多有序结构的描述中,尤其是存在调制结构异常时,这种表达显得尤为有效和准确[269,277,292-293,303-304]。

7.7 小 结

本章系统探究了空穴掺杂对电荷有序材料 $LuFe_2O_4$ 的晶格、电荷和电子结构等方面的影响,发现并利用电子显微学手段深入研究了一种新型的晶格和电荷调制结构,即晶格-电荷二次调制结构。通过对相位空间和振幅空间的更精确的描述,定义了一种更为普适的调制结构序参量。

实验方面,电子衍射分析表明,$LuFe_2O_{4+\delta}$ 体系中存在沿着 $g_1 = [027]^*$ 方向和 $g_2 = [01\overline{7}]^*$ 方向的两套新的卫星峰,表明一种新的有序结构。进一步地,借助对正空间原子分辨的 HAADF-STEM 图像的定量分析,获得了周期性原子位移大小和方向的分布。基于对倒空间中电子衍射花样和正空间中原子周期性位移的系统表征和定量分析,发现这种有序结构是一种不同于传统二维调制结构的新型调制结构,表现为主要调制结构和二次调制结构的相互纠缠和耦合:主要调制结构的相位和振幅空间受到二次调制结构的调控,并可以通过引入二次调制波矢 q_s 进行准确描述。原子分辨的 STEM-EELS 实验结果揭示了 $LuFe_2O_{4+\delta}$ 体系中新型的电荷密度分布:电荷分布表现为周期性调制并出现周期性的不连续,这与结构调制相对应。借由晶格-电荷的耦合作用,电荷分布的周期性调制和周期性不连续性成为二次结构调制产生的原因。

通过第一性原理计算,研究获得了间隙氧原子的最稳定位置,并基于此构建了合理的晶格-电荷二次调制结构模型:间隙氧原子作为局部晶格畸变和电荷异常的起源,担任孤立子的角色,贡献主要调制结构中相位和振幅的异常行为,进而诱导产生二次调制结构。

通过综合分析二次调制结构的实验结果和理论计算结果,提炼了二次调制结构的函数表达,基于此,对倒空间和正空间的特征进行了系统模拟,并与传统调制结构进行了对比(汇总在图 7.10 中)。这种二次调制结构模型中增加了相位和振幅空间的自由度,完善了对相位和振幅空间的表达。因此,这种新型调制结构的数学表达本质上是一种更加完善、更为普适的调制结构序参量,能够很好地适用于存在调制结构异常或缺陷的情况。这为众多的有序结构的精确描述,以及内部多种序参量之间交互耦合作用的深入理解提供了可能。

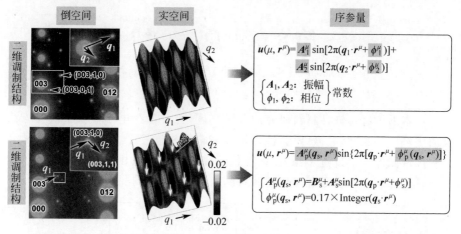

图 7.10　二次调制结构与传统二维调制结构的对比：倒空间、实空间和序参量

第8章 总　　结

本书围绕多铁性材料研究的关键问题,充分发挥电子显微学研究方法的优势和特长,从显微结构、性能调控和耦合机制三个主要方面入手,从介观尺度到原子尺度逐步深入,系统地研究了六方锰氧化物和铁氧化物单相多铁性材料。本书研究工作的脉络结构可以用图 8.1 表达。

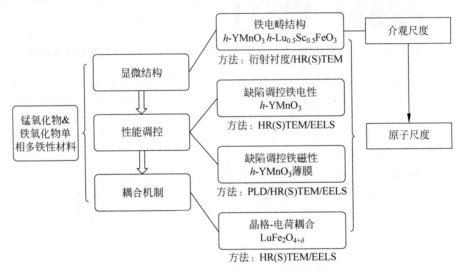

图 8.1　本书研究工作的脉络结构

在显微结构方面。系统探究了六方锰氧化物 $h\text{-}YMnO_3$ 和六方铁氧化物 $h\text{-}Lu_{1-x}Sc_xFeO_3$ 单晶体系中特殊而有趣的拓扑涡旋畴结构。在 $h\text{-}YMnO_3$ 体系中,基于一系列高分辨电子显微学的研究,对其涡旋畴中可能存在的畴壁类型进行了细致的分类并给出了原子级别的图像。在此基础上,重点关注了在传统铁电体中为高能态,而在 $h\text{-}YMnO_3$ 中能够稳定存在的带电畴壁的性质和行为。实验发现,$h\text{-}YMnO_3$ 中的带电畴壁在电子束作用下表现出活跃的运动,并能够带动铁电畴发生可逆翻转。这使得我们能够利用非接触手段——电子束,实现对涡旋畴的可逆调控。同时探究了位错和拓扑保护行为对这种涡旋畴可逆翻转和畴壁可逆运动的影响。这部分研究内容对 h-YMnO$_3$ 在存储器件中的可能应用具有一定的参考价值,但考虑到拓扑保护涡旋畴结构的复杂性和电子束与物质相互作用的复杂性,电子束对涡旋畴调控作用的内在机制仍需进一步深入的理论探究。在 h-Lu$_{1-x}$Sc$_x$FeO$_3$ 体系中,通过系统的电子显微学研究(包括 SAED、衍射衬度成像、HAADF-STEM、原子分辨的 EDXS、STEM-EELS 等),给出了体系显微结构、涡旋畴结构和化学组成等方面的信息。详细解析了体系的涡旋畴结构:在原子级别定量分析了涡旋畴核心和畴壁处的显微结构,揭示了极化位移在铁电畴壁处的过渡情况及畴核心处极化位移明显降低的顺电状态。贯穿该部分研究内容的一条主线是 Sc 离子对稳定体系六方相的贡献及其对几何铁电性的调控作用:基于对 Sc 离子原子尺度分布情况和铁电极化位移分布情况的综合定量分析,展示了 Sc 离子分布对局域几何铁电极化位移的显著调节作用;通过对体系电子结构的解析,揭示了这种调控作用的内在机制。h-Lu$_{1-x}$Sc$_x$FeO$_3$ 体系的研究结果在一定程度上回答了研究者们关心的问题,但由于该体系包含丰富的物理性质和复杂的交互作用,尤其是考虑到掺杂体系固有的复杂性(尤其是在理论计算方面),完全回答该体系中大量有趣的科学问题仍然需要大量的理论和实验研究工作的投入。这部分工作只是该体系研究工作的一个起点。

在性能调控方面。从铁电性和反铁磁性两个角度出发,重点关注了缺陷态(氧空位)对 h-YMnO$_3$ 的调控作用。在铁电性调控方面,探究了面内氧空位对 h-YMnO$_3$ 单晶几何铁电性的影响。球差校正 TEM 和 STEM 的实验结果发现,面内氧空位能够引起 h-YMnO$_3$ 局域的晶体结构和电子结构的变化,进而导致几何铁电极化位移的降低。通过理论计算,解析了八种包含面内氧空位的缺陷结构及其中 Y 离子极化位移的变化情况,对比分析了缺陷结构和完美单胞之间的电子结构差异,证明了面内氧空位能够降低 Y 4d-O$_P$ 2p 杂化强度,进而引发 Y 离子极化位移的改变。结合实验观察和理论计算结果,阐明了 Y 4d-O$_P$ 2p 轨道杂化影响几何铁电性的作用机制。在反铁磁性能调控方面,前期的研究工作证明了氧空位的位置能够影响 h-YMnO$_3$ 最稳定的反铁磁结构构型,这启发我们利用应力工程实现 h-YMnO$_3$ 中不同位点的氧空位,进而调控 h-YMnO$_3$ 薄膜磁构型并实现丰富的磁性质。基于脉冲激光沉积的薄膜生长方式,通过控制氧气分压等薄膜生长条件,在 h-YMnO$_3$(薄膜)/c-Al$_2$O$_3$(基底)外延异质结薄膜体系中实现了受压应力畴-界面区域-受张应力畴周期性排列的自组装结构。利用双束暗场像、球差校正 STEM 等显微学方法,对薄膜的显微结构和应力状态进行了定量分析,并基于系统的磁性表征揭示了 $h\text{-}YMnO_3/c\text{-}Al_2O_3$ 薄膜中铁磁相在反铁磁相中镶嵌的特殊磁性状态。基于系统的实验探究,不仅展示了在 $h\text{-}YMnO_3$ 薄膜中实现丰富磁性质的可行性,而且构建了 $h\text{-}YMnO_3$ 薄膜应力状态与磁性状态之间的对应关系。丰富的磁性质和同时存在的铁电极化为不同序参量之间的耦合创造了机会。综合以上两方面的研究内容,基于氧空位对铁电极化和(反)铁磁性能的调控作用,提出将氧空位看作多铁性材料(如 $h\text{-}YMnO_3$)铁电性与(反)铁磁性耦合的桥梁和一种原子级别调控元素的观点。因此,以上性能调控的研究工作虽然是基于一种特定的材料体系开展的,但研究思路可以拓展应用到其他相关的多铁性材料或强关联体系中,用于理解缺陷诱导的新奇物理现象及利用缺陷实现新的材料功能。

在耦合机制方面。以一种典型的、空穴掺杂的室温电荷有序材料(电子铁电体)——$LuFe_2O_{4+\delta}$ 体系为载体,系统探究了其中空穴与材料序参量之间及序参量内部之间的交互作用方式,以期窥探序参量耦合机制的零光片羽。通过对空穴掺杂的 $LuFe_2O_{4+\delta}$ 体系的晶格、电荷和电子结构等方面系统的电子显微学实验探究、理论计算和模拟探究,发现并深入研究了一种新型的晶格-电荷调制结构,即晶格-电荷二次调制结构。基于对倒空间中电子衍射花样和正空间中原子周期性位移的定量分析,发现晶格二次调制结构是一种不同于传统二维调制结构的新型调制结构,表现为主要调制结构和二次调制结构的相互纠缠和耦合:主要调制结构的相位和振幅空间受到二次调制波的调控,并可以通过引入二次调制波矢 q_s 进行准确描述。原子分辨的 STEM-EELS 实验结果揭示了 $LuFe_2O_{4+\delta}$ 体系中新型的电荷密度调制方式,其借由晶格-电荷的耦合作用作为晶格二次调制结构产生的原因。基于理论计算的结果,解析了晶格-电荷二次调制结构的来源,明确了间隙氧原子(O_i)对 $LuFe_2O_{4+\delta}$ 体系的调控作用:O_i 扮演孤立子的角色,在晶格和电荷调制中引入周期性异常和不连续。综合分析晶格-电荷二次调制结构的实验观测和理论计算结果,提炼了晶格-电荷二次调制结构的数学表达,并基于此,对其倒空间和正空间的特征进行了细致的模拟分析,同时与传统调制结构进行了系统的对比。新型的晶格-电荷二次调制结构模型完善了对调制结构相位和振幅空间的描述,其本质上是一种更加完善、更为普适的调制结构序参量,能够广泛地应用于丰富的有序性材料体系中。这

为众多的有序结构的精确描述，以及多种序参量之间交互耦合作用的深入
理解提供了可能。

　　本书的研究工作聚焦在六方锰氧化物和铁氧化物单相多铁性材料，在
一定程度上给出了其中铁电性（如畴结构和几何铁电性调控）、（反）铁磁性
和耦合机制等方面的信息，对多铁性材料领域的研究和发展做出了一点微
不足道的贡献。这两种材料体系中还存在大量丰富、有趣的科学问题值得
深入探讨：如铁磁性转变温度的调控提升、磁电耦合系数的提高、非平衡态
动力学问题等，同时与实际应用之间还有不小的障碍需要跨越。因此，本书
的研究工作只是起点，在今后的研究工作中，将继续以这类材料体系为平
台，进一步深入探究其中新奇的物理现象和改善材料的性能。

参 考 文 献

[1] SCHMID H. Multi-ferroic magnetoelectrics [J]. Ferroelectrics, 1994, 162: 317-338.

[2] KHOMSKII D. Classifying multiferroics: Mechanisms and effects[J]. Physics, 2009,2: 20.

[3] DZYALOSHINSKII I E. On the magneto-electrical effect in antiferromagnets[J]. Soviet Physics J Exp Theor Phys,1960,10: 628-629.

[4] ASTROV D N. The magnetoelectric effect in antiferromagnetics [J]. Soviet Physics J Exp Theor Phys,1960,11: 708-709.

[5] WANG J,NEATON J B,ZHENG H,et al. Epitaxial BiFeO$_3$ multiferroic thin film heterostructures[J]. Science,2003,299: 1719-1722.

[6] KIMURA T,GOTO T, SHINTANI H, et al. Magnetic control of ferroelectric polarization[J]. Nature,2003,426: 55-58.

[7] HUR N,PARK S,SHARMA P A,et al. Electric polarization reversal and memory in a multiferroic material induced by magnetic fields [J]. Nature, 2004, 429: 392-395.

[8] THOMAS R,SCOTT J F,BOSE D N,et al. Multiferroic thin-film integration onto semiconductor devices [J]. Journal of Physics Condensed Matter, 2010, 22: 423201.

[9] HERON J T,BOSSE J L,HE Q,et al. Deterministic switching of ferromagnetism at room temperature using an electric field[J]. Nature,2014,516: 370-373.

[10] ISRAEL C, MATHUR N D, SCOTT J F. A one-cent room-temperature magnetoelectric sensor[J]. Nature Materials,2008,7: 93-94.

[11] MANIPATRUNI S, NIKONOV D E, LIN C C, et al. Scalable energy-efficient magnetoelectric spin-orbit logic[J]. Nature,2019,565: 35-42.

[12] FIEBIG M,LOTTERMOSER T,MEIER D,et al. The evolution of multiferroics[J]. Nature Reviews Materials,2016,1: 16046.

[13] SCOTT J F. Room-temperature multiferroic magnetoelectrics [J]. NPG Asia Materials,2013,5: e72.

[14] AOYAMA T,YAMAUCHI K,IYAMA A,et al. Giant spin-driven ferroelectric polarization in TbMnO$_3$ under high pressure[J]. Nature Communications,2014, 5: 4927.

[15] ROCQUEFELTE X,SCHWARZ K,BLAHA P,et al. Room-temperature spin-spiral multiferroicity in high-pressure cupric oxide[J]. Nature Communications, 2013,4: 2511.

[16] SCOTT J F and BLINC R. Multiferroic magnetoelectric fluorides: Why are there so many magnetic ferroelectrics? [J]. Journal of Physics Condensed Matter, 2011,23: 113202.

[17] QIN W, XU B B and REN S Q. An organic approach for nanostructured multiferroics[J]. Nanoscale,2015,7: 9122-9132.

[18] LAMBERT C-H,MANGIN S,VARAPRASAD B S D CH S,et al. All-optical control of ferromagnetic thin films and nanostructures[J]. Science,2014,345: 1337-1340.

[19] TRASSIN M. Low energy consumption spintronics using multiferroic heterostructures[J]. Journal of Physics Condensed Matter,2016,28: 033001.

[20] MUNDY J A,BROOKS C M,HOLTZ M E,et al. Atomically engineered ferroic layers yield a room-temperature magnetoelectric multiferroic[J]. Nature,2016, 537: 523-527.

[21] BECHER C, TRASSIN M, LILIENBLUM M, et al. Functional ferroic heterostructures with tunable integral symmetry[J]. Nature Communications, 2014,5: 4295.

[22] MÜHLBAUER S,BINZ B,JONIETZ F,et al. Skyrmion lattice in a chiral magnet[J]. Science,2009,323: 915-919.

[23] SEKI S, YU X Z,ISHIWATA S,et al. Observation of skyrmions in a multiferroic material[J]. Science,2012,336: 198-201.

[24] YADAV A K,NELSON C T, HSU S L,et al. Observation of polar vortices in oxide superlattices[J]. Nature,2016,530: 198-201.

[25] YADAV A K,NGUYEN K X, HONG Z, et al. Spatially resolved steady-state negative capacitance[J]. Nature,2019,565: 468-471.

[26] DU K,ZHANG M, DAI C, et al. Manipulating topological transformations of polar structures through real-time observation of the dynamic polarization evolution[J]. Nature Communications,2019,10: 4864.

[27] LI X M,TAN C B, GAO P, et al. Atomic-scale observations of electrical and mechanical manipulation of topological polar flux-closure[J]. Proceedings of the National Academy of Sciences,2020,117(32): 18954-18961.

[28] DONG S, LIU J-M, CHEONG S-W, et al. Multiferroic materials and magnetoelectric physics: Symmetry, entanglement, excitation, and topology[J]. Advances in Physics,2015,64: 519-626.

[29] SAKAI H, FUJIOKA J, FUKUDA T, et al. Displacement-type ferroelectricity with off-center magnetic ions in perovskite $Sr_{1-x}Ba_xMnO_3$ [J]. Physical Review

Letters,2011,107: 137601.

[30] KISELEV S V. Detection of magnetic order in ferroelectric $BiFeO_3$ by neutron diffraction[J]. Soviet Physics Doklady,1963,7: 742.

[31] IKEDA N,OHSUMI H,OHWADA K,et al. Ferroelectricity from iron valence ordering in the charge-frustrated system $LuFe_2O_4$ [J]. Nature, 2005, 436: 1136-1138.

[32] VAN DEN BRINK J,KHOMSKII D I. Multiferroicity due to charge ordering[J]. Journal of Physics Condensed Matter,2008,20: 434217.

[33] DE GROOT J, MUELLER T, ROSENBERG R A, et al. Charge order in $LuFe_2O_4$: An unlikely route to ferroelectricity[J]. Physical Review Letters, 2012,108: 187601.

[34] JOOSS C, WU L, BEETZ T, et al. Polaron melting and ordering as key mechanisms for colossal resistance effects in manganites[J]. Proceedings of the National Academy of Science of the United States of America, 2007, 104: 13597-13602.

[35] VAN AKEN B B, PALSTRA T T, FILIPPETTI A, et al. The origin of ferroelectricity in magnetoelectric $YMnO_3$ [J]. Nature Materials, 2004, 3: 164-170.

[36] FENNIE C J and RABE K M. Ferroelectric transition in $YMnO_3$ from first principles[J]. Physical Review B,2005,72: 100103.

[37] LILIENBLUM M,LOTTERMOSER T,MANZ S,et al. Ferroelectricity in the multiferroic hexagonal manganites[J]. Nature Physics,2015,11: 1070-1073.

[38] WANG W B, ZHAO J, WANG W B, et al. Room-temperature multiferroic hexagonal $LuFeO_3$ films[J]. Physical Review Letters,2013,110: 237601.

[39] EIBSCHÜTZ M,GUGGENHEIM H J,WEMPLE S H,et al. Ferroelectricity in $BaM^{2+}F_4$[J]. Physics Letters A,1969,29: 409-410.

[40] EDERER C, SPALDIN N A. Electric-field-switchable magnets: The case of $BaNiF_4$[J]. Physical Review B,2006,74: 020401.

[41] BENEDEK N A,FENNIE C J. Hybrid improper ferroelectricity: A mechanism for controllable polarization-magnetization coupling[J]. Physical Review Letters, 2011,106: 107204.

[42] DZYALOSHINSKY I. A thermodynamic theory of "weak" ferromagnetism of antiferromagnetics[J]. Journal of Physics and Chemistry of Solids, 1958, 4: 241-255.

[43] KATSURA H, NAGAOSA N, BALATSKY A V. Spin current and magnetoelectric effect in noncollinear magnets[J]. Physical Review Letters,2005, 95: 057205.

[44] MOSTOVOY M. Ferroelectricity in spiral magnets[J]. Physical Review Letters,

2006,96: 067601.

[45] SERGIENKO I A,DAGOTTO E. Role of the Dzyaloshinskii-Moriya interaction in multiferroic perovskites[J]. Physical Review B,2006,73: 094434.

[46] YE H-Y, TANG Y-Y, LI P-F, et al. Metal-free three-dimensional perovskite ferroelectrics[J]. Science,2018,361: 151-155.

[47] ZHANG Y,YANG H X,GUO Y Q,et al. Structure,charge ordering and physical properties of $LuFe_2O_4$[J]. Physical Review B,2007,76: 184105.

[48] JOHNSON R D, CHAPON L C, KHALYAVIN D D, et al. Giant improper ferroelectricity in the ferroaxial magnet $CaMn_7O_{12}$[J]. Physical Review Letters, 2012,108: 067201.

[49] GLAZER A M. The classification of tilted octahedra in perovskites [J]. Acta Crystallographica Section B: Structural Science, Crystal Engineering and Materials,1972,28: 3384-3392.

[50] TEAGUE J R,GERSON R,JAMES W J. Dielectric hysteresis in single crystal $BiFeO_3$[J]. Solid State Communications,1970,8: 1073-1074.

[51] HERON J T,SCHLOM D G,RAMESH R. Electric field control of magnetism using $BiFeO_3$-based heterostructures [J]. Applied Physics Reviews, 2014, 1: 021303.

[52] MARTIN L W, CHU Y-H, HOLCOMB M B, et al. Nanoscale control of exchange bias with $BiFeO_3$ thin films[J]. Nano Letters,2008,8: 2050-2055.

[53] LEBEUGLE D,COLSON D,FORGET A,et al. Electric-field-induced spin flop in $BiFeO_3$ single crystals at room temperature[J]. Physical Review Letters,2008, 100: 227602.

[54] WANG Y P, ZHOU L, ZHANG M F, et al. Room-temperature saturated ferroelectric polarization in $BiFeO_3$ ceramics synthesized by rapid liquid phase sintering[J]. Applied Physics Letters,2004,84: 1731-1733.

[55] CHOI T,LEE S,CHOI Y J,et al. Switchable ferroelectric diode and photovoltaic effect in $BiFeO_3$[J]. Science,2009,324: 63-66.

[56] NEATON J B,EDERER C,WAGHMARE U V,et al. First-principles study of spontaneous polarization in multiferroic $BiFeO_3$ [J]. Physical Review B, 2005, 71: 014113.

[57] EERENSTEIN W, MORRISON F D, DHO J, et al. Comment on "Epitaxial $BiFeO_3$ multiferroic thin film heterostructures"[J]. Science,2005,307: 1203.

[58] PRZENIOSLO R,REGULSKI M, SOSNOWSKA I. Modulation in multiferroic $BiFeO_3$: Cycloidal, elliptical or SDW? [J]. Journal of The Physical Society of Japan,2006,75: 084718-084718.

[59] SOSNOWSKA I,NEUMAIER T P,STEICHELE E. Spiral magnetic ordering in

bismuth ferrite [J]. Journal of Physics C: Solid State Physics, 1982, 15: 4835-4846.

[60] EDERER C, SPALDIN N A. Weak ferromagnetism and magnetoelectric coupling in bismuth ferrite[J]. Physical Review B,2005,71: 060401.

[61] GAO F,CHEN X Y, YIN K B, et al. Visible-light photocatalytic properties of weak magnetic $BiFeO_3$ nanoparticles [J]. Advanced Materials, 2007, 19: 2889-2892.

[62] CATALAN G,SEIDEL J,RAMESH R,et al. Domain wall nanoelectronics[J]. Reviews of Modern Physics,2012,84: 119-156.

[63] ARIMA T, TOKUNAGA A, GOTO T, et al. Collinear to spiral spin transformation without changing the modulation wavelength upon ferroelectric transition in $Tb_{1-x}Dy_x MnO_3$[J]. Physical Review Letters,2006,96: 097202.

[64] KENZELMANN M, HARRIS A B, JONAS S, et al. Magnetic inversion symmetry breaking and ferroelectricity in $TbMnO_3$[J]. Physical Review Letters, 2005,95: 087206.

[65] KIMURA T,LAWES G, GOTO T, et al. Magnetoelectric phase diagrams of orthorhombic $RMnO_3$ (R = Gd, Tb, and Dy) [J]. Physical Review B, 2005, 71: 224425.

[66] ISHIWATA S, KANEKO Y, TOKUNAGA Y, et al. Perovskite manganites hosting versatile multiferroic phases with symmetric and antisymmetric exchange strictions[J]. Physical Review B,2010,81: 100411.

[67] CHOI Y J, ZHANG C L, LEE N, et al. Cross-control of magnetization and polarization by electric and magnetic fields with competing multiferroic and weak-ferromagnetic phases[J]. Physical Review Letters,2010,105: 097201.

[68] ARGYRIOU D. Towards colossal magnetoelectricity? [J]. Physics,2010,3: 72.

[69] CHOI T, HORIBE Y, YI H T, et al. Insulating interlocked ferroelectric and structural antiphase domain walls in multiferroic $YMnO_3$[J]. Nature Materials, 2010,9: 253-258.

[70] GIBBS A S,KNIGHT K S,Lightfoot P. High-temperature phase transitions of hexagonal $YMnO_3$[J]. Physical Review B,2011,83: 094111.

[71] LOTTERMOSER T, FIEBIG M. Magnetoelectric behavior of domain walls in multiferroic $HoMnO_3$[J]. Physical Review B,2004,70: 220407.

[72] KIM J,KOO Y M, SOHN K-S, et al. Symmetry-mode analysis of the ferroelectric transition in $YMnO_3$[J]. Applied Physics Letters,2010,97: 092902.

[73] LI J,CHIANG F K,CHEN Z, et al. Homotopy-theoretic study & atomic-scale observation of vortex domains in hexagonal manganites[J]. Scientific Reports, 2016,6: 28047.

[74] ARTYUKHIN S,DELANEY K T, SPALDIN N A, et al. Landau theory of

topological defects in multiferroic hexagonal manganites[J]. Nature Materials, 2014,13: 42-49.

[75] MUÑOZ A,ALONSO J A, MARTÍNEZ-LOPE M J, et al. Magnetic structure of hexagonal RMnO$_3$ (R = Y, Sc): Thermal evolution from neutron powder diffraction data[J]. Physical Review B,2000,62: 9498-9510.

[76] KATSUFUJI T,MASAKI M, MACHIDA A, et al. Crystal structure and magnetic properties of hexagonal RMnO$_3$ (R = Y, Lu, and Sc) and the effect of doping[J]. Physical Review B,2002,66: 134434.

[77] CHO D Y,KIM J Y,PARK B G,et al. Ferroelectricity driven by Y d$_0$-ness with rehybridization in YMnO$_3$[J]. Physical Review Letters,2007,98: 217601.

[78] KIM J,CHO K C,KOO Y M, et al. Y-O hybridization in the ferroelectric transition of YMnO$_3$[J]. Applied Physics Letters,2009,95: 132901.

[79] FABRÈGES X,PETIT S,MIREBEAU I,et al. Spin-lattice coupling, frustration, and magnetic order in multiferroic RMnO$_3$ [J]. Physical Review Letters, 2009, 103: 067204.

[80] BECCA F,MILA F. Peierls-like transition induced by frustration in a two-dimensional antiferromagnet[J]. Physical Review Letters,2002,89: 037204.

[81] TCHERNYSHYOV O,MOESSNER R,SONDHI S L. Order by distortion and string modes in pyrochlore antiferromagnets[J]. Physical Review Letters,2002, 88: 067203.

[82] CHENG S B,LI M L,DENG S Q,et al. Manipulation of magnetic properties by oxygen vacancies in multiferroic YMnO$_3$ [J]. Advanced Functional Materials, 2016,26: 3589-3598.

[83] CHENG S B,DENG S Q, ZHAO Y G, et al. Correlation between oxygen vacancies and sites of Mn ions in YMnO$_3$[J]. Applied Physics Letters,2015,106.

[84] DAS H,WYSOCKI A L, GENG Y, et al. Bulk magnetoelectricity in the hexagonal manganites and ferrites[J]. Nature Communications,2014,5: 2998.

[85] XUE F,WANG N, WANG X Y, et al. Topological dynamics of vortex-line networks in hexagonal manganites[J]. Physical Review B,2018,97: 020101.

[86] CHAE S C,HORIBE Y,JEONG D Y,et al. Self-organization, condensation, and annihilation of topological vortices and antivortices in a multiferroic [J]. Proceedings of the National Academy of Science of the United States of America, 2010,107: 21366-21370.

[87] CHAE S C,HORIBE Y,JEONG D Y,et al. Evolution of the domain topology in a ferroelectric[J]. Physical Review Letters,2013,110: 167601.

[88] LI J,YANG H X,TIAN H F,et al. Ferroelectric annular domains in hexagonal manganites[J]. Physical Review B,2013,87: 094106.

[89] LIN S-Z,WANG X,KAMIYA Y,et al. Topological defects as relics of emergent

continuous symmetry and Higgs condensation of disorder in ferroelectrics[J]. Nature Physics,2014,10: 970-977.

[90] CHAE S C,LEE N,HORIBE Y,et al. Direct observation of the proliferation of ferroelectric loop domains and vortex-antivortex pairs [J]. Physical Review Letters,2012,108: 167603.

[91] KUMAGAI Y,SPALDIN N A. Structural domain walls in polar hexagonal manganites[J]. Nature Communications,2013,4: 1540.

[92] WU W,HORIBE Y,LEE N,et al. Conduction of topologically protected charged ferroelectric domain walls[J]. Physical Review Letters,2012,108: 077203.

[93] MEIER D,SEIDEL J,CANO A,et al. Anisotropic conductance at improper ferroelectric domain walls[J]. Nature Materials,2012,11: 284-288.

[94] MUNDY J A,SCHAAB J,KUMAGAI Y,et al. Functional electronic inversion layers at ferroelectric domain walls[J]. Nature Materials,2017,16: 622-627.

[95] LEE S, PIROGOV A, KANG M, et al. Giant magneto-elastic coupling in multiferroic hexagonal manganites[J]. Nature,2008,451: 805-808.

[96] GENG Y N, DAS H, WYSOCKI A L, et al. Direct visualization of magnetoelectric domains[J]. Nature Materials,2014,13: 163-167.

[97] FIEBIG M,LOTTERMOSER T,FRÖHLICH D,et al. Observation of coupled magnetic and electric domains[J]. Nature,2002,419: 818-820.

[98] DISSELER S M,BORCHERS J A,Brooks C M,et al. Magnetic structure and ordering of multiferroic hexagonal LuFeO₃ [J]. Physical Review Letters, 2015, 114: 217602.

[99] XU X S,WANG W B. Multiferroic hexagonal ferrites (h-RFeO₃,R=Y,Dy-Lu): A brief experimental review[J]. Modern Physics Letters B,2014,28: 1430008.

[100] MASUNO A, ISHIMOTO A, MORIYOSHI C, et al. Weak ferromagnetic transition with a dielectric anomaly in hexagonal $Lu_{0.5}Sc_{0.5}FeO_3$ [J]. Inorganic Chemistry,2013,52: 11889-11894.

[101] LIN L, ZHANG H M, LIU M F, et al. Hexagonal phase stabilization and magnetic orders of multiferroic $Lu_{1-x}Sc_xFeO_3$ [J]. Physical Review B, 2016, 93: 075146.

[102] DISSELER S M,LUO X,GAO B,et al. Multiferroicity in doped hexagonal LuFeO₃[J]. Physical Review B,2015,92: 054435.

[103] JEONG Y K, LEE J-H, AHN S-J, et al. Epitaxially constrained hexagonal ferroelectricity and canted triangular spin order in LuFeO₃ thin films [J]. Chemistry of Materials,2012,24: 2426-2428.

[104] JEONG Y K, LEE J-H, AHN S-J, et al. Structurally tailored hexagonal ferroelectricity and multiferroism in epitaxial YbFeO₃ thin-film heterostructures[J]. Journal of the American Chemical Society,2012,134: 1450-1453.

[105]　MOYER J A,MISRA R,MUNDY J A,et al. Intrinsic magnetic properties of hexagonal LuFeO$_3$ and the effects of nonstoichiometry[J]. APL Materials,2014, 2: 012106.

[106]　MA J,HU J M,LI Z,et al. Recent progress in multiferroic magnetoelectric composites: From bulk to thin films [J]. Advanced Materials, 2011, 23: 1062-1087.

[107]　HU J M, CHEN L-Q, NAN C-W. Multiferroic heterostructures integrating ferroelectric and magnetic materials[J]. Advanced Materials,2016,28: 15-39.

[108]　CHU Z Q,SHI H D, SHI W L,et al. Enhanced resonance magnetoelectric coupling in (1-1) connectivity composites [J]. Advanced Materials, 2017, 29: 1606022.

[109]　NAN C-W, BICHURIN M I, DONG S, et al. Multiferroic magnetoelectric composites: Historical perspective, status, and future directions[J]. Journal of Applied Physics,2008,103: 031101.

[110]　KIRCHHOF C,KRANTZ M,TELIBAN I,et al. Giant magnetoelectric effect in vacuum[J]. Applied Physics Letters,2013,102: 232905.

[111]　HUANG W C, YIN Y W, LI X G. Atomic-scale mapping of interface reconstructions in multiferroic heterostructures[J]. Applied Physics Reviews, 2018,5: 041110.

[112]　HU J M,NAN C-W,CHEN L-Q. Perspective: Voltage control of magnetization in multiferroic heterostructures[J]. National Science Review,2019,6: 621-624.

[113]　YAO X F,MA J,LIN Y H,et al. Magnetoelectric coupling across the interface of multiferroic nanocomposites[J]. Science China-Materials,2015,58: 143-155.

[114]　DUAN C-G,JASWAL S S,TSYMBAL E Y. Predicted magnetoelectric effect in Fe/BaTiO$_3$ multilayers: Ferroelectric control of magnetism[J]. Physical Review Letters,2006,97: 047201.

[115]　VALENCIA S, CRASSOUS A, BOCHER L, et al. Interface-induced room-temperature multiferroicity in BaTiO$_3$[J]. Nature Materials,2011,10: 753-758.

[116]　ZHENG H M,WANG J,LOFLAND S E,et al. Multiferroic BaTiO$_3$-CoFe$_2$O$_4$ nanostructures[J]. Science,2004,303: 661-663.

[117]　WU R,KURSUMOVIC A,GAO X Y,et al. Design of a vertical composite thin film system with ultralow leakage to yield large converse magnetoelectric effect[J]. ACS Applied Materials & Interfaces,2018,10: 18237-18245.

[118]　ZHANG L X,CHEN J,FAN L L,et al. Giant polarization in super-tetragonal thin films through interphase strain[J]. Science,2018,361: 494-497.

[119]　CHEN M J,NING X K,WANG S F,et al. Significant enhancement of energy storage density and polarization in self-assembled PbZrO$_3$: NiO nano-columnar composite films[J]. Nanoscale,2019,11: 1914-1920.

[120] VAN AKEN B B, RIVERA J-P, Schmid H, et al. Observation of ferrotoroidic domains[J]. Nature,2007,449: 702-705.

[121] DELANEY K T, MOSTOVOY M, SPALDIN N A. Superexchange-driven magnetoelectricity in magnetic vortices [J]. Physical Review Letters, 2009, 102: 157203.

[122] DE BROGLIE L. Recherches sur la théorie des Quanta (Research on the theory of quantum)[D]. Paris: University of Paris,1924.

[123] DAVISSON C,GERMER L H. Diffraction of electrons by a crystal of nickel[J]. Physical Review,1927,30: 705-740.

[124] THOMSON G P, THOMSON J J. Experiments on the diffraction of cathode rays[J]. Proceedings of the Royal Society of London, Series A, 1928, 117: 600-609.

[125] KNOLL M, RUSKA E. Das Elektronenmikroskop [J]. Z Phys, 1932, 78: 318-339.

[126] Wikipedia. Electron microscope[G/OL]. (2019-3-25)[2019-3-28]. https://en. wiki pedia. org/wiki/Electron_microscope.

[127] MULLER D A. Structure and bonding at the atomic scale by scanning transmission electron microscopy[J]. Nature Materials,2009,8: 263-270.

[128] JIANG Y,CHEN Z,HAN Y M,et al. Electron ptychography of 2D materials to deep sub-ångström resolution[J]. Nature,2018,559: 343-349.

[129] SONG B Y,DING Z Y, ALLEN C S, et al. Hollow electron ptychographic diffractive imaging[J]. Physical Review Letters,2018,121: 146101.

[130] WILLIAMS D B,CARTER C B,Transmission electron microscopy: A textbook for materials science [M]. 2nd ed. New York: Springer Science + Business Media,2008

[131] 进藤大辅,及川哲夫.材料评价的分析电子显微方法[M].北京:冶金工业出版社,2001.

[132] 黄孝瑛.透射电子显微学[M].上海:上海科学技术出版社,1987.

[133] BRINK J,CHIU W. Applications of a slow-scan CCD camera in protein electron crystallography[J]. Journal of Structural Biology,1994,113: 23-34.

[134] MOONEY P, CONTARATO D, DENES P, et al. A high-speed electron-counting direct detection camera for TEM[J]. Microscopy and Microanalysis, 2011,17: 1004-1005.

[135] GUERRINI N,TURCHETTA R,HOFTEN G V,et al. A high frame rate,16 million pixels, radiation hard CMOS sensor [J]. Journal of Instrumentation, 2011,6: C03003-C03003.

[136] FEI Titan Themis[3][Z/OL]. http://emc. rice. edu/titan/. E-mail: sadegh. yazdi @colorado. edu.

[137]　章晓中. 电子显微分析[M]. 北京：清华大学出版社,2006.

[138]　FRIEDEL G. On the crystal symmetries that can reveal the X-ray diffraction[J]. Compt Rend Paris,1913,157：1533.

[139]　ZOU X,HOVMOLLER S,OLEYNIKOV P. Electron crystallography：Electron microscopy and electron diffraction [M]. New York：Oxford University Press,2011.

[140]　HOWIE A,WHELAN M J, MOTT N F. Diffraction contrast of electron microscope images of crystal lattice defects-II. The development of a dynamical theory[J]. Proceedings of the Royal Society of London,Series A,1961,263：217-237.

[141]　HOWIE A,WHELAN M J. Diffraction contrast of electron microscope images of crystal lattice defects Ⅲ. Results and experimental confirmation of the dynamical theory of dislocation image contrast[J]. Proceedings of the Royal Society of London,Series A,1962,267：206-230.

[142]　MIYAKE S,UYEDA R. Friedel's law in the dynamical theory of diffraction[J]. Acta Crystallographica,1955,8：335-342.

[143]　GEVERS R,BLANK H, AMELINCKX S. Extension of the Howie-Whelan equations for electron diffraction to non-centro symmetrical crystals[J]. Physica Status Solidi (B)：Basic Research,1966,13：449-465.

[144]　朱静,叶恒强,王仁卉,等. 高空间分辨分析电子显微学[M]. 北京：科学出版社,1998.

[145]　于荣. 电子显微学讲义[M]. 2014.

[146]　HAIDER M. Correction of the spherical aberration of a 200 kV TEM by means of a hexapole corrector[J]. Optik,1995,99：167-179.

[147]　ROSE H. Outline of a spherically corrected semiaplanatic medium-voltage transmission electron microscope[J]. Optik,1990,85：19-24.

[148]　ROSE H. Optics of high-performance electron microscopes [J]. Science and Technology of Advanced Materials,2008,9：014107.

[149]　SCHRAMM S M,VAN DER Molen S J,TROMP R M. Intrinsic instability of aberration-corrected electron microscopes[J]. Physical Review Letters, 2012, 109：163901.

[150]　URBAN K W. Studying atomic structures by aberration-corrected transmission electron microscopy[J]. Science,2008,321：506-510.

[151]　JIA C L,LENTZEN M, URBAN K. Atomic-resolution imaging of oxygen in perovskite ceramics[J]. Science,2003,299：870-873.

[152]　PENNYCOOK S J,NELLIST P D. Scanning transmission electron microscopy：Imaging and analysis[J]. New York：Springer Science＋Business Media,2011.

[153]　NELLIST P D,CHISHOLM M F, DELLBY N, et al. Direct sub-angstrom

imaging of a crystal lattice[J]. Science,2004,305: 1741-1741.

[154] KLEIN N D,HURLEY K R,FENG Z V,et al. Dark field transmission electron microscopy as a tool for identifying inorganic nanoparticles in biological matrices[J]. Analytical Chemistry,2015,87: 4356-4362.

[155] PENNYCOOK S J, JESSON D E. High-resolution Z-contrast imaging of crystals[J]. Ultramicroscopy,1991,37: 14-38.

[156] SPENCE J C H,COWLEY J M. Lattice imaging in STEM[J]. Optik (Jena), 1978,50: 129-142.

[157] SPENCE J C H. Experimental high-resolution electron microscopy[M]. New York: Oxford University Press,1988.

[158] TREACY M M J, HOWIE A, WILSON C J. Z contrast of platinum and palladium catalysts[J]. Philosophical Magazine,1978,38: 569-585.

[159] HOWIE A. Image contrast and localized signal selection techniques[J]. Journal Microscopy,1979,117: 11-23.

[160] PENNYCOOK S J, BERGER S D, CULBERTSON R J. Elemental mapping with elastically scattered electrons [J]. Journal of Microscopy, 1986, 144: 229-249.

[161] ALLEN L J,FINDLAY S D,OXLEY M P,et al. Channeling effects in high-angular-resolution electron spectroscopy [J]. Physical Review B, 2006, 73: 094104.

[162] EGERTON R F. Electron energy-loss spectroscopy in the electron microscope[M]. 3rd ed. New York: Springer Science+Business Media,2011.

[163] HACHTEL J A,LUPINI A R IDROBO J C. Exploring the capabilities of monochromated electron energy loss spectroscopy in the infrared regime[J]. Scientific Reports,2018,8: 5637.

[164] MALIS T, CHENG S C EGERTON R F. EELS log-ratio technique for specimen-thickness measurement in the TEM [J]. Journal of Electron Microscopy Technique,1988,8: 193-200.

[165] THOMAS J M, WILLIAMS B G, SPARROW T G. Electron-energy-loss spectroscopy and the study of solids[J]. Accounts of Chemical Research,1985, 18: 324-330.

[166] OLESHKO V P,HOWE J M. In situ determination and imaging of physical properties of metastable and equilibrium precipitates using valence electron energy-loss spectroscopy and energy-filtering transmission electron microscopy[J]. Journal of Applied Physics,2007,101: 054308.

[167] SPARROW T G,WILLIAMS B G,RAO C N R,et al. L_3/L_2 white-line intensity ratios in the electron energy-loss spectra of $3d$ transition-metal oxides[J]. Chemical Physics Letters,1984,108: 547-550.

[168] TAN H Y,VERBEECK J,ABAKUMOV A,et al. Oxidation state and chemical shift investigation in transition metal oxides by EELS[J]. Ultramicroscopy, 2012,116: 24-33.

[169] PENG L C, ZHANG Y, ZUO S L, et al. Lorentz transmission electron microscopy studies on topological magnetic domains[J]. Chinese Physics B, 2018,27: 066802.

[170] XIN H L,ERCIUS P,HUGHES K J,et al. Three-dimensional imaging of pore structures inside low-κ dielectrics [J]. Applied Physics Letters, 2010, 96: 223108.

[171] SCOTT M C,CHEN C-C,MECKLENBURG M,et al. Electron tomography at 2. 4-ångström resolution[J]. Nature,2012,483: 444-447.

[172] CHEN C-C, ZHU C, WHITE E R, et al. Three-dimensional imaging of dislocations in a nanoparticle at atomic resolution[J]. Nature,2013,496: 74-77.

[173] MIAO J W,ERCIUS P,BILLINGE S J L. Atomic electron tomography: 3D structures without crystals[J]. Science,2016,353: aaf2157.

[174] MIDGLEY P A, DUNIN-BORKOWSKI R E. Electron tomography and holography in materials science[J]. Nature Materials,2009,8: 271-280.

[175] TONOMURA A. Applications of electron holography[J]. Reviews of Modern Physics,1987,59: 639-669.

[176] TANIGAKI T,AKASHI T,SUGAWARA A,et al. Magnetic field observations in CoFeB/Ta layers with 0. 67-nm resolution by electron holography [J]. Scientific Reports,2017,7: 16598.

[177] DE ROSIER D J,KLUG A. Reconstruction of three dimensional structures from electron micrographs[J]. Nature,1968,217: 130-134.

[178] DUBOCHET J,ADRIAN M,CHANG J-J,et al. Cryo-electron microscopy of vitrified specimens[J]. Quarterly Reviews Of Biophysics,1988,21: 129-228.

[179] MUNDY J A,MAO Q Y,BROOKS C M,et al. Atomic-resolution chemical imaging of oxygen local bonding environments by electron energy loss spectroscopy[J]. Applied Physics Letters,2012,101: 042907.

[180] WADHAWAN V K. Introduction to ferroic materials[M]. London: Gordon and Breach,2000.

[181] FAROKHIPOOR S,MAGEN C,VENKATESAN S,et al. Artificial chemical and magnetic structure at the domain walls of an epitaxial oxide[J]. Nature, 2014,515: 379-383.

[182] TOKUNAGA Y,FURUKAWA N,SAKAI H,et al. Composite domain walls in a multiferroic perovskite ferrite[J]. Nature Materials,2009,8: 558-562.

[183] AIRD A,SALJE E K H. Sheet superconductivity in twin walls: experimental evidence of WO_{3-x} [J]. Journal of Physics Condensed Matter, 1998, 10:

L377-L380.

[184] MEIER D. Functional domain walls in multiferroics[J]. Journal of Physics Condensed Matter,2015,27: 463003.

[185] PARKIN S S P, HAYASHI M, THOMAS L. Magnetic domain-wall racetrack memory[J]. Science,2008,320: 190-194.

[186] SEIDEL J, MARTIN L W, HE Q, et al. Conduction at domain walls in oxide multiferroics[J]. Nature Materials 2009,8: 229-234.

[187] GAO P, NELSON C T, JOKISAARI J R, et al. Direct observations of retention failure in ferroelectric memories[J]. Advanced Materials,2012,24: 1106-1110.

[188] NELSON C T, WINCHESTER B, ZHANG Y, et al. Spontaneous vortex nanodomain arrays at ferroelectric heterointerfaces[J]. Nano Letters,2011,11: 828-834.

[189] HAN M G, ZHU Y M, WU L J, et al. Ferroelectric switching dynamics of topological vortex domains in a hexagonal manganite[J]. Advanced Materials, 2013,25: 2415-2421.

[190] GAO P, NELSON C T, JOKISAARI J R, et al. Revealing the role of defects in ferroelectric switching with atomic resolution[J]. Nature Communications, 2011,2: 591.

[191] GRIFFIN S M, LILIENBLUM M, DELANEY K T, et al. Scaling behavior and beyond equilibrium in the hexagonal manganites[J]. Physical Review X,2012,2: 041022.

[192] FIEBIG M, FRÖHLICH D, KOHN K, et al. Determination of the magnetic symmetry of hexagonal manganites by second harmonic generation[J]. Physical Review Letters,2000,84: 5620-5623.

[193] FIEBIG M, GOLTSEV A V, LOTTERMOSER T, et al. Structure and interaction of domain walls in $YMnO_3$[J]. Journal of Magnetism and Magnetic Materials,2004,272: 353-354.

[194] LI J, YANG H X, TIAN H F, et al. Scanning secondary-electron microscopy on ferroelectric domains and domain walls in $YMnO_3$[J]. Applied Physics Letters, 2012,100: 152903.

[195] CHENG S B, DENG S Q, YUAN W J, et al. Disparity of secondary electron emission in ferroelectric domains of $YMnO_3$[J]. Applied Physics Letters,2015, 107: 032901.

[196] WANG X, MOSTOVOY M, HAN M G, et al. Unfolding of vortices into topological stripes in a multiferroic material[J]. Physical Review Letters,2014, 112: 247601.

[197] ROSENMAN G, SKLIAR A, LAREAH I, et al. Observation of ferroelectric domain structures by secondary-electron microscopy in as-grown $KTiOPO_4$

crystals[J]. Physical Review B,1996,54: 6222-6226.

[198] LE BIHAN R. Study of ferroelectric and ferroelastic domain structures by scanning electron microscopy[J]. Ferroelectrics,1989,97: 19-46.

[199] ZHU S,CAO W. Imaging of 180°ferroelectric domains in $LiTaO_3$ by means of scanning electron microscopy[J]. Physica Status Solidi A,1999,173: 495-502.

[200] MOURE C, VILLEGAS M, FERNANDEZ J F, et al. Phase transition and electrical conductivity in the system $YMnO_3$-$CaMnO_3$ [J]. Journal of Materials Science,1999,34: 2565-2568.

[201] SERNEELS R,SNYKERS M, DELAVIGNETTE P, et al. Friedel's law in electron diffraction as applied to the study of domain structures in non-centrosymmetrical crystals[J]. Physica Status Solidi B,1973,58: 277-292.

[202] ASADA T,KOYAMA Y. Coexistence of ferroelectricity and antiferroelectricity in lead zirconate titanate[J]. Physical Review B,2004,70: 104105.

[203] AOYAGI K,KIGUCHI T,EHARA Y,et al. Diffraction contrast analysis of 90 degrees and 180 degrees ferroelectric domain structures of $PbTiO_3$ thin films[J]. Science and Technology of Advanced Materials,2011,12: 034403.

[204] HASHIMOTO H,HOWIE A,WHELAN M J. Anomalous electron absorption effects in metal foils[J]. Philosophical Magazine,1960,5: 967-974.

[205] CHENG S B,ZHAO Y G,SUN X F,et al. Polarization structures of topological domains in multiferroic hexagonal manganites [J]. Journal of the American Chemical Society,2014,97: 3371-3373.

[206] ZHANG Q H,TAN G T,GU L,et al. Direct observation of multiferroic vortex domains in $YMnO_3$[J]. Scientific Reports,2013,3: 2741.

[207] ZHANG Q H,WANG L J,WEI X K,et al. Direct observation of interlocked domain walls in hexagonal $RMnO_3$ (R=Tm,Lu)[J]. Physical Review B,2012, 85: 020102.

[208] YU Y,ZHANG X Z, ZHAO Y G, et al. Atomic-scale study of topological vortex-like domain pattern in multiferroic hexagonal manganites[J]. Applied Physics Letters,2013,103: 032901.

[209] TIAN L,WANG Y M,GE B H,et al. Direct observation of interlocked domain walls and topological four-state vortex-like domain patterns in multiferroic $YMnO_3$ single crystal[J]. Applied Physics Letters,2015,106: 112903.

[210] CHEN Z B,WANG X L,RINGER S P,et al. Manipulation of nanoscale domain switching using an electron beam with omnidirectional electric field distribution[J]. Physical Review Letters,2016,117: 027601.

[211] HART J L,LIU S, LANG A C, et al. Electron-beam-induced ferroelectric domain behavior in the transmission electron microscope: Toward deterministic domain patterning[J]. Physical Review B,2016,94: 174104.

[212]   MASUNO A,ISHIMOTO A,MORIYOSHI C,et al. Expansion of the hexagonal phase-forming region of $Lu_{1-x}Sc_xFeO_3$ by containerless processing[J]. Inorganic Chemistry,2015,54: 9432-9437.

[213]   DU K,GAO B,WANG Y Z,et al. Vortex ferroelectric domains,large-loop weak ferromagnetic domains,and their decoupling in hexagonal (Lu,Sc)FeO_3[J]. NPJ Computational Materials,2018,3: 33.

[214]   WANG Y,SALZBERGER U,SIGLE W, et al. Oxygen octahedra picker: A software tool to extract quantitative information from STEM images[J]. Ultramicroscopy,2016,168: 46-52.

[215]   CHENG S B,LI M L, MENG Q P, et al. Electronic and crystal structure changes induced by in-plane oxygen vacancies in multiferroic $YMnO_3$ [J]. Physical Review B,2016,93: 054409.

[216]   FLADISCHER S,GROGGER W,HOFER F. Super-X: Characterization of new generation EDXS detector[J]. Eur Microsc Congr,2012.

[217]   SCHLOSSMACHER P,KLENOV D O,FREITAG B,et al. Enhanced detection sensitivity with a new windowless XEDS system for AEM based on silicon drift detector technology[J]. Microscopy Today,2010,18: 14-20.

[218]   AHN C C,KRIVANEK O L,BURGNER R P,et al. EELS Atlas Gatan Inc. , Warrendale,PA,1983.

[219]   MATSUMOTO T, ISHIKAWA R, TOHEI T, et al. Multivariate statistical characterization of charged and uncharged domain walls in multiferroic hexagonal $YMnO_3$ single crystal visualized by a spherical aberration-corrected STEM[J]. Nano Letters,2013,13: 4594-4601.

[220]   DENG S Q,CHENG S B, ZHANG Y, et al. Electron beam-induced dynamic evolution of vortex domains and domain walls in single crystalline $YMnO_3$[J]. Journal of the American Chemical Society,2017,100: 2373-2377.

[221]   PARSONS T G, D'HONDT H, HADERMANN J, et al. Synthesis and structural characterization of $La_{1-x}A_xMnO_{2.5}$ (A=Ba,Sr,Ca) phases: Mapping the variants of the brownmillerite structure[J]. Chemistry of Materials,2009, 21: 5527-5538.

[222]   FERGUSON J D,KIM Y,KOURKOUTIS L F,et al. Epitaxial oxygen getter for a brownmillerite phase transformation in manganite films[J]. Advanced Materials,2011,23: 1226-1230.

[223]   YAO L D,INKINEN S,VAN DIJKEN S. Direct observation of oxygen vacancy-driven structural and resistive phase transitions in $La_{2/3}Sr_{1/3}MnO_3$ [J]. Nature Communications,2017,8: 14544.

[224]   CHO D-Y,OH S-J,KIM D G,et al. Investigation of local symmetry effects on the electronic structure of manganites: Hexagonal $YMnO_3$ versus orthorhombic

LaMnO₃[J]. Physical Review B,2009,79: 035116.

[225] YU R,HU L H, CHENG Z Y, et al. Direct subangstrom measurement of surfaces of oxide particles[J]. Physical Review Letters,2010,105: 226101.

[226] SHIBATA N,GOTO A,CHOI S-Y,et al. Direct imaging of reconstructed atoms on TiO₂ (110)surfaces[J]. Science,2008,322: 570-573.

[227] LI D B,ZHAO M H, GARRA J, et al. Direct in situ determination of the polarization dependence of physisorption on ferroelectric surfaces[J]. Nature Materials,2008,7: 473-477.

[228] XU G,GEHRING P M,STOCK C, et al. The anomalous skin effect in single crystal relaxor ferroelectric PZN-xPT and PMN-xPT[J]. Phase Transitions, 2006,79: 135-152.

[229] GAO P,LIU H J, HUANG Y L, et al. Atomic mechanism of polarization-controlled surface reconstruction in ferroelectric thin films [J]. Nature Communications,2016,7: 11318.

[230] FONG D D,CIONCA C, YACOBY Y, et al. Direct structural determination in ultrathin ferroelectric films by analysis of synchrotron X-ray scattering measurements[J]. Physical Review B,2005,71: 144112.

[231] XU X,BECKMAN S P, SPECHT P, et al. Distortion and segregation in a dislocation core region at atomic resolution[J]. Physical Review Letters,2005, 95: 145501.

[232] SAI N,FENNIE C J, DEMKOV A A. Absence of critical thickness in an ultrathin improper ferroelectric film [J]. Physical Review Letters, 2009, 102: 107601.

[233] TRIELOFF M, JESSBERGER E K, HERRWERTH I, et al. Structure and thermal history of the H-chondrite parent asteroid revealed by thermochronometry[J]. Nature,2003,422: 502-506.

[234] VAN AKEN P A, LIEBSCHER B. Quantification of ferrous/ferric ratios in minerals: New evaluation schemes of Fe L2,3 electron energy-loss near-edge spectra[J]. Physics and Chemistry of Minerals,2002,29: 188-200.

[235] GRAETZ J,AHN C C, OUYANG H, et al. White lines and d-band occupancy for the 3d transition-metal oxides and lithium transition-metal oxides [J]. Physical Review B,2004,69: 235103.

[236] LEAPMAN R D,GRUNES L A,FEJES P L. Study of the $L_{2,3}$ edges in the 3d transition metals and their oxides by electron-energy-loss spectroscopy with comparisons to theory[J]. Physical Review B,1981,26: 614-635.

[237] VAN AKEN B B,MEETSMA A, PALSTRA T T M. Hexagonal YMnO₃[J]. Acta Crystallographica Section B: Structural Science, Crystal Engineering and Materials,2000,C57: 230-232.

[238] CHEN D P,DU Y,WANG X L,et al. Oxygen-vacancy effect on structural, magnetic,and ferroelectric properties in multiferroic $YMnO_3$ single crystals[J]. Applied Physics Letters,2012,111：07D913.

[239] FILIPPETTI A,HILL N A. Coexistence of magnetism and ferroelectricity in perovskites[J]. Physical Review B,2002,65：195120.

[240] CHEONG S-W, MOSTOVOY M. Multiferroics：A magnetic twist for ferroelectricity[J]. Nature material,2007,6：13-20.

[241] PICOZZI S,EDERER C. First principles studies of multiferroic materials[J]. Journal of Physics Condensed Matter,2009,21：303201.

[242] FONTCUBERTA J. Multiferroic $RMnO_3$ thin films[J]. Physical Review C, 2015,16：204-226.

[243] AKBASHEV A R,KAUL A R. Structural and chemical aspects of the design of multiferroic materials[J]. Russian Chemical Reviews,2011,80：1159-1177.

[244] YAMADA Y,KITSUDA K,NOHDO S,et al. Charge and spin ordering process in the mixed-valence system $LuFe_2O_4$：Charge ordering[J]. Physical Review B, 2000,62：12167-12174.

[245] SCHLOM D G,CHEN L-Q,EOM C-B,et al. Strain tuning of ferroelectric thin films[J]. Annuual Reviews of Materials Research,2007,37：589-626.

[246] 郑伟涛,李晓天,王欣,等. 薄膜材料与薄膜技术[M]. 北京：化学工业出版社,2003.

[247] SCHLOM D G, CHEN L-Q, PAN X Q, et al. A thin film approach to engineering functionality into oxides[J]. Journal of the American Ceramic Society,2008,91：2429-2454.

[248] Wikipedia. Pulsed laser deposition[G/OL]. (2018-07-08)[2018-10-31]. https://en. wiki pedia. org/wiki/Pulsed_laser_deposition.

[249] DHO J,LEUNG C W, MacManus-Driscoll J L, et al. Epitaxial and oriented $YMnO_3$ film growth by pulsed laser deposition[J]. Journal of Crystal Growth, 2004,267：548-553.

[250] POMPE W,GONG X,SUO Z,et al. Elastic energy release due to domain formation in the strained epitaxy of ferroelectric and ferroelastic films[J]. Journal of Magnetism and Magnetic Materials,1993,74：6012-6019.

[251] NOGUÉS J,SCHULLER I K. Exchange bias[J]. Journal of Magnetism and Magnetic Materials,1999,192：203-232.

[252] CUI B,SONG C,WANG G Y,et al. Strain engineering induced interfacial self-assembly and intrinsic exchange bias in a manganite perovskite film[J]. Scientific Reports,2013,3：2542.

[253] RANA R,PANDEY P,SINGH R P,et al. Positive exchange-bias and giant vertical hysteretic shift in $La_{0.3}Sr_{0.7}FeO_3/SrRuO_3$ bilayers[J]. Scientific

Reports,2014,4: 4138.

[254] BARZOLA-QUIQUIA J, LESSIG A, BALLESTAR A, et al. Revealing the origin of the vertical hysteresis loop shifts in an exchange biased Co/YMnO$_3$ bilayer[J]. Journal of Physics Condensed Matter,2012,24: 366006.

[255] BINDER K, YOUNG A P. Spin glasses: Experimental facts, theoretical concepts, and open questions [J]. Reviews of Modern Physics, 1986, 58: 801-976.

[256] DHO J, KIM W S, HUR N H. Reentrant spin glass behavior in Cr-doped perovskite manganite[J]. Physical Review Letters,2002,89: 027202.

[257] ZHAO T, CHEN F, LU H B, et al. Thickness and oxygen pressure dependent structural characteristics of BaTiO$_3$ thin films grown by laser molecular beam epitaxy[J]. Journal of Applied Physics,2000,87: 7442-7447.

[258] SKJAERVO S H, WEFRING E T, NESDAL S K, et al. Interstitial oxygen as a source of p-type conductivity in hexagonal manganites [J]. Nature Communications,2016,7: 13745.

[259] DAGOTTO E. Complexity in strongly correlated electronic systems [J]. Science,2005,309: 257-262.

[260] ALLOUL H, BOBROFF J, GABAY M, et al. Defects in correlated metals and superconductors[J]. Rev Mod Phys,2009,81: 45-108.

[261] GHIRINGHELLI G, TACON M LE, MINOLA M, et al. Long-range incommensurate charge fluctuations in (Y, Nd)Ba$_2$Cu$_3$O$_{6+x}$ [J]. Science, 2012, 337: 821-825.

[262] CHANG J, BLACKBURN E, HOLMES A T, et al. Direct observation of competition between superconductivity and charge density wave order in YBa$_2$Cu$_3$O$_{6.67}$[J]. Nat Phys,2012,8: 871-876.

[263] QI X-L, ZHANG S-C. Topological insulators and superconductors[J]. Reviews of Modern Physics,2011,83: 1057-1110.

[264] ANDERSON P W. Basic notions of condensed matter physics [J]. Florida: Westview Press,1997.

[265] RITSCHEL T, TRINCKAUF J, KOEPERNIK K, et al. Orbital textures and charge density waves in transition metal dichalcogenides[J]. Nature Physics, 2015,11: 328-331.

[266] LÖHNEYSEN H V, ROSCH A, VOJTA M, et al. Fermi-liquid instabilities at magnetic quantum phase transitions[J]. Reviews of Modern Physics,2007,79: 1015-1075.

[267] STAUB U, MEIJER G I, FAUTH F, et al. Direct observation of charge order in an epitaxial NdNiO$_3$ film[J]. Physical Review Letters,2002,88: 126402.

[268] GAO Y, LEE P, COPPENS P, et al. The incommensurate modulation of the

2212 Bi-Sr-Ca-Cu-O superconductor[J]. Science,1988,241: 954-956.

[269] SAVITZKY B H,El BAGGARI I,ADMASU A S,et al. Bending and breaking of stripes in a charge ordered manganite[J]. Nature Communications, 2017, 8: 1883.

[270] GLAMAZDA A,CHOI K Y, LEMMENS P, et al. Charge gap and charge-phonon coupling in $LuFe_2O_4$[J]. Physical Review B,2013,87: 144416.

[271] CHRISTIANSON A D,LUMSDEN M D, ANGST M, et al. Three-dimensional magnetic correlations in multiferroic $LuFe_2O_4$ [J]. Physical Review Letters, 2008,100: 107601.

[272] WILSON A J C,PRINCE E. International tables for crystallography, vol. C: Mathematical,physical and chemical tables[M]. 2nd ed. Dordrecht: Kluwer Academic Publishers,1999.

[273] DE WOIF P M. Symmetry operations for displaeively modulated structures[J]. Acta Crystallographica Section A,1977,A33: 493-497.

[274] ZHANG Q H,SHEN X, YAO Y, et al. Oxygen vacancy ordering and its mobility in $YMnO_3$[J]. Journal of Alloys and Compounds,2015,648: 253-257.

[275] MCMILLAN W L. Theory of discommensurations and the commensurate-incommensurate charge-density-wave phase transition[J]. Physical Review B, 1976,14: 1496-1502.

[276] GUO C,TIAN H F,YANG H X,et al. Direct visualization of soliton stripes in the CuO_2 plane and oxygen interstitials in $Bi_2(Sr_{2-x}La_x)CuO_{6+\delta}$ superconductors[J]. Physical Review Materials,2017,1: 064802.

[277] El BAGGARI I,SAVITZKY B H,ADMASU A S,et al. Nature and evolution of incommensurate charge order in manganites visualized with cryogenic scanning transmission electron microscopy[J]. Proceedings of the National Academy of Science of the United States of America,2018,115: 1445-1450.

[278] PEREZ-MATO J M,MADARIAGA G,ZUÑIGA F J,et al. On the structure and symmetry of incommensurate phases. A practical formulation [J]. Acta Crystallographica Section A,1987,A43: 216-226.

[279] YAMAMOTO A. Structure factor of modulated crystal structures[J]. Acta Crystallographica Section A,1982,38: 87-92.

[280] ISOBE M,KIMIZUKA N,IIDA J,et al. Structures of $LuFeCoO_4$ and $LuFe_2O_4$[J]. Acta Crystallographica Section C: Crystal Structure Communications, 1990, C46: 1917-1918.

[281] TANAKA M,SIRATORI K,KIMIZUKA N. Mössbauer study of RFe_2O_4[J]. Journal of the Physical Society of Japan,1984,53: 760-772.

[282] HERVIEU M,GUESDON A,BOURGEOIS J,et al. Oxygen storage capacity and structural flexibility of $LuFe_2O_{4+x}(0 \leqslant x \leqslant 0.5)$[J]. Nature Material,2014,

13: 74-80.

[283] CAO S,LI J, WANG Z, et al. Extreme chemical sensitivity of nonlinear
       conductivity in charge-ordered $LuFe_2O_4$[J]. Scientific Reports,2012,2: 330.

[284] YAMADA Y,NOHDO S,Ikeda N. Incommensurate charge ordering in charge-
       frustrated $LuFe_2O_4$ system[J]. Journal of the Physical Society of Japan,1997,
       66: 3733-3736.

[285] IKEDA N,YAMADA Y, NOHDO S, et al. Incommensurate charge ordering in
       mixed valence system $LuFe_2O_4$ [J]. Physica B: Condensed Matter,1997,242:
       820-822.

[286] PORTENGEN T,ÖSTREICH T,SHAM L J. Theory of electronic ferroelectricity[J].
       Physical Review B,1996,54: 17452.

[287] ANGST M,HERMANN R P,CHRISTIANSON A D, et al. Charge order in
       $LuFe_2O_4$: Antiferroelectric ground state and coupling to magnetism [J].
       Physical Review Letters,2008,101: 227601.

[288] GALINDO P L, PIZARRO J, MOLINA S, et al. High resolution peak
       measurement and strain mapping using Peak Pairs analysis [J]. Microscopy
       Analysis,2009,130: 23-25.

[289] GALINDO P L,KRET S,SANCHEZ A M,et al. The Peak Pairs algorithm for
       strain mapping from HRTEM images [J]. Ultramicroscopy, 2007, 107:
       1186-1193.

[290] COHEN L F,JENSEN H J. Open questions in the magnetic behaviour of high-
       temperature superconductors[J]. Reports on Progress in Physics, 1997, 60:
       1581-1672.

[291] FEINBERG D,FRIEDEL J. Elastic and plastic deformations of charge density
       waves[J]. Journal of Physiology (Paris),1988,49: 485-496.

[292] TAO J,SUN K, YIN W G, et al. Direct observation of electronic-liquid-crystal
       phase transitions and their microscopic origin in $La_{1/3}Ca_{2/3}MnO_3$ [J]. Scientific
       Reports,2016,6: 37624.

[293] TAO J,SUN K,TRANQUADA J M,et al. Anomalous nanoclusters,anisotropy,and
       electronic nematicity in the doped manganite $La_{1/3}Ca_{2/3}MnO_3$[J]. Physical Review
       B,2017,95: 235113.

[294] PATERSON J H,KRIVANEK O L. ELNES of 3d transition-meatal oxides. II.
       Variations with oxidation state and crystal structure[J]. Ultramicroscopy,32:
       319-325.

[295] OTTEN M T,MINER B,RASK J H,et al. The determination of Ti,Mn and Fe
       oxidation states in minerals by electron energy-loss spectroscopy [J].
       Ultramicroscopy,1985,18: 285-290.

[296] DENG S Q,CHENG S B, XU C S, et al. Atomic mechanism of hybridization-

dependent surface reconstruction with tailored functionality in hexagonal multiferroics[J]. ACS Applied Materials & Interfaces,2017,9: 27322-27331.

[297] ALLEN L J,FINDLAY S D, OXLEY M P, et al. Modelling high-resolution electron microscopy based on core-loss spectroscopy[J]. Ultramicroscopy,2006, 106: 1001-1011.

[298] TAN H Y,TURNER S, YÜCELEN E, et al. 2D atomic mapping of oxidation states in transition metal oxides by scanning transmission electron microscopy and electron energy-loss spectroscopy [J]. Physical Review Letters, 2011, 107: 107602.

[299] MITTERBAUER C,KOTHLEITNER G,GROGGER W,et al. Electron energy-loss near-edge structures of 3d transition metal oxides recorded at high-energy resolution[J]. Ultramicroscopy,2003,96: 469-480.

[300] GIANNOZZI P,BARONI S,BONINI N, et al. Quantum Espresso: A modular and open-source software project for quantum simulations of materials[J]. Journal of Physics Condensed Matter,2009,21: 395502.

[301] PERDEW J P, BURKE K, ERNZERHOF M. Generalized gradient approximation made simple[J]. Physical Review Letters,1996,77: 3865-3868.

[302] GARRITY K F,BENNETT J W,RABE K M,et al. Pseudopotentials for high-throughput DFT calculations [J]. Computation Materials Science, 2014, 81: 446-452.

[303] LEE W S,CHUANG Y D, MOORE R G, et al. Phase fluctuations and the absence of topological defects in a photo-excited charge-ordered nickelate[J]. Nature Communications,2012,3: 838.

[304] ZHU P F,CAO J,ZHU Y M,et al. Dynamic separation of electron excitation and lattice heating during the photoinduced melting of the periodic lattice distortion in 2H-TaSe$_2$[J]. Applied Physics Letters,2013,103: 071914.

在学期间发表的学术论文与研究成果

发表的学术论文

[1] **Deng Shiqing**, Wu Lijun, Cheng Hao, Zheng Jin-Cheng, Cheng Shaobo, Li Jun, Wang Wenbin, Shen Jian, Tao Jing, Zhu Jing*, Zhu Yimei*. Charge-lattice coupling in hole-doped $LuFe_2O_{4+\delta}$: the origin of second order modulation[J]. Physical Review Letters, 2019, 122 (12): 126401. (SCI 收录, 检索号: 000462935500009, 影响因子(2017 年): 8.839)[1]

[2] **Deng Shiqing**, Cheng Shaobo, Xu Changsong, Ge Binghui, Sun Xuefeng, Yu Rong, Duan Wenhui, Zhu Yimei, Zhu Jing*. Roles of oxygen vacancy in improper ferroelectrics[J]. Microscopy and Microanalysis, 2018, 24(S1): 74-75.

[3] **Deng Shiqing**, Cheng Shaobo, Xu Changsong, Ge Binghui, Sun Xuefeng, Yu Rong, Duan Wenhui, Zhu Jing*. Atomic mechanism of hybridization-dependent surface reconstruction with tailored functionality in hexagonal multiferroics[J]. ACS Applied Materials & Interfaces, 2017, 9(32): 27322-27331. (SCI 收录, 检索号: 000408178400075, 影响因子(2017 年): 8.097)

[4] **Deng Shiqing**, Cheng Shaobo, Zhang Yang, Tan Guotai, Zhu Jing*. Electron beam-induced dynamic evolution of vortex domains and domain walls in single crystalline $YMnO_3$[J]. Journal of the American Ceramic Society, 2017, 100(6): 2373-2377. (SCI 收录, 检索号: 000402610900007, 影响因子(2017 年): 2.956)[2]

[5] **Deng Shiqing**[†], Cheng Shaobo[†], Liu Ming, Zhu Jing*. Modulating magnetic properties by tailoring in-plane domain structures in hexagonal $YMnO_3$ films[J]. ACS Applied Materials & Interfaces, 2016, 8(38): 25379-25385. (SCI 收录, 检索号: 000384518500048, 影响因子(2017 年): 8.097)

[6] Manso R H[†], Acharya P[†], **Deng Shiqing**[†], Crane C C, Reinhart B, Lee S, Tong Xiao, Nykypanchuk D, Zhu Jing, Zhu Yimei, Greenlee L F*, Chen Jingyi*. Controlling the 3-D morphology of Ni-Fe-based nanocatalysts for the oxygen evolution reaction

---

① * 通讯作者。

② † 共同第一作者。

　　　［J］. Nanoscale,2019,11：8170-8184.（SCI 收录,检索号：000466774500060,影响因子(2017 年)：7. 233)

［7］　Cheng Shaobo[†], **Deng Shiqing**[†], Yuan Wenjuan, Yan Yunjie, Li Jun, Li J Q, Zhu Jing[*]. Disparity of secondary electron emission in ferroelectric domains of YMnO$_3$［J］. Applied Physics Letters，2015, 107 （3）：032901. （SCI 收录，检索号：000358675600038,影响因子(2017 年)：3. 495)

［8］　Zhang Linxing,Chen Jun[*],Fan Longlong,Diéguez O,Cao Jiangli,Pan Zhao,Wang Yilin,Wang Jinguo,Kim M,**Deng Shiqing**,Wang Jiaou,Wang Huanhua,Deng Jinxia,Yu Ranbo,Scott J F,Xing Xianran[*]. Giant polarization in super-tetragonal thin films through interphase strain［J］. Science,2018,361(6401)：494-497.（SCI 收录,检索号：000440627300040,影响因子(2017 年)：41. 058)

［9］　Cheng Shaobo[†], Li Menglei[†], **Deng Shiqing**, Bao Shanyong, Tang Peizhe, Duan Wenhui, Ma Jing, Nan Cewen, Zhu Jing[*]. Manipulation of magnetic properties by oxygen vacancies in multiferroic YMnO$_3$ ［J］. Advanced Functional Materials，2016,26(21)：3589-3598.（SCI 收录,检索号：000377597400004,影响因子(2017 年)：13. 325)

［10］　Cheng Shaobo[†], Xu Changsong[†], **Deng Shiqing**, Han M-G, Bao Shanyong, Ma Jing, Nan Cewen, Duan Wenhui, Bellaiche L, Zhu Yimei[*], Zhu Jing[*]. Interface reconstruction with emerging charge ordering in hexagonal manganite［J］. Science Advances,2018,4：eaar4298.（SCI 收录,检索号：000432440600024,影响因子(2017 年)：11. 510)

［11］　Cheng Shaobo[†], Li Jun[†], Han M-G, **Deng Shiqing**, Tan Guotai, Zhang Xixiang, ZhuJing[*], Zhu Yimei[*]. Topologically allowed nonsixfold vortices in a sixfold multiferroic material：observation and classification［J］. Physical Review Letters，2017,118(14)：145501.（SCI 收录,检索号：000399395900015,影响因子(2017 年)：8. 839.)

［12］　Cheng Shaobo,Meng Qingping,Han M-G,**Deng Shiqing**,Li Xing,Zhang Qinghua, Tan Guotai, BottonG A, Zhu Yimei[*]. Revealing the effects of trace oxygen vacancies on improper ferroelectric manganite with in situ biasing［J］. Advanced Electronic Materials，2019, 5 （4）：1800827. （SCI 收录，检索号：000468314900018,影响因子(2017 年)：5. 466)

［13］　Li Xing[†],Cheng Shaobo[†], **Deng Shiqing**, Wei Xianlong, Zhu Jing[*], Chen Qing[*]. Direct observation of the layer-by-layer growth of ZnO nanopillar by in situ high resolution transmission electron microscopy［J］. Scientific Reports，2017，7：40911.（SCI 收录,检索号：00392190600001,影响因子(2017 年)：4. 122)

［14］　Cheng Shaobo, Zhang Dong, **Deng Shiqing**, Li Xing, Li Jun, Tan Guotai, Zhu Yimei, Zhu Jing[*]. Domain configurations in dislocations embedded hexagonal manganite systems：from the view of graph theory［J］. Applied Physics Letters，

2018,112(16)：162905.（SCI 收录,检索号：000430569400036,影响因子（2017
年）：3.495)

[15]　Cheng Shaobo,**Deng Shiqing**,Zhao Yonggang,Sun Xuefeng,Zhu Jing*. Correlation
between oxygen vacancies and sites of Mn ions in $YMnO_3$ [J]. Applied Physics
Letters,2015,106(6),062905.（SCI 收录,检索号：000349845300055,影响因子
（2017 年）：3.495)

[16]　Jiang Caihua,Tang Zilong*,**Deng Shiqing**,Hong Ye,Wang Shitong,Zhang
Zhongtai,High-performance carbon-coated mesoporous $LiMn_2O_4$ cathode
materials synthesized from a novel hydrated layered-spinel lithium manganate
composite[J]. RSC Advances,2017,7(7)：3746-3751.（SCI 收录,检索号：
000393750100016,影响因子（2017 年）：2.936)

致　　谢

　　衷心感谢导师朱静院士五年来在为人方面的谆谆教诲、在学术方面的精心指导和栽培、在生活方面无微不至的关心和照顾。朱老师渊博的学识、极为严谨的治学精神、持续学习的品质、坚韧执着的态度、勤奋努力的品格、艰苦朴素的作风，无一不深深地感染和影响着我，让我能够在学术道路上一步一个脚印、脚踏实地、心无旁骛地潜心探索科学的真理。朱老师就像慈爱的奶奶，她对我的关怀和呵护让我倍感温暖和感动。朱老师不仅是我学术研究的导师，更是我人生的导师，她的言传身教将使我终生受益！在此，对朱老师致以最崇高的敬意和最真挚的感谢！

　　在美国布鲁克海文国家实验室凝聚态物理与材料系进行十三个月的合作研究期间，承蒙 Yimei Zhu 教授的精心指导与帮助，Lijun Wu 博士、Jing Tao 博士、Jingyi Chen 教授、M. G. Han 博士、李俊博士、胡肖兵博士、付学文博士、王维等人的帮助和支持。他们对我的指导和帮助让我在学术上收获颇丰，对我无微不至的关心和照顾让我在异国他乡倍感家的温暖，对此表示万分感激！

　　衷心感谢北京电子显微镜中心主任于荣教授和钟虓龑副教授对我的帮助和支持。于荣教授在电子显微学方面的教导使我颇为受益，为本书的研究打下了坚实的理论基础。

　　衷心感谢实验室程志英、周惠华、闫允杰、申玉田、王峰等老师在实验技术方面的耐心教导和帮助，是他们的努力让我在电子显微技术方面有所成长。

　　衷心感谢实验室程少博、宋东升、廖振宇、闫星旭、李潇逸、施韬、黄静露、李志鹏、祝远民、李根、汤玉玲、张琪琪、徐坤等同学的帮助、支持和陪伴。

　　衷心感谢段文晖教授、郑金成教授、刘明教授、葛炳辉教授、南策文教授、孙学峰教授、徐长松博士、马静副教授、鲍善永博士、程浩等合作者们对本书工作的大力支持和帮助。

　　衷心感谢外婆、父母、弟弟一直以来对我最无私的爱和支持,让我内心深处知道自己永远有一座可以避风的港湾。谨以此文对故去的外婆表示深深的追思,她对我深深的爱让我终生感恩也无以为报。

　　本课题承蒙国家自然科学基金和"973"项目资助,特此致谢。